单片机开发从入门到实践

郭学提 ◎ 编著

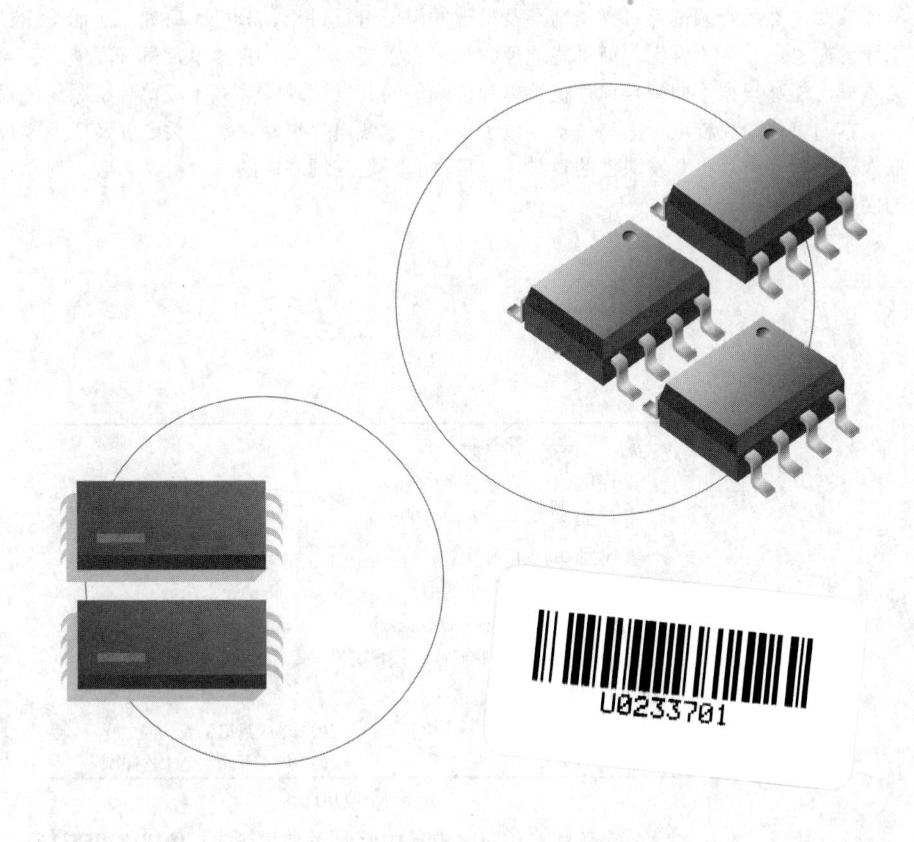

人民邮电出版社

北京

图书在版编目（CIP）数据

单片机开发从入门到实践 / 郭学提编著. -- 北京 : 人民邮电出版社, 2022.4
ISBN 978-7-115-57323-0

Ⅰ. ①单… Ⅱ. ①郭… Ⅲ. ①单片微型计算机 Ⅳ. ①TP368.1

中国版本图书馆CIP数据核字(2021)第184368号

内 容 提 要

本书通过典型、实用的操作项目讲解单片机开发工具、单片机编程基础、单片机硬件基础、知识竞赛数字抢答器、数字电子时钟、多功能数字频率计、手持GPS定位器，使读者初步建立对单片机的整体认知，然后带领读者对操作结果及出现的问题进行讨论、分析、研究，进而得出结论。这样有利于读者在“做”中“学”，渐进式地理解知识点，逐步提高自身的单片机开发能力。希望读者通过学习本书，能够根据不同型号单片机及单片机系统的开发要求，独立完成单片机系统的设计与开发。

本书可作为高校电子信息技术、电子工程技术或电气自动化等相关专业及职业学校、培训机构的嵌入式开发、单片机开发课程的教材，也可供有一定编程基础的单片机学习者、对单片机开发感兴趣的爱好者自学。

◆ 编　　著　郭学提
责任编辑　李永涛
责任印制　王　郁　胡　南

◆ 人民邮电出版社出版发行　　北京市丰台区成寿寺路11号
邮编　100164　　电子邮件　315@ptpress.com.cn
网址　https://www.ptpress.com.cn
北京市艺辉印刷有限公司印刷

◆ 开本：787×1092　1/16
印张：14　　　　2022年4月第1版
字数：359千字　　　　2022年4月北京第1次印刷

定价：59.90元

读者服务热线：(010)81055410　印装质量热线：(010)81055316
反盗版热线：(010)81055315
广告经营许可证：京东市监广登字20170147号

前　言

单片计算机（Single-Chip Computer）简称单片机，是芯片级嵌入式系统的典型代表。单片机已经渗透到我们生活的各个领域。然而，单片机系统的设计与开发是系统性很强的实践过程，而且市面上流行的单片机种类繁多，其指令系统和汇编程序也各不相同，涉及现代电子应用技术的各个方面，知识点多、设计过程复杂。基于这种考虑，本书选用市场应用广、结构简单、技术复杂度不高的C51单片机作为应用示范对象。本书第1章至第3章介绍单片机系统开发的基础知识，第4章至第7章以项目的形式将本书前3章所讲述的知识应用到实践中，以实现单片机学习过程的“能动的飞跃”；同时在此基础上讲述更深层次的单片机系统开发知识，使读者能由浅入深地学习单片机。

本书通过大量教学视频对单片机系统的开发过程进行细致入微的讲解，使读者能快速了解单片机的基本原理，并熟练掌握单片机系统开发的基本技能。

本书共7章，主要内容介绍如下。

第1章至第3章由浅入深地介绍单片机系统开发环境、C51单片机所用语言的语法基础、单片机内部资源及外部资源的使用等内容。

第4章至第7章主要通过知识竞赛数字抢答器、数字电子时钟、多功能数字频率计、手持GPS定位器等实践项目讲解单片机应用开发流程、方法，包括单片机内部资源应用及外围器件使用、用户交互设计、信号处理、单总线、I^2C总线、SPI总线、存储器和I/O口外设扩展等知识。

本书有如下特色。

（1）内容全。对单片机系统开发的各个知识点进行细致的介绍，同时剖析每个概念，让读者对单片机系统开发有全面的认识。

（2）项目型。为了帮助读者快速掌握单片机开发，本书基于项目实践的方式讲解单片机内部资源应用方法及外部资源的扩展原理与实践，读者通过项目实践可快速掌握相关的知识。

（3）实用性强。本书采用的都是单片机系统应用程序常用的知识点，并结合实例或项目进行讲解，力求让读者在实际项目开发中能够快速上手，同时方便读者对程序进行进一步扩展。

（4）参考性强。本书知识全面，可随查随用。读者可将本书作为单片机系统开发的参考书。

张林玲、文金辉、陈兴强参与本书部分内容的整理工作。在本书编写过程中还得到许多学者、专家、亲人、朋友的大力支持和鼓励，尤其是原中国人民解放军装备学院高级工程师、硕士生导师蒋心晓教授，深圳大学微纳光电子学研究院安鹤男副教授，华东交通大学机电与车辆工程学院欧阳爱国教授，江西科技师范大学数学与计算机科学学院副院长万佩真教授，江西科技师范大学数学与计算机科学学院熊筱芳教授，江西科技师范大学胡淑红、王国辉老师，杭州电子科技大学通信工程学院信息与信号处理研究所刘玮老师，江西省电子信息技师学院罗国强、胡建忠等老师，以及高级工程师文金辉、郭学鸿、张林玲等。在此，编者表示衷心的感谢!

单片机应用技术所包含的内容很丰富，涉及的知识面也很广，书中难免有缺点和不足之处，希望广大读者提出批评和建议，请发邮件至liyongtao@ptpress.com.cn。在此对大家的支持表示感谢。

郭学提

2021.5

目　录

第1章　单片机开发工具

磨刀不误砍柴工，工欲善其事，必先利其器。本章讲解单片机开发比较常用的两款开发工具——UltraEdit和Keil 5。

UltraEdit是一款功能强大的文本编辑器，可编辑文本、十六进制数、美国标准信息交换码（American Standard Code for Information Interchange，ASCII）等，内建英文单词检查、C/C++及VB指令突显功能，也可同时编辑多个文件。

Keil 5是一个集成开发环境（Integrated Develop Environment，IDE），集成了代码编写、分析、编译、调试等一体化功能。

1.1　UltraEdit

UltraEdit是一款支持文本和C/C++、HTML、PHP、Perl、Java、JavaScript等众多计算机编程语言的文本编辑器。UltraEdit支持十六进制编辑并可以编辑超过4GB的大文件。它拥有强大的解决方案和工作区，有着处理复杂软件开发的能力。本节将介绍UltraEdit的一些常用功能，以及如何使用它来创建工程和编辑代码。

1.1.1　UltraEdit用户界面

UltraEdit的用户界面主要包括标题栏、菜单栏、工具栏、文件视图窗口、文本编辑窗口、函数列表、模板列表、输出窗口、底部状态栏等。

一、UltraEdit应用程序窗口

UltraEdit应用程序窗口如图1.1所示。

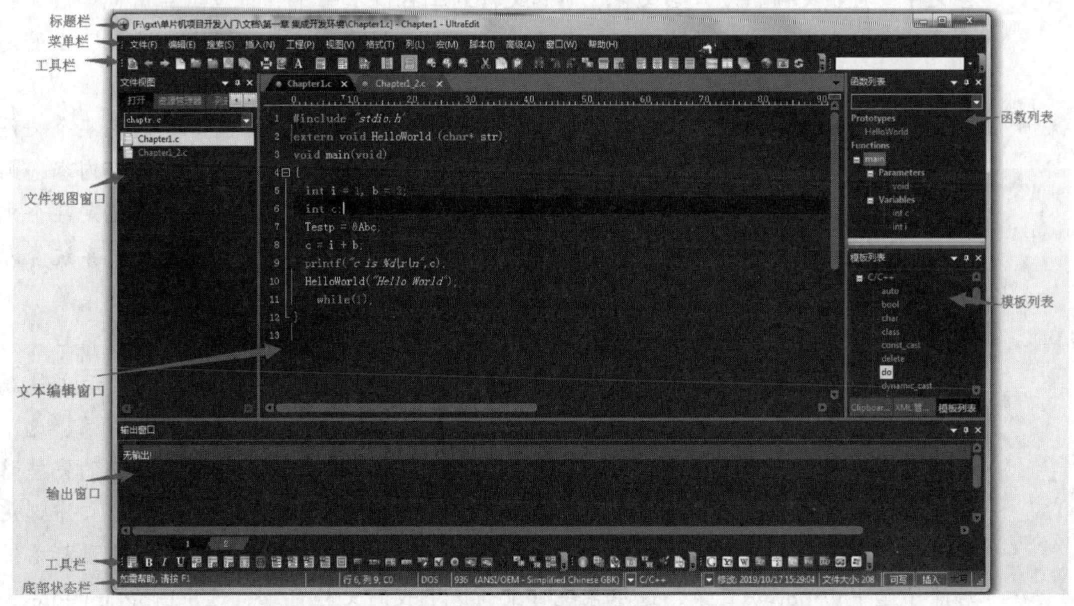

图1.1　UltraEdit应用程序窗口

二、UltraEdit文件视图窗口

UltraEdit文件视图窗口包含工程、打开、资源管理器和列表4个选项卡，如图1.2所示。

图1.2　UltraEdit文件视图窗口

- 通过工程选项卡可浏览工程所在文件夹、打开工程文件进行编辑、添加文件夹到当前工程、添加组、添加新文件、添加活动文件、添加所有打开文件、在工程中打开文件、设置工程、选择活动文件等。当鼠标指针指向工程文件夹时可显示该工程文件夹的详细存储路径、工程目录、工程开始时间、工作时间等；当鼠标指针指向某个文件时可显示该文件的大小和修改时间，而双击某个文件可打开该文件至编辑区；选定某个文件后单击鼠标右键，在弹出的快捷菜单中可根据菜单项来选择功能：打开并激活文件、浏览文件所在的文件夹、设置打开文件在上次编辑位置或文档开头/结尾、从工程中删除该文件、设置该文件是显示相对存储路径还是绝对存储路径等。
- 打开选项卡列出已经打开的文件列表，选择文件可使该文件变为活动文件；选定某个文件后单击鼠标右键，在弹出的快捷菜单中可根据菜单项来选择功能：关闭文件、保存文件、打印文件、重命名文件、添加文件到工程、水平平铺窗口（启用窗口层叠功能时）、垂直平铺窗口（启用窗口层叠功能时）、创建文件夹活动文件路径、设置是显示文件名还是显示完整的存储路径、设置是否按扩展名排序等。
- 通过资源管理器选项卡可从指定的路径打开文件，当在上半部分窗口中选定某个文件夹时，下半部分窗口即显示该文件夹内的文件和子文件夹，若筛选输入框有内容，则下半部分窗口显示的内容为子文件夹及筛选后的文件。在上半部分窗口中选定某个文件夹后单击鼠标右键，在弹出的快捷菜单中可根据菜单项来选择功能：调用系统资源管理器菜单（在该计算机操作系统中选择文件夹后单击鼠标右键弹出的快捷菜单）、在文件中查找（在该目录）、在文件中替换（在该目录）、打开命令提示符窗口（打开CMD窗口）、重命名文件夹、新建文件夹、新建文件、打开文件、显示文件属性、删除文件、创建文件夹活动文件路径、选中Windows目录、选中系统目录、选中我的文档目录、选中Program Files、选中应用程序、插入文档（将该文件夹的完整路径等插入活动文件光标处）、是否显示隐藏文件夹和文件等。在下半部分窗口中选定某个文件夹后单击鼠标右键的功能是保留了在上半部分窗口中选择文件单击鼠标右键后除了选中Windows目录、选中系统目录、选中我的文档目录、选中Program Files、

选中应用程序之外的功能。在下半部分窗口中选定某个文件后单击鼠标右键可调用系统资源管理器菜单、重命名文件、新建文件夹、新建文件、打开文档、使用默认程序打开、属性、删除文件、创建文件夹活动文件路径、插入到文档、是否显示隐藏文件夹和文件等。

- 列表选项卡显示收藏的文件、最近打开过的文件、最近打开过的工程；选中某个文件即显示该文件的完整存储路径，双击某个文件可打开该文件。

三、UltraEdit文本编辑窗口

在UltraEdit文本编辑窗口可对文档进行编辑，当鼠标指针指向对应的文件名时会弹出该文件的完整路径、文件大小、详细的创建时间、详细的修改时间等信息。拖动文件可分隔多个文本编辑窗口，对于每个文件的文件名，可使用不同颜色和形状标识文件编辑状态，绿色圆形表示文件有改动并已经保存，红色菱形表示文件有改动但未保存，无颜色无形状表示文件未改动。文本编辑区可显示行号、能使用不同颜色标记不同的代码。图1.3所示的代码中，用橘黄色标记库函数和运算符，用蓝绿色标记关键字，用淡黄色标记头文件，用白色标记自定义代码和函数，用紫色标记常量。UltraEdit可以折叠程序段（用“{}”括起来的代码段）使编辑区更简洁，代码逻辑更清晰，单击程序段的“{”所在行的“⊟”图标可折叠该段程序，折叠后“⊟”图标变成“⊞”图标；单击“⊞”图标可展开该段代码。UltraEdit文本编辑窗口如图1.3所示。

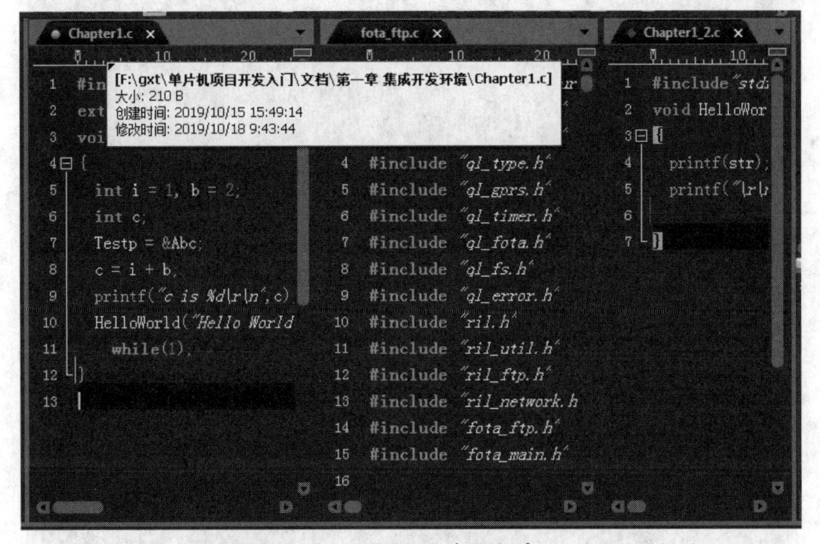

图1.3　UltraEdit文本编辑窗口

UltraEdit文本编辑窗口可使用层叠或平铺功能，方法是在菜单栏单击窗口按钮，在弹出的菜单中选择启用层叠/吸附标签，在该菜单中选择层叠功能或在该菜单中选择水平平铺或垂直平铺。图1.4所示是层叠的UltraEdit文本编辑窗口，图1.5所示是水平平铺的UltraEdit文本编辑窗口。

UltraEdit文本编辑窗口可使用分割窗口功能，方法是在菜单栏单击窗口按钮，在弹出的菜单中选择分割窗口，即可在光标所在行分割当前活动文件的窗口。分割后的UltraEdit窗口如图1.6所示。

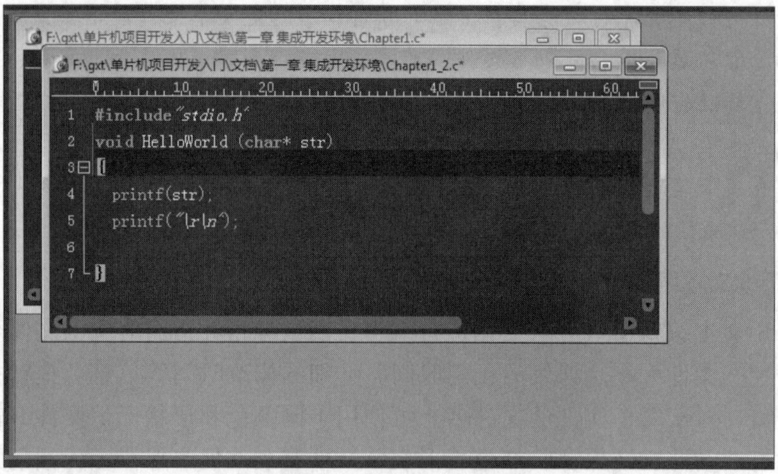

图1.4　层叠的UltraEdit文本编辑窗口

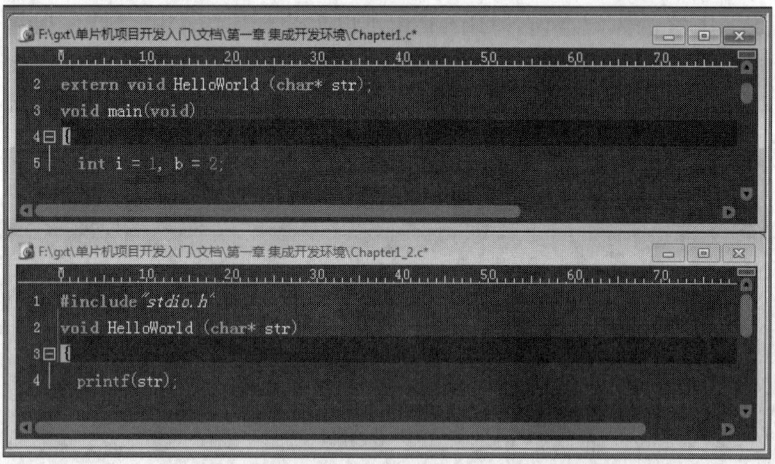

图1.5　水平平铺的UltraEdit文本编辑窗口

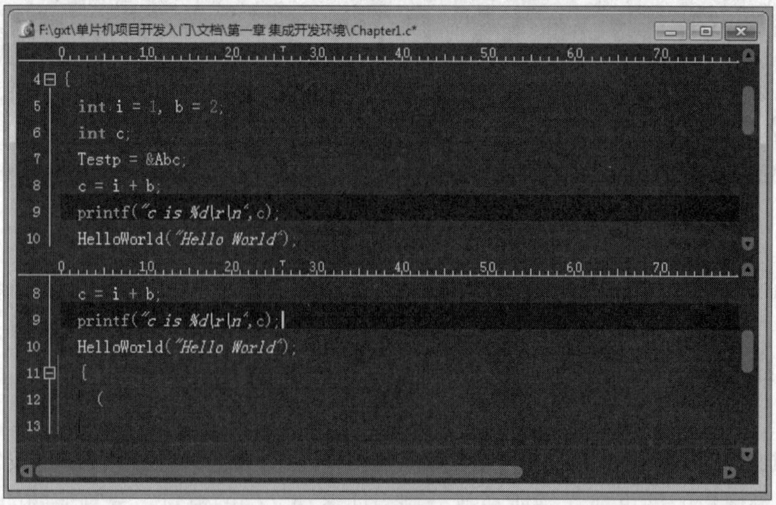

图1.6　分割后的UltraEdit窗口

四、UltraEdit函数列表

UltraEdit函数列表用于显示所有工程文件的函数或当前活动文件的函数，方便在编辑代码时快速定位。在该窗口区域内单击鼠标右键，在弹出的快捷菜单中选择“列出所有工程文件”可切换显示的函数是当前活动文件的函数还是所有工程文件的函数。函数列表窗口依次显示宏定义函数、函数原型、函数体等，如图1.7所示。在函数列表内双击宏名、函数名、变量名等，即可使光标跳转到其所在文件相应的代码位置。

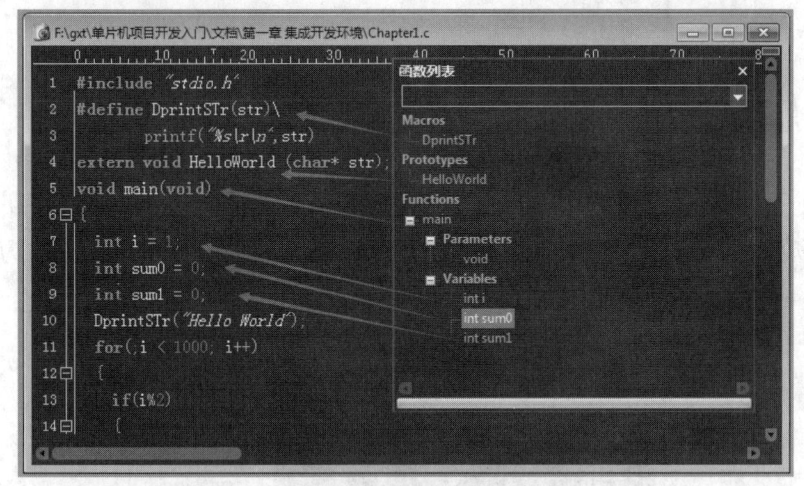

图1.7　UltraEdit函数列表

五、UltraEdit模板列表

通过UltraEdit模板列表可快速插入代码模板——双击要插入的模板即可在光标处插入该模板。如双击do，即可在左侧文件中插入do while循环框架并使光标定位在while的条件判断语句evaluation，修改while循环条件为i<100后按Enter键即跳转到循环体的代码，修改循环体代码为i++后按Enter键完成模板do的插入，如图1.8所示。

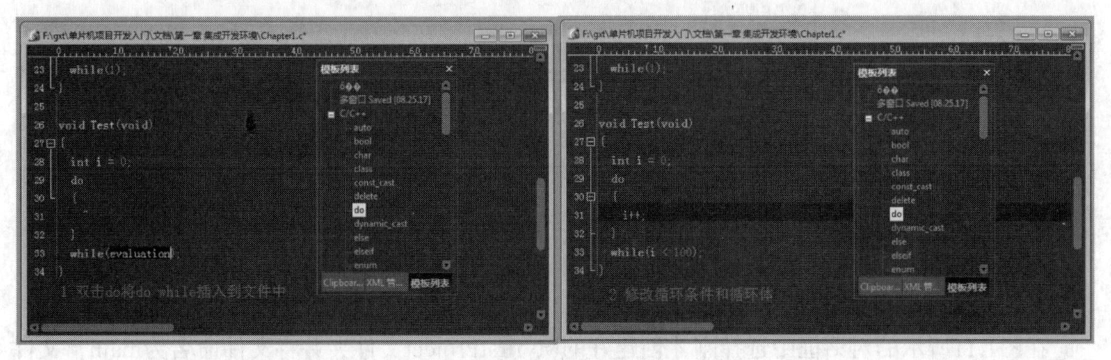

图1.8　UltraEdit模板列表

1.1.2　创建工程

在F盘新建名称为MyfirstProject的文件夹（读者可根据实际情况设定具体路径和文件夹名称），然后打开UltraEdit，使用“工程>新建工程/工作区”命令创建一个新项目，弹出图1.9所示的对话框。

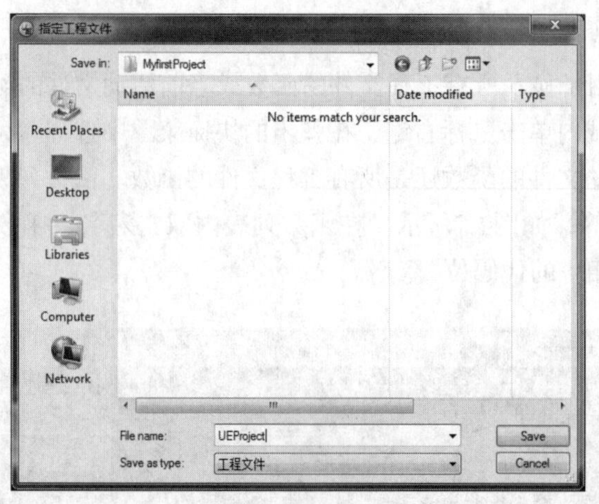

图1.9　创建工程

在图1.9所示的对话框中选择刚才建好的MyfirstProject文件夹，将本工程命名为UEProject后单击“Save”，弹出工程设置对话框，如图1.10所示。

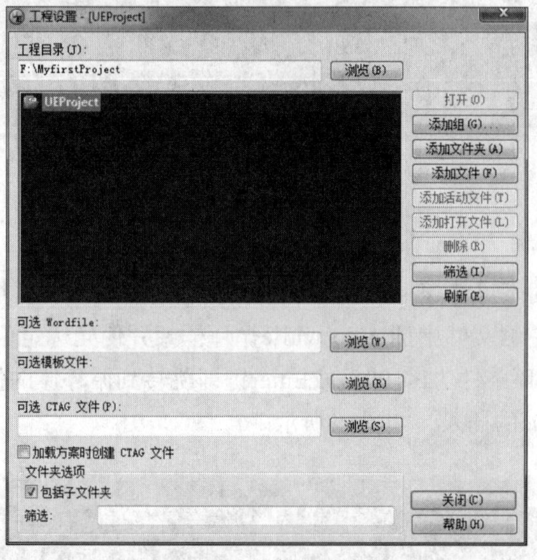

图1.10　工程设置对话框

在图1.10所示的对话框中单击“关闭”完成工程创建。

1.1.3　新建文件

使用“文件>新建”创建一个新文件，单击“文件>另存为”，弹出图1.11所示的对话框。

在图1.11所示的对话框中选择刚才创建好的MyfirstProject文件夹并将文件命名为main，文件类型选择“C”文件（*.c,*.cpp），编码选择ANSI/ASCII后，单击“保存”完成操作。

在main.c文件中输入以下代码后，使用“文件>保存”或使用Ctrl+S快捷键保存文件。

```
#include <REG52.H>              /*特殊功能寄存器头文件*/
#include <stdio.h>              /*标准输入/输出头文件*/
void main(void)
{
    SCON = 0x50;                /*模式1，8位数据，允许数据接收*/
```

```
        TMOD |= 0x20;                    /*定时器1，模式2，8位自动重装初值模式*/
        TH1   = 0xE6;                    /*设置，12MHz晶振，1200b/s波特率，TH1初值*/
        TR1   = 1;                       /*TR1：运行定时器1*/
        TI    = 1;                       /*TI：设置发送标志为1*/
        while（1）
        {
              P1 ^= 0x01;                /*每输出一行字符串，P1.0取反1次*/
              printf ("Hello World\n");  /*输出"Hello World"*/
        }
    }
```

注：晶体振荡器简称晶振。

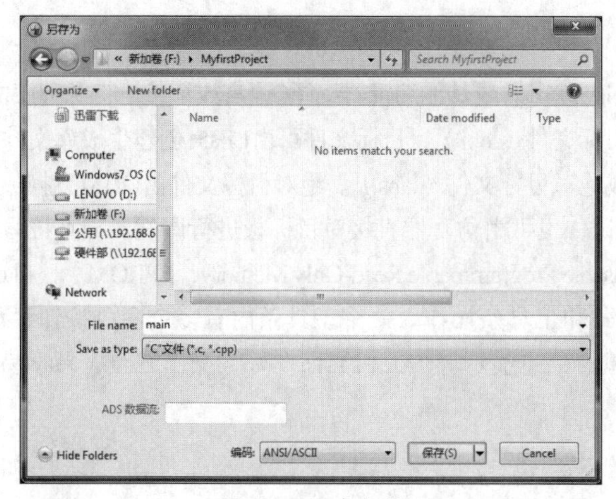

图1.11　保存文件

1.1.4　添加文件至工程

在文件视图的工程窗口选择UEProject并单击鼠标右键，在弹出的快捷菜单中选择“添加到工程”，弹出图1.12所示的对话框。

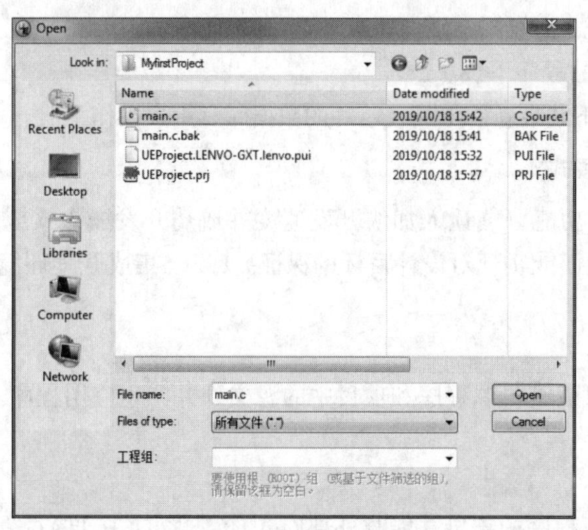

图1.12　添加文件至工程

在图1.12所示的对话框中选择刚才新建好的main.c文件，单击“Open”完成操作后，main.c

文件已经成功添加到UEProject工程中。

1.2 Keil 5集成开发环境

Keil 5是基于Windows操作系统的集成开发环境，包含对源程序的编辑、工程项目管理、编译、调试。它支持C语言、汇编语言、宏定义等的编译，能产生十六进制格式的机器代码HEX，还能加速嵌入式应用程序的开发。本节将全面介绍Keil 5的软件界面和操作方法，并通过实例讲述如何使用Keil 5开发应用程序。

1.2.1 Keil 5简介

开发人员可以用Keil 5编辑器或其他编辑器编译C语言或汇编语言源程序文件，然后分别由C51语言和A51语言编译生成目标文件（.obj）。目标文件可由LIB51创建生成库文件（.lib），也可与库文件一起经L51链接定位生成绝对目标文件（.abs）。绝对目标文件由OH51置换成标准的HEX文件，以供调试器进行源代码级调试，也可由仿真器直接对目标板进行调试，或直接写入程序存储器，如可擦可编程只读存储器（Erasable Programmable Read-Only Memory，EPROM）、Flash中进行验证。

Keil 5支持命令模式和工具条操作。一个工具条内有多个命令按钮，源文件以窗口的形式进行编辑。Keil 5有对话框、信息显示等，人机界面友好、操作方便、易学易用。

一、Keil 5的特点

（1）全功能原始代码编辑。

（2）开发工具配置及可选择相应芯片的数据库。

（3）通过工程管理可以很方便地创建和管理工程。

（4）集成源程序的编译、连接、生成机器代码等，用户可以很方便地得到HEX文件。

（5）所有开发工具的配置都是基于窗口或对话框的图形界面。

（6）集成高速CPU及对单片机外围器件的模拟，另外还有信号发生及信号分析等功能。

（7）高级的图形设备接口（Graphics Device Interface，GDI）在目标硬件的软件调试和与Keil ULINK的连接方面，都可用于硬件仿真。

（8）支持对Flash的程序下载。

（9）可通过网站下载最新的工具、芯片的数据库和用户操作手册。

二、Keil 5的工作模式

Keil 5提供了许多功能，能让人加快开发速度并成功开发嵌入式应用程序。由于这些功能（工具）易于使用，因而能实现对设计目标的保证。Keil 5集成开发环境有两种操作模式：编译模式和调试模式。

（1）编译模式。

在编译模式下，可以编辑源程序和项目中的源文件并产生应用程序。图1.13所示为Keil 5的编译模式界面。

（2）调试模式。

调试模式用来验证程序的结果并能与外部Keil ULINK USB-JTAG适配器进行连接，构成硬件仿真系统，还可以下载应用程序到目标系统的Flash 只读存储器（Read-Only Memory，ROM）中。图1.14所示为Keil 5的调试模式界面。

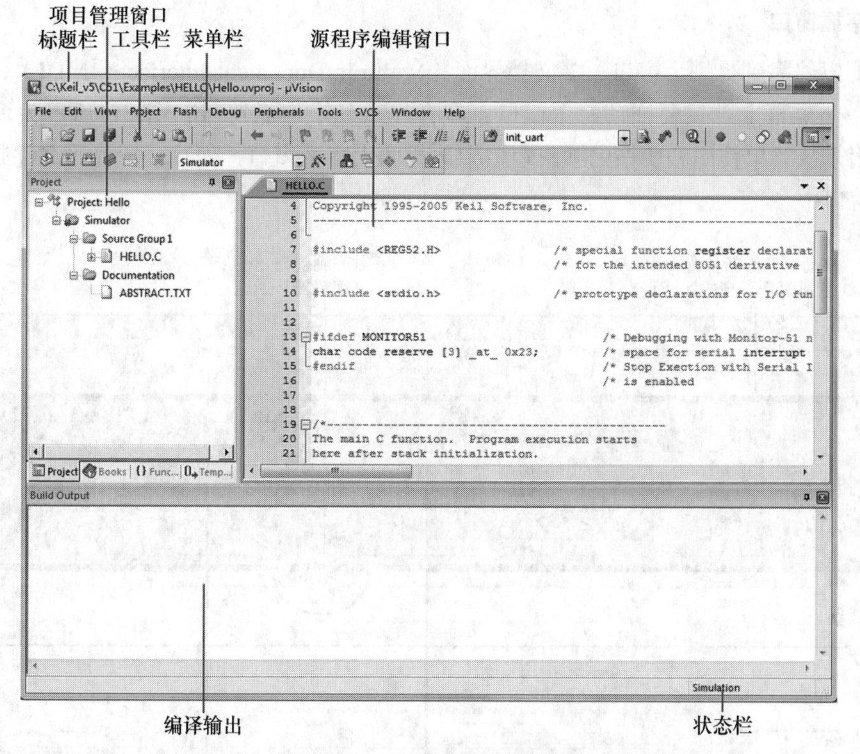

图1.13　Keil 5的编译模式界面

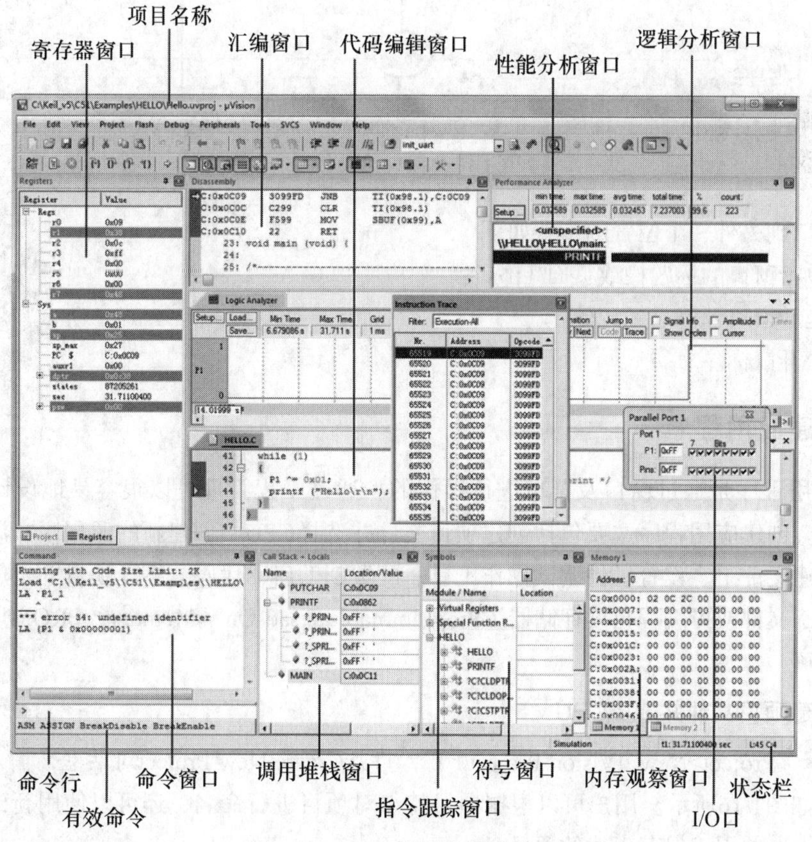

图1.14　Keil 5的调试模式界面

三、停靠窗口

窗口可以停靠到另一个窗口、多文档界面（Multiple Document Interface，MDI），甚至可以浮动到另一个屏幕上。只要拖动一个窗口，就会显示几个停靠符号，图1.15所示为窗口拖动操作。这适用于从菜单视图和所谓的项目窗口中选择的大多数窗口，但是，源代码文件必须留在文本编辑器窗口中。

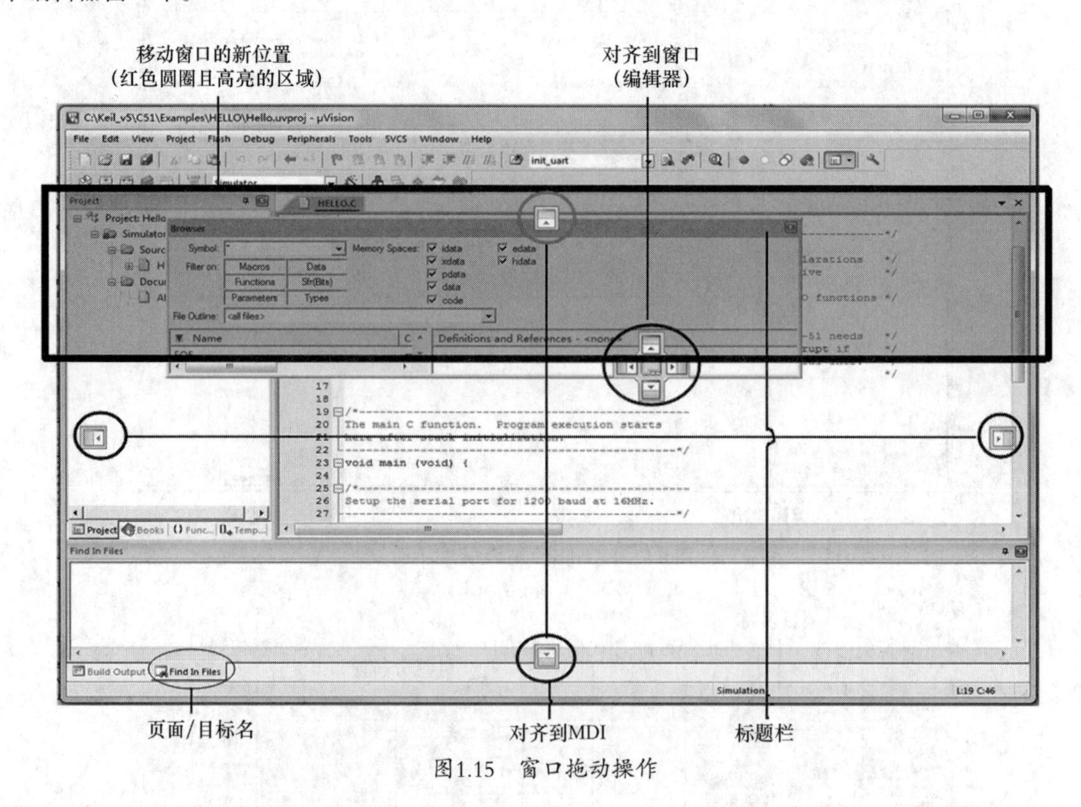

图1.15　窗口拖动操作

移动窗口到另外一个位置的步骤如下。

（1）单击窗口的标题栏或页面/目标名。

（2）拖动窗口到停靠标记处。

（3）松开鼠标。

1.2.2　创建应用程序

创建应用程序是通过窗口及菜单进行操作的，通过工程管理可以很容易地设计基于单片机的应用程序。创建应用程序主要包括创建项目文件并选择CPU、创建新的源程序、添加源程序到项目中、创建文件组、设置硬件调试操作工具、配置CPU启动代码、编译项目并生成应用程序代码、生成HEX文件或可编程只读存储器（Programmable Read-Only Memory，PROM）程序。下面依次进行讲解。

一、创建项目文件并选择CPU

1．选择“Project>New µVision Project...”，打开Create New Project对话框，输入新项目名及保存路径，如图1.16所示。用户可以根据项目特点对项目进行命名，还可以使用新建文件夹图标创建新的文件夹并用于保存新建的项目。

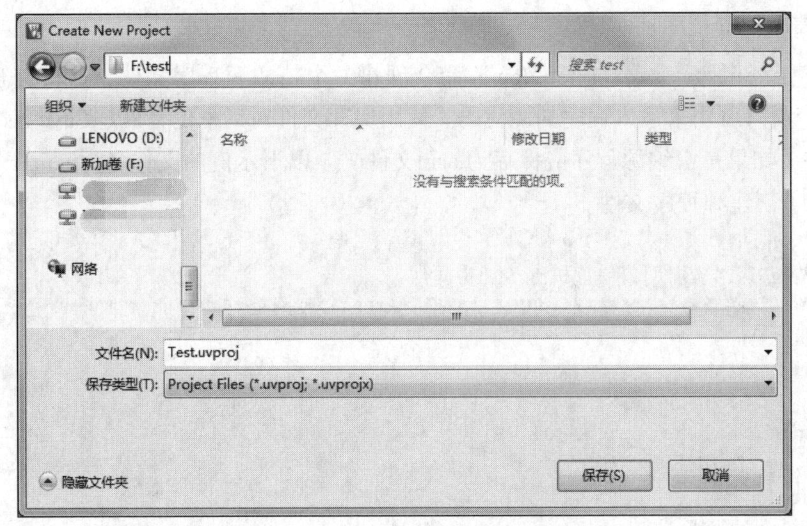

图1.16　Create New Project对话框

2．完成第1步操作后单击“保存”，会弹出选择CPU的对话框，如图1.17所示。展开“Atmel”，选择“AT89S51”。

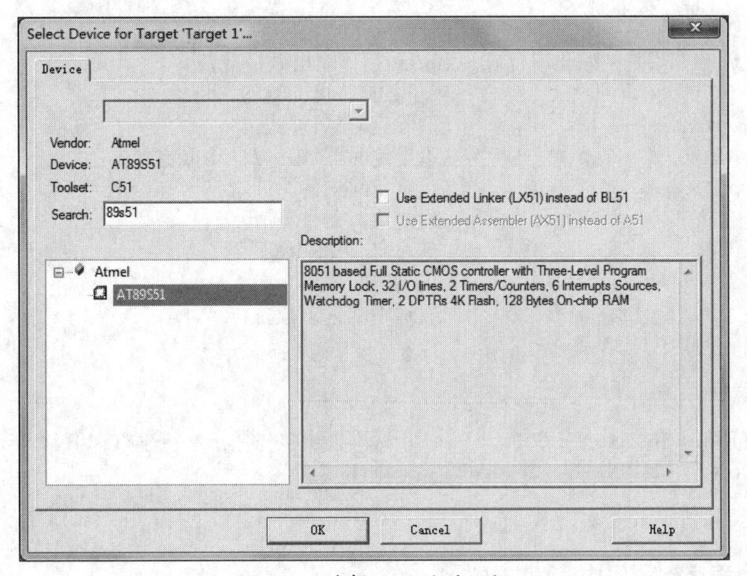

图1.17　选择CPU的对话框

3．完成第2步操作后单击“OK”，会弹出复制并添加CPU启动代码的对话框，如图1.18所示。选择“是”就会自动生成CPU启动代码。

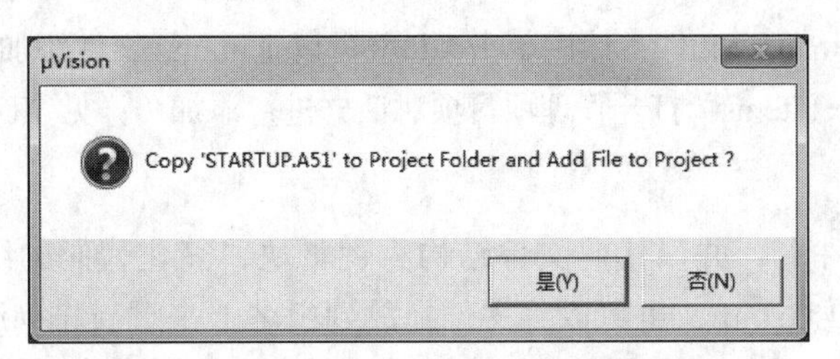

图1.18　复制并添加CPU启动代码的对话框

二、创建新的源程序

通过新建命令图标或"File>New"命令创建一个新的源程序文件，这将打开一个空的编辑窗口，这个窗口可用来输入程序的源代码。使用保存文件对话框的"File>Save As..."，并将其保存为.c文件（如果是汇编源程序应保存为.asm文件）。以下示例的文件名为main.c。

【例1-1】创建源程序文件。

```
#include "stdio.h"
#include "reg51.h"   //引用51单片机reg51.h头文件
/*****************************************************************************
* Function:    main
* author:      gxt
* date:        2018.03.06
* Description:
*              Test工程的主函数
* Parameters:
*              NONE
* Return:
*              NONE
*****************************************************************************/
void main(void)
{
    unsigned int delay;
    //以下代码的作用是初始化串行口，为printf接口输出做好准备
    SCON = 0x50;                    //8位数据，可变波特率
    TMOD &= 0x0F;                   //清除定时器1模式位
    TMOD |= 0x20;                   //设定定时器1为8位自动重装方式
    TL1 = 0xFD;                     //设定定时初值
    TH1 = 0xFD;                     //设定定时器重装值
    ET1 = 0;                        //禁止定时器1中断
    TR1 = 1;                        //启动定时器1
    TI = 1;                         //发送中断标志位置1
    //串行口初始化代码结束
     while(1)
     {
        printf("Test By Gxt\n");    //调用标准输出接口输出字符串"Test By Gxt\n"
        while(1);                   //无限循环
    }
}
```

三、添加源程序到项目中

将创建的源文件添加到新建的项目。Keil 5提供了多种方法将源代码文件添加到项目。例如，可以选择项目（Project）工作区中的Source Group 1，单击鼠标右键，在弹出的图1.19所示的快捷菜单中选择"Add Existing Files to Group'Source Group 1'..."，会弹出图1.20所示的对话框，在该对话框中选择main.c文件，然后单击Add就可以把main.c文件添加到项目中。也可以使用"Project>Manage>Project Items"打开管理项目项对话框进行添加（详见"四、创建文件组"）。

四、创建文件组

用户可以创建文件组，并以代码文件结构为逻辑块，简化代码的维护。通过鼠标右键单击目标名称并选择Add Group，也可以将文件拖放到组名上来重新排列顺序或添加文件。使用"Project>Manage>Project Items"打开Manage Project Items对话框，创建文件组如图1.21所示。

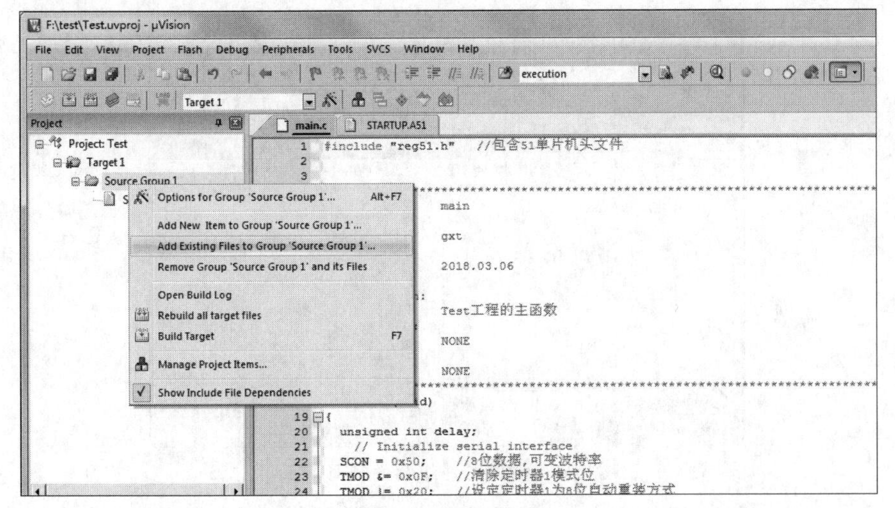
图1.19　快捷菜单

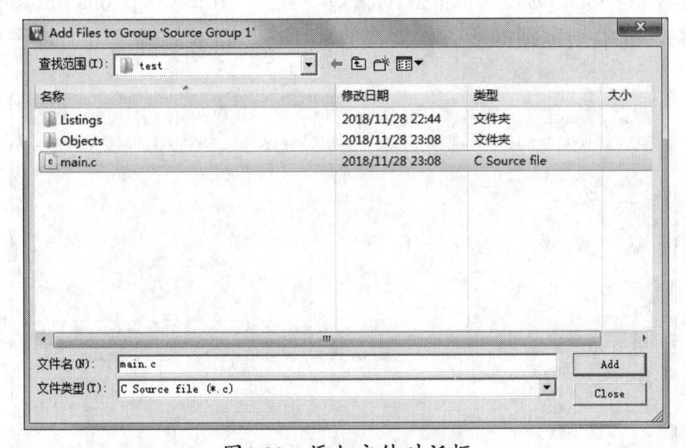
图1.20　添加文件对话框

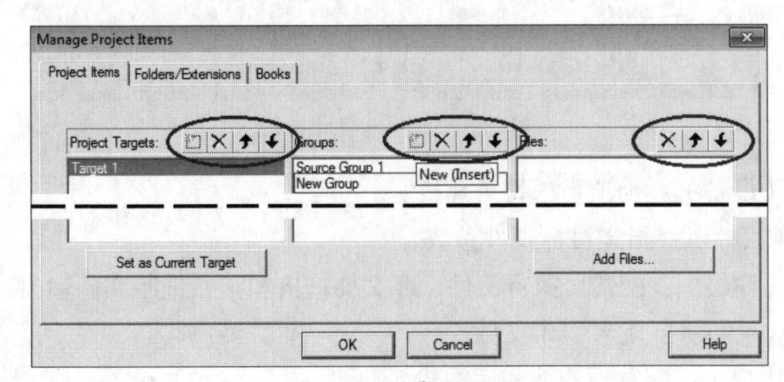
图1.21　创建文件组

在Files栏中可以单击“Add Files...”增加文件到选中的组中，也可以用按住鼠标左键拖动的方式来重新排列该组中的源文件顺序。

项目工作区显示项目名称、活动目标名称以及所有的组和文件、图标标识项目类型和权限。在项目工作区双击某个文件，可以打开该文件进行编辑。例如，打开main.c文件内的reg51.h文件，只需在图1.22所示的界面双击“reg51.h”即可。

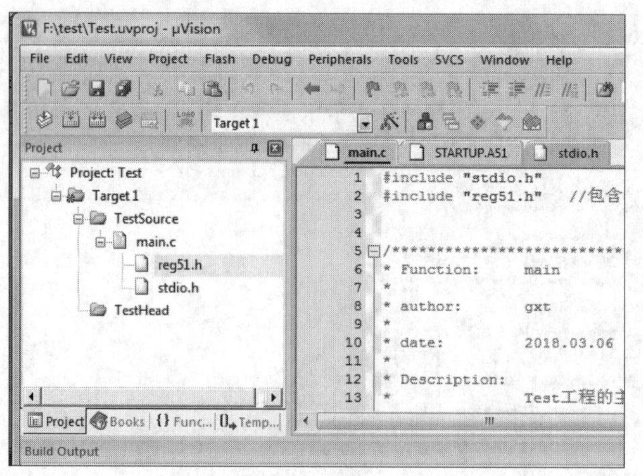

图1.22　创建文件组后的项目界面

五、设置工具选项

Keil 5允许配置开发环境。通过工具栏图标或通过“Project>Options for Target ‘Target 1’...”命令，在目标选项对话框中指定硬件所有相关参数和所选设备的芯片组件，如图1.23所示。

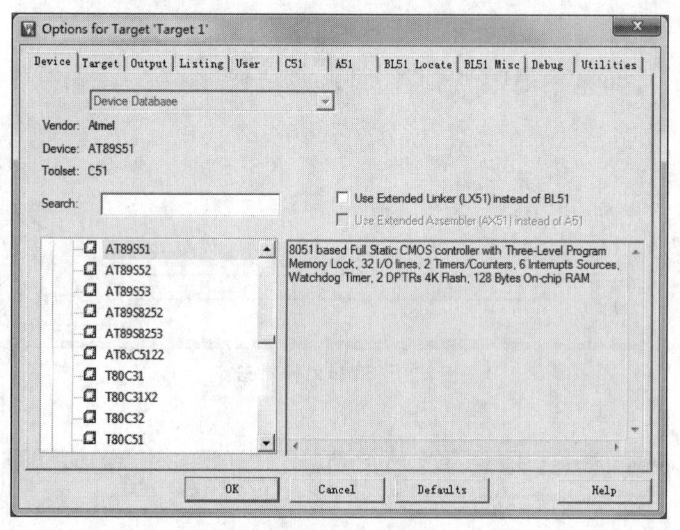

图1.23　目标选项对话框

（1）Device（设备）：为项目选择单片机。

（2）Target（目标）：指定目标硬件参数。

（3）Output（输出）：配置可执行文件、库文件输出和十六进制文件输出。

（4）Listing（清单）：配置清单文件。

（5）User（用户）：配置预构建和后构建活动。

（6）C51（或CX51）：配置编译器选项。

（7）A51（或AX51）（在设备下启用时）：配置汇编器选项。

（8）BL51 Locate（或LX51定位）（在设备下启用时）：指定链接器/定位器内存位置指令。

（9）BL51 Misc（或LX51 Misc）（在设备下启用时）：输入其他链接器/定位器指令。

（10）Debug（调试）：配置μVision调试器/模拟器。

（11）Utilities（实用程序）：配置Flash下载实用程序。

六、编译项目

通过编译工具对源程序进行编译，编译工具如图1.24所示。

图1.24　编译工具

七、生成HEX文件

打开“Options for Target ‘Target 1’...”后，选择“Output”，生成HEX文件设置对话框如图1.25所示。可以通过“Select Folder for Objects...”选择生成的HEX文件保存路径。“Name of Executable:”右边为生成的HEX文件的名称。需要生成HEX文件，还必须将“Create HEX File”前面的复选框选中。选中“Create Library：.\Objects\Test.LIB”可以生成Test.LIB库文件，而选中“Create Batch File”前面的复选框可创建批处理文件。

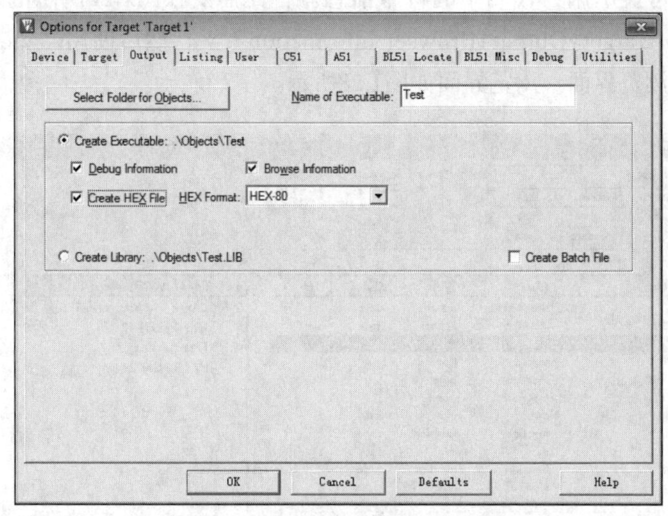

图1.25　生成HEX文件设置对话框

八、查找和浏览源程序

用户在编辑或调试源代码时，可单击工具栏中的图标，在多个文件中使用查找命令，以便快速定位代码。在多个文件中使用查找命令查找“In”的对话框如图1.26所示，单击“Find All”后的查找结果如图1.27所示。

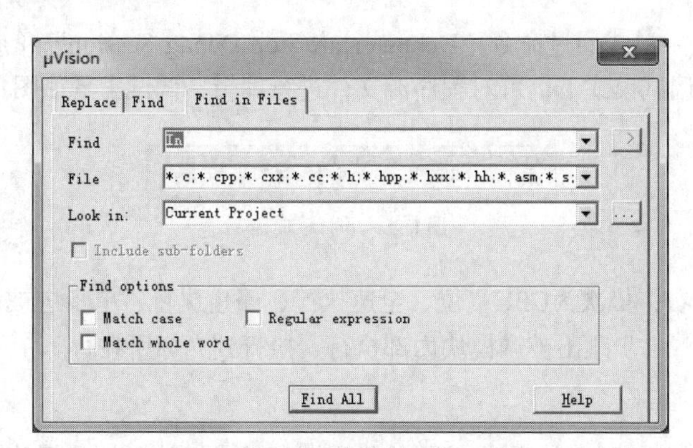

图1.26　查找“In”

```
Find In Files
Searching for 'In'...
F:\test\main.c(1) : #include "stdio.h"
F:\test\main.c(2) : #include "reg51.h"
F:\test\main.c(6) : * Function:      main
F:\test\main.c(19) : void main(void)
F:\test\main.c(21) :  unsigned int delay;
F:\test\main.c(22) :      // Initialize serial interface
F:\test\main.c(34) :    printf("Test By Gxt\n");
C:\Keil_v5\C51\Inc\STDIO.H(5) : Copyright (c) 1988-2002 Keil Elektronik GmbH and Keil Software, Inc.
C:\Keil_v5\C51\Inc\STDIO.H(10) : #define __STDIO_H__
C:\Keil_v5\C51\Inc\STDIO.H(13) :  #define EOF -1
C:\Keil_v5\C51\Inc\STDIO.H(17) :  #define NULL ((void *) 0)
C:\Keil_v5\C51\Inc\STDIO.H(21) :  #define _SIZE_T
C:\Keil_v5\C51\Inc\STDIO.H(22) :  typedef unsigned int size_t;
C:\Keil_v5\C51\Inc\STDIO.H(31) : extern int printf   (const char *, ...);
C:\Keil_v5\C51\Inc\STDIO.H(32) : extern int sprintf  (char *, const char *, ...);
C:\Keil_v5\C51\Inc\STDIO.H(33) : extern int vprintf  (const char *, char *);
C:\Keil_v5\C51\Inc\STDIO.H(34) : extern int vsprintf (char *, const char *, char *);
C:\Keil_v5\C51\Inc\STDIO.H(35) : extern char *gets (char *, int n);
Build Output | Find In Files | Browser
```

图1.27　查找结果

源代码浏览器可显示用户代码中的符号信息。首先需要在图1.25所示的对话框中配置输出浏览器信息（选择“Target>Output>Browser information”），然后使用“View>Source Browser Window”命令打开浏览界面。浏览界面如图1.28所示。

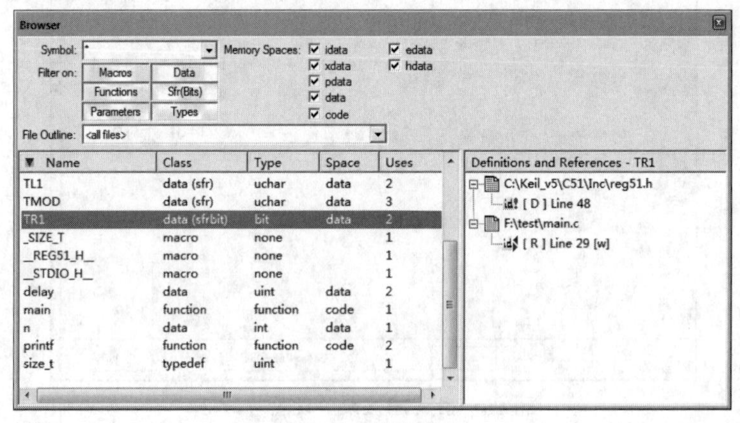

图1.28　浏览界面

1.2.3　调试工程

一、进入调试模式

单击调试工具图标或通过命令“Debug>Start/Stop Debug Session”（或按Ctrl+F5快捷键）可进入调试模式。在调试模式下仍可对程序源文件进行编辑。调试工具如图1.29所示。

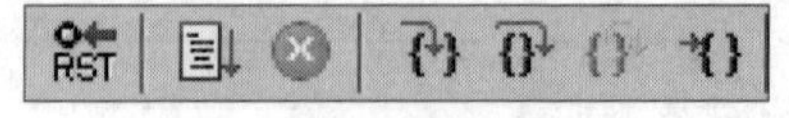

图1.29　调试工具

调试工具从左至右，依次为CPU复位、全速执行、停止执行、单步进被调模块内执行、单步不进被调模块内执行、单步跳出被调模块内部执行、执行到光标所在行。

二、汇编窗口

通过汇编窗口可以看出用C51语言编写的代码被翻译成汇编语句及相关寄存器的值。打开汇编窗口的方法是：单击图标或使用“View>Disassembly window”命令。汇编窗口如图1.30所示。

```
Disassembly
    31:
C:0x0BFD    D299     SETB     TI(0x98.1)
    32:         while(1)
    33:         {
    34:                  printf("Test By Gxt\n");
    35:                  // simple delay - it is mcu clock dependent !
C:0x0BFF    7BFF     MOV      R3,#0xFF
C:0x0C01    7A0C     MOV      R2,#0x0C
C:0x0C03    793F     MOV      R1,#0x3F
C:0x0C05    120862   LCALL    PRINTF(C:0862)
    36:                  for (delay=0; delay<10000; delay++)
C:0x0C08    E4       CLR      A
C:0x0C09    FF       MOV      R7,A
C:0x0C0A    FE       MOV      R6,A
C:0x0C0B    0F       INC      R7
C:0x0C0C    BF0001   CJNE     R7,#0x00,C:0C10
C:0x0C0F    0E       INC      R6
C:0x0C10    BE27F8   CJNE     R6,#0x27,C:0C0B
C:0x0C13    BF10F5   CJNE     R7,#0x10,C:0C0B
C:0x0C16    80E7     SJMP     C:0BFF
               PUTCHAR:
C:0x0C18    EF       MOV      A,R7
C:0x0C19    B40A07   CJNE     A,#0x0A,C:0C23
C:0x0C1C    740D     MOV      A,#0x0D
C:0x0C1E    120C23   LCALL    C:0C23
```

图1.30　汇编窗口

三、逻辑分析窗口

单击图标或使用“View>Analysis Window>Logic Analyzer”命令打开逻辑分析窗口，如图1.31所示。

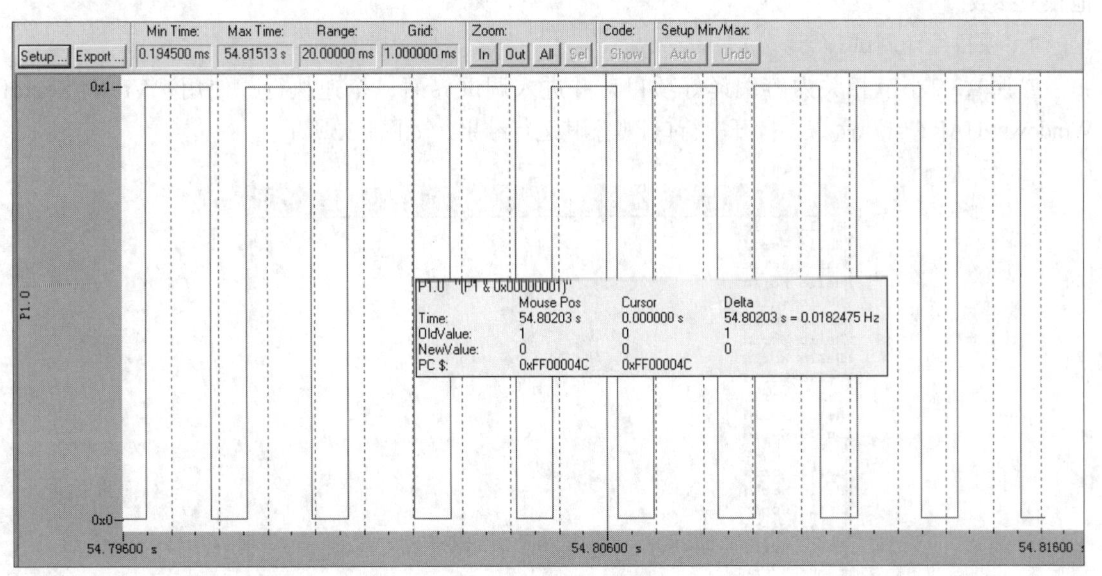

图1.31　逻辑分析窗口

1.2.4　创建“Hello World”项目

可在Keil 5安装目录\Examples\Hello中打开Hello实例进行学习，也可使用下述步骤建立一个新的项目进行学习。

1. 新建源程序文件

使用“file>New...”命令、单击图标或按Ctrl+N快捷键，新建一个源程序文件，并保存为

D:\Keil51\test\Hello.c。输入下列程序后再次保存。

```
#include <REG52.H>                  /*特殊功能寄存器头文件*/
#include <stdio.h>                  /*标准输入/输出头文件*/
void main(void)
{
    SCON  = 0x50;                   /*模式1，8位数据，允许数据接收*/
    TMOD |= 0x20;                   /*定时器1，模式2，8位自动重装初值模式*/
    TH1   = 0xE6;                   /*设置，12MHz晶振，1200波特率，TH1初值*/
    TR1   = 1;                      /*TR1：运行定时器1*/
    TI    = 1;                      /*TI：设置发送标志为1*/
    while（1）
    {
        P1 ^= 0x01;                 /*每输出一行字符串，P1.0取反1次*/
        printf ("Hello World\n");   /*输出 "Hello World"*/
    }
}
```

2．新建项目

使用“Project>New μVision Project...”命令，新建一个项目，保存为D:\Keil51\test\Simulator，并将新建的源程序文件添加到项目中。

3．项目设置

使用“Project>Options for Target 'Simulator'”命令或单击快捷图标，打开Target 'Simulator'配置窗口，选择Device选项卡并选择好芯片组件数据库，如图1.23所示。参照1.2.2小节配置好其他相关参数。

4．项目编译调试

参照1.2.3小节相关内容编译好项目，并进入调试界面，全速执行；使用“View>Serial Windows>UART #1”命令，打开串行口1观察其运行结果，如图1.32所示。

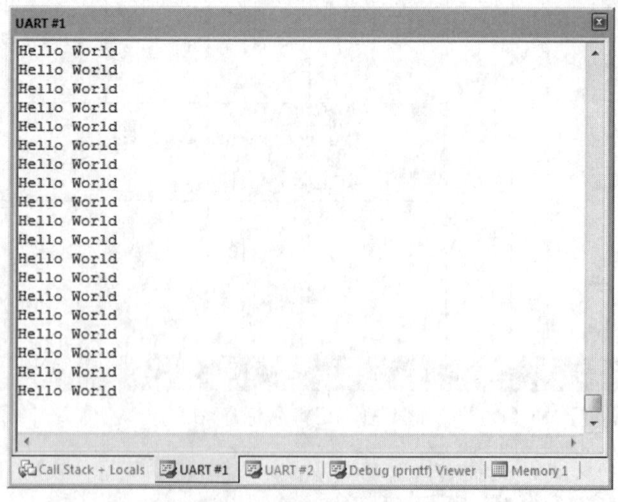

图1.32　Hello World 运行结果

1.3　小结

本章针对源代码编辑工具UltraEdit及51系列单片机的常用集成开发工具Keil 5进行了简要介

绍，并以实例的方式向读者介绍了如何使用这两个工具。读者应熟练掌握Keil 5集成开发环境，它除了支持大部分具有8051内核的微控制器的开发外，还支持ARM7、ARM9、Cortex-M4/M3/M1、Cortex-R0/R3/R4等ARM微控制器内核的开发，以及绝大部分XC16x、C16x、ST10系列的微控制器和绝大部分基于251内核的微控制器的开发。8051内核的微控制器开发除了可以使用Keil 5外，也可以使用IAR、MedWin、WAVE600等集成开发环境。代码编辑工具除了可以使用UltraEdit外，也可以使用记事本、Notepad++、Source Insight等工具。读者应结合自身特性和实际项目的需要，掌握一种或多种集成开发和代码编辑工具。

1.4 习题

（1）使用Keil 5新建一个项目编译下述程序，并通过串行口窗口观察其输出结果。

```
#include <REG51.H>                      /* 特殊功能寄存器头文件 */
#include <stdio.h>                      /* 标准输入/输出头文件 */
sbit P1_0 = P1^0;                       //定义P1_0为P1.0口
void main (void)
{
    /*------------------------------------------------
    设置波特率为9600（晶振频率为11.059MHz）
    ------------------------------------------------*/
    SCON = 0x50;                        //8位数据，可变波特率
    TMOD &= 0x0F;                       //清除定时器1模式位
    TMOD |= 0x20;                       //设定定时器1为8位自动重装方式
    TL1 = 0xFD;                         //设定定时初值
    TH1 = 0xFD;                         //设定定时器重装值
    ET1 = 0;                            //禁止定时器1中断
    TR1 = 1;                            //启动定时器1
    TI = 1;                             //发送中断标志位置1
    while (1)
    {
        printf ("Welcome to study Developed of MCU\n");  /*输出字符串 */
        P1_0 = ! P1_0;
    }
}
```

（2）在Keil 5中运行习题（1）中的代码并使用逻辑分析窗口观察P1.0口。

（3）修改习题（1）代码，使串行口波特率为115200，并在Keil 5中运行，观察运行结果。

第2章　单片机编程基础

本章主要讲解C51语言的基础内容，主要包含函数、数组、指针、结构体和联合体等。

C51源程序由一个或多个函数组成。函数是C51源程序的基本模块，通过调用函数可实现特定的功能。数组是C51语言的数据类型之一，它是同类型数据的一个有序集合。在程序设计中，为了处理方便，把具有相同数据类型的若干元素按有序的形式组织起来，这些按序排列的同类数据元素的集合称为数组。指针变量是专门用来存放地址的变量，它的值可以是变量、数组名、函数的地址等。结构体是由不同类型的数据组合在一起而构成的一种数据类型，它属于构造类型。联合体是将不同类型的数据组合在一起的数据类型，也是一种构造类型。

2.1　函数概述

C51程序的全部工作都是由各式各样的函数完成的，所以也把C51语言称为函数式语言。由于采用了函数模块式的结构，程序的层次结构更清晰，便于编写、阅读、调试。C51程序中函数的数目实际上是不受限制的，但是一个完整的C51程序必须包含一个主函数（main函数），而且主函数只能有一个，整个程序都从主函数开始执行。另外在C51语言中，所有的函数定义，包括主函数在内，都是平行的。也就是说，在一个函数的函数体内，不能再定义另一个函数，即不能嵌套定义。但是函数之间允许相互调用，也允许嵌套调用。习惯上把函数调用者称为主调函数，把被调用的函数称为被调函数。函数还可以自己调用自己，这称为递归调用。由于main函数是主函数，因此它可以调用其他函数，但不允许被其他函数调用。

2.1.1　函数无参的一般形式

函数无输入参数的一般形式如下。

```
类型说明符 函数名()
{
        类型说明
        语句
}
```

其中类型说明符和函数名为函数头。类型说明符指明本函数的返回值类型，函数名是由用户定义的标识符。函数名后有一对圆括号，其中无参数，但括号不可少。{}中的内容称为函数体，在函数体中也有类型说明，这是对函数体内部所用到的变量进行的类型说明。有些情况下函数返回值为空，此时函数类型符可以写为void。

【例2-1】定义一个无输入参数且返回值为空的函数——PrintTestStr，它的作用是向单片机串行口输出“Print Test Str”字符串。其定义方法如下。

```
void PrintTestStr (void)                    //定义为void，返回值为空
{
      printf ("Print Test Str\r\n");
}
```

【例2-2】定义一个无输入参数且返回值为int的函数——InitHardware，它的作用是初始化外部硬件。如果初始化成功则返回1，失败则返回0。其定义方法如下。

```
int  InitHardware (void)              //定义为void，返回值类型为char
{
    if(InitExHardware())              /*InitExHardware已在其他地方定义，初始化外部硬件成功则返回1，失
败则返回0*/
            return 1;
        return 0;
}
```

2.1.2　函数有参的一般形式

函数有输入参数的一般形式如下。

```
类型说明符 函数名(形参1类型 形参1 , 形参2类型 形参2 , …, 形参n类型 形参n)
{
    类型说明
    语句
}
```

函数有输入参数的一般形式比无输入参数的一般形式多了输入类型和参数名。

【例2-3】定义一个求最大值的函数Max，其定义方法如下。

```
int Max(int var1, int var2)
{
    if(a>b)
        return a;
    else
        return b;
}
```

第一行说明Max函数是一个整型函数，其返回的函数值是一个整数。形参为var1（类型为int）、var2（类型为int），var1、var2的实际值是由主调函数在调用时传递过来的。

在C程序中，一个函数的定义可以放在任意位置——既可放在主调函数之前，也可放在主调函数之后。如果放在被调函数之后，需要在程序调用之前声明该被调函数。下面依次举例讲解。

【例2-4】被调函数的定义放在主调函数之前，可以省略此被调函数的声明。

```
//被调函数的定义放在主调函数之前
void SerilIniti(void)                    //初始化串行口
{
    SM0=0;
    SM1=1;
    REN=1;
    TI=0;
    RI=0;
    PCON=0;
    TH1=0xF3;
    TL1=0xF3;
    TMOD=0x20;
    EA=1;
    ET1=0;
    ES=1;
    TR1=1;
}
```

```
void main(void)
{
        SerilIniti();
        while(1);
}
```

【例2-5】被调函数的定义放在主调函数之后，需要在调用之前声明此被调函数。

```
void SerilIniti(void);                          //在调用该函数之前声明此被调函数
void main(void)
{
        SerilIniti();
        while(1);
}
//被调函数的定义放在主调函数之后
void SerilIniti(void)
{
        //代码详见【例2-4】
}
```

2.1.3 函数的形式参数

形式参数简称形参，它是在定义函数时定义的一个或多个变量并且是函数的入口参数。如【例2-3】中的int Max(int var1, int var2)中的var1和var2都是形参。形参是概念上的定义，并不传递实际的数值，但为实际参数的传递提供接口。

2.1.4 函数的实际参数

实际参数简称实参，它是当某函数在被其他函数调用时，从其他函数传入的实际变量值。

【例2-6】通过实参调用延时函数的实例实现了函数参数的传递。

```
void DelayTime(unsigned char Time); //声明延时函数，并定义其为带入口参数的函数，无返回值
void main(void)
{
        DelayTime (100);                        //通过实参100，调用延时函数产生100ms的延时
}
//延时函数的实际内容如下
void DelayTime (unsigned char Time)       /*说明形参为无符号字符型，因此其接受的实参不能大于255*/
{
        unsigned char i;                        //定义循环条件控制变量
        while(time--)
        {
                for(i=0; i<=125; i++){;}         //延时1ms
        }
    }
```

对于【例2-6】中DelayTime(100)，函数“()”内的100是实参，而定义时使用的unsigned char Time为形参。

若一个函数作为另一个函数调用的实参出现，在这种情况下则是把该函数的返回值作为实参进行传输，因此要求该函数必须是有返回值的。

【例2-7】某按键功能函数调用有返回值的按键处理函数。

```
KeyFunction(KeyPad(key));
```

即把KeyPad(key)调用的返回值作为KeyFunction(unsigned char KeyID)函数的实参来使用。

下面给出KeyPad函数和KeyFunction函数的函数原型。

（1）KeyPad函数。

KeyPad函数负责按键值处理，与其他模块函数相对独立。

```
unsigned char KeyPad(unsigned char KeyValue)                //说明函数返回值为unsigned char型
{
    unsigned char KeyID;
    switch(KeyValue)
    {
        case 0x7e: KeyID=0;break;                           //0号按键被按下
        case 0x7d: KeyID=1;break;                           //1号按键被按下
        //省略的代码
    }
    return KeyID;                                           //返回键值
}
```

（2）KeyFunction函数。

KeyFunction函数根据入口参数KeyID的值来选择执行不同的功能，本例的KeyFunction函数的功能是将按键的编号通过数码管显示出来。显然KeyFunction函数与按键检测函数KeyPad无直接联系，这种方法使程序的各模块相互独立，但又能通过调用来相互传递信息。修改KeyFunction函数的内容对KeyPad函数没有任何影响。

```
unsigned char LedCode[] = {0x3f,0x06,0x5b,0x4f,0x66,0x6d,0x7d,0x07,0x7f,0x6f};
void KeyFunction (unsigned char KeyID)
{
    switch(KeyID)
    {
        case 0:P0= LedCode [0];break;           //0被按下数码管将显示0
        case 0:P0= LedCode [1];break;           //1被按下数码管将显示1
        //省略的代码
    }
}
```

2.1.5 函数的形参和实参的特点

函数的形参和实参具有以下特点。

（1）形参只有在被调用时才分配内存单元，在调用结束后，即刻释放所分配的内存单元。因此，形参只在函数内部有效。函数调用结束返回主调函数后不能再使用该形参。

（2）实参可以是常量、变量、表达式、函数等，无论实参是何种类型的量，在进行函数调用时，它们都必须具有确定的值，以便把这些值传送给形参。因此应预先用赋值、输入等方法使实参获得确定值。

（3）实参和形参在数量上、类型上、顺序上应严格一致，否则会发生“类型不匹配”的错误。

（4）函数调用中发生的数据传送是单向的，即只能把实参的值传送给形参，而不能把形参的值反向地传送给实参。因此在函数调用过程中，形参的值会发生变化，而实参的值不变。

2.1.6 函数的返回值

函数的返回值是函数处理后的结果，在调用函数的最后，通过return语句将函数的返回值返回给主调函数。其格式如下。

```
return (表达式);
//或
return   表达式;
//或
return;
```

对于不需要有返回值的函数，可以将该函数定义为“void”类型。为了使程序减少出错，保证函数能正确使用，凡是不要求有返回值的函数，都应被定义为“void”类型。

在单片机系统中通常调用有返回值的函数来判断系统的运行状态。例如，外部硬件初始化函数InitExHardware的功能是对外部硬件进行初始化，若外部硬件初始化成功就会返回1，若初始化失败则返回0。主调函数根据InitExHardware函数的返回值即可判断外部硬件是否初始化成功，调用方法如【例2-2】所示。

【例2-8】按键检测函数。

KeyScan函数的作用是按键检测。当检测到按键按下时返回1，否则返回0。因此调用该函数时只需要判断其返回的值便可知道按键有无按下。

```
char KeyScan(void)
{
    if(Key == 0)                //Key为定义好的硬件I/O口线，Key的值为0表示按下按键
        return 1;
    else
        return 0;
}
```

2.2 函数的调用

使用C语言编写好的各模块函数都可以被某个函数调用，在某个特定的场合实现某些功能。本节将向读者介绍函数调用的相关内容。

2.2.1 函数调用的一般形式

函数调用的一般形式有以下几种。

（1）函数语句。

直接调用函数，实现某种特定的功能。

【例2-9】函数语句。

```
DelayTime();
Funciton();
printf("Hello,World!\n");
```

（2）函数表达式。

通过函数表达式将函数的返回值赋给相应的变量。

【例2-10】函数表达式。

```
m = Max(a,b)*2;
KeyValue = KeyPad(key);
```

（3）函数参数。

函数的实参直接使用被调函数的返回值。

【例2-11】使用被调函数的返回值做实参。

```
KeyFunction( KeyPad(key) );
```

2.2.2 函数调用需要注意的事项

在2.1节中介绍了自定义函数的定义方式，并初步介绍了有关自定义函数调用的一些内容，本小节将在此基础上继续讲解函数调用的相关内容。

一、先声明，后调用

（1）自定义子函数位于主调函数前面时，可以直接调用被调函数，无须声明被调函数。

（2）自定义子函数位于主调函数后面时，需要用声明语句声明子函数。

```
void delay(void);                    /*声明子函数*/
void light1(void);                   /*声明子函数*/
void light2(void);                   /*声明子函数*/
```

二、函数的连接

当程序中子函数与主函数不在同一个程序文件时，要通过连接的方法实现有效的调用。一般有两种方法，即外部声明与文件包含。

（1）外部声明。

外部声明示例如下。

```
extern void delay(void);             /*声明该函数在其他文件中*/
extern void light1(void);            /*声明该函数在其他文件中*/
extern void light2(void);            /*声明该函数在其他文件中*/
```

（2）文件包含。

文件包含示例如下。

```
#include <REG51.H>
#include " user.c "
```

2.2.3 函数的嵌套调用

在C51语言中函数不可以嵌套定义，但是可以嵌套调用。函数嵌套调用示意如图2.1所示。

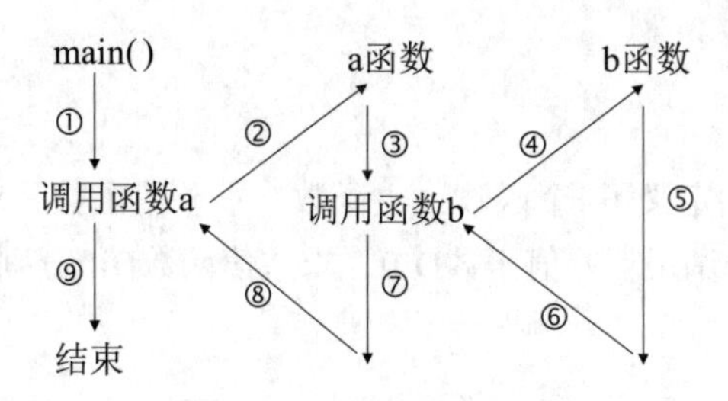

图2.1　函数嵌套调用示意

【例2-12】函数嵌套调用。

某单片机系统中的实现按键功能函数KeyFunction调用按键检测函数KeyPad，而按键检测函数KeyPad调用按键扫描函数KeyScan。这种调用方式就属于嵌套调用，其程序代码如下。

```
void KeyFunction (unsigned char Fun)
{
    Fun=KeyPad();            //KeyFunction函数调用KeyPad函数
```

```
    ……                          //其他语句
}
unsigned char Keypad()
{
    Keyvalue = KeyScan();       //KeyPad 函数调用KeyScan函数，KeyScan函数参见【例2-8】
    ……                          //其他语句
    return Keyvalue;
}
```

【例2-13】求3个整数中最大值与最小值的差值。其程序代码如下。

```
int Diff (int x, int y, int z);
int Max(int x, int y, int z);
int Min(int x, int y, int z);
/***************主函数******************************/
void main(void)
{  int a = 2, b = 3, c = 6, d;
   //其他代码
   d = Diff (a, b, c);                                    //调用求差值函数
   //其他代码
}
/***************求差值函数************************/
int Diff (int x, int y, int z)
{
     return Max (x, y, z) - Min (x, y, z);
}
/***************求最大值函数************************/
int Max(int x, int y, int z)
{
    int r;
    r = x > y? x:y;
    return (r > z ? r : z);
}
/***************求最小值函数************************/
int Min(int x, int y, int z)
{
    int r;
    r = x < y? x : y;
    return (r < z ? r : z);
}
```

【例2-13】中的代码共定义了4个函数：主函数、求差值函数、求最大值函数、求最小值函数。调用过程为主函数main调用求差值函数Diff，求差值函数Diff分别调用求最大值函数Max和求最小值函数Min获得差值。

2.3 数组概述

数组是C语言中的构造类型之一，它是同类型数据的有序集合，在单片机系统编程中应用广泛。在程序设计中，为了处理方便，可把具有相同类型的若干数据元素按有序的形式组织起来。这些按序排列的同类数据元素的集合称为数组。一个数组可以包含多个数组元素，这些数组元素可以是基本数据类型，也可以是构造类型。按数组元素的类型不同，数组又可分为数值数组、字

符数组、指针数组、结构数组等。

2.3.1 一维数组的定义

一、一维数组的定义形式

一维数组的定义形式如下。

```
类型说明符 数组名 [常量表达式],…;
```

类型说明符是一种基本数据类型或构造数据类型，数组名是用户定义的数组标识符。方括号中的常量表达式表示数组元素的个数，也称为数组的长度。

【例2-14】一维数组定义实例。

```
int a[5];                    //说明整型数组a，有5个元素
float b[10],c[10];           //说明实型数组b，有10个元素；实型数组c，有10个元素
char ch[10];                 //说明字符数组ch，有10个元素
```

二、数组类型说明应注意的事项

（1）数组类型是指数组元素的取值类型。同一数组只能有一种取值类型，其所有数组元素的数据类型都是此种类型。

（2）数组名必须是合法标识符，也就是说必须符合标识符的书写规定。

（3）数组不能与程序中的其他变量同名。

（4）若用方括号中的整数*n*来表示数组元素的总数，则数组的第一个元素的下标为0，最后一个为*n*−1。例如，d[5]表示数组d有5个数组元素，依次是d[0]、d[1]、d[2]、d[3]、d[4]。

（5）不能在方括号中用变量来表示元素的个数，但是可以是符号常数或常量表达式。

（6）允许在同一个类型说明中，说明多个数组和多个变量。

【例2-15】数组名与其他变量名相同举例。

```
void main(void)
{
   int a;
   float a[10]; //数组名与变量a同名，所以是错误的
   ……
}
```

【例2-16】数组定义。

数组的方括号中不能使用变量来表示元素的个数，但是可以使用符号常数或常量表达式。

```
#define      FD      5
void main(void)
{
   int a[3+2], b[7+FD]; //合法
   ……
}
```

又如

```
void main(void)
{
   int n=5;
   int a[n]; //使用变量，合法，这种说明方式是正确的
   ……
}
```

或

```
void main(void)
{
   int n;
   int a[n]; //使用变量，不合法，这种说明方式是错误的
    ……
}
```

【例2-17】在同一类型说明中定义数组和变量。

允许在同一个类型说明中，说明多个数组和多个变量。

```
int a,b,c,d,arry1[10],arry2[20];
```

2.3.2 一维数组元素的引用

数组元素是组成数组的基本单元。数组元素也是一种变量，其标识方法为数组名后跟一个下标。下标表示了数组元素在数组中的顺序号。数组元素的一般形式为：数组名[下标]，其中的下标只能为整型常量或整型表达式。若其为小数，则编译器将对其自动取整。

数组元素通常也称为下标变量。必须先定义数组，才能使用下标变量。在C51语言中只能逐个地使用下标变量，而不能一次引用整个数组。下标变量一般可分为单独使用下标变量或通过循环语句逐个使用各下标变量，下面举例说明。

一、单独使用下标变量

【例2-18】单独使用下标变量。

```
void main(void)
{
      int a[10];
      a[7]=6;  //单独使用下标变量
}
```

二、通过循环语句逐个使用各下标变量

【例2-19】通过循环语句逐个使用各下标变量。

```
void main(void)
{
      int a[10];
      for(i=0; i<10; i++)
      {
            a[i]=i;          //通过循环语句逐个使用各下标变量
      }
}
```

2.3.3 一维数组的初始化

一、初始化赋值的一般形式

在对数据进行说明或定义时就给数组中各个元素一个确定值的方法叫“数组初始化赋值”。数组初始化赋值的一般形式如下。

```
类型说明符 数组名[n]={值0,值1,值2,…,值n-1};
```

在{ }中的各数据值即各数组元素的初值，各值之间用逗号间隔。

【例2-20】初始化全部赋值。

```
int a[10]={0,1,2,3,4,5,6,7,8,9};
```

相当于

```
a[0]=0;a[1]=1...a[9]=9;
```

也可以省略为

```
int a[ ]={0,1,2,3,4,5,6,7,8,9};
```

二、初始化赋值应注意的事项

（1）可以只给部分数组元素赋初值。当{ }中值的个数少于数组元素的个数时，只给前面部分数组元素赋值。

【例2-21】只给部分数组元素赋初值。

```
static int a[15] = {0,1,2,3,4};//表示只给a[0] ~ a[4]前面5个元素赋值，而给后10个元素自动赋0值
```

（2）只能逐个给数组元素赋值，不能给数组整体赋值。

【例2-22】给10个元素全部赋1值。

```
//正确的赋值方法如下
static int a[10] = {1,1,1,1,1,1,1,1,1,1};
//错误的赋值方法如下
static int a[10] = 1;
```

（3）当数组类型为全局变量或静态变量时，编译器会默认未赋值的数组元素为0；对于非全局变量和非静态变量类型的数组，未赋值的数组元素会被系统随机匹配一个范围内的值。

（4）如果给全部数组元素赋值，则在数组名中，可以省略数组元素的个数。

【例2-23】省略数组元素个数的程序举例。

```
//常规定义方法
static int a[5] = {1,2,3,4,5};
//省略数组元素个数可写为如下语句
static int a[ ] = {1,2,3,4,5};
```

2.3.4 二维数组的定义

二维数组类型说明的一般形式如下。

```
类型说明符 数组名[常量表达式1][常量表达式2]···;
```

其中常量表达式1表示第一维的长度，常量表达式2表示第二维的长度。

【例2-24】二维数组定义实例。

```
int a[3][4];  //定义一个3行4列的二维数组
```

本实例说明了一个3行4列的二维数组，其数组名为a，其下标的类型为整型。该数组的下标共有3×4 = 12个，即

a[0][0], a[0][1], a[0][2], a[0][3]

a[1][0], a[1][1], a[1][2], a[1][3]

a[2][0], a[2][1], a[2][2], a[2][3]

2.3.5 二维数组元素的引用

二维数组的元素也称为双下标，其表示的形式为：数组名[下标][下标]，其中下标应为整型常量或整型表达式。例如，int a[2][3] 表示定义一个二维数组a，其有2行3列。下标和数组说明在形式上有些相似，但这两者具有完全不同的含义。数组说明的方括号中给出的是某一维的长度，

即可取下标的最大值。而数组元素中的下标是该元素在数组中的位置标识。前者只能是常量，后者可以是常量、变量或表达式。

2.3.6 二维数组的初始化

一、二维数组初始化赋值的一般形式

二维数组的初始化与一维数组的初始化类似，也是在类型说明时给各下标赋初值。二维数组可按行分段赋值，也可按行连续赋值。下面依次介绍。

（1）以按行分段赋值方式对数组a[5][3]赋初值。

```
static int a[5][3] = { {80,75,92},{61,65,71},{59,63,70},{85,87,90},{76,77,85} };
```

（2）以按行连续赋值方式对数组a[5][3]赋初值。

```
static int a[5][3] = { 80,75,92,61,65,71,59,63,70,85,87,90,76,77,85 };
```

【例2-25】二维数组初始化赋值举例说明。

下列程序在对二维数组初始化赋值时采用的是按行分段赋值的方式，读者可将其改为按行连续赋值的方式对其进行赋值。该程序的功能是计算二维数组元素的平均值，步骤是先求每列元素之和，再求每列的平均值，最后计算3列平均值之和的平均值，其程序代码如下。

```
void main(void)
{
        int i, j, Temp = 0, Average, AvgArr[3];
        int a[5][3] = { {80,75,92}, {61,65,71}, {59,63,70}, {85,87,90}, {76,77,85} };
        for(i=0; i<3; i++)
        {
            for(j=0; j<5; j++)
                Temp = Temp + a[ j ][ i ];                    //累加每列的值
            AvgArr[ i ] = Temp / 5;                           //计算每列的平均值
            Temp = 0;
        }
        Average = (AvgArr[0]+ AvgArr[1]+ AvgArr[2])/3;        //计算3列平均值之和的平均值
}
```

二、初始化赋值应注意的事项

（1）可以只对部分元素赋初值，未赋初值的元素自动赋0。

（2）假如要对全部元素赋初值，则第一维（可省略行）的长度可以不给出。

【例2-26】二维数组部分元素赋初值。

```
static int a[3][3]={{1},{2},{3}};
static int b[3][3]={{0,1},{0,0,2},{3}};
```

【例2-27】省略第一维长度的二维数组赋值。

```
static int a[3][3]={1,2,3,4,5,6,7,8,9};          //常规方式
static int a[ ][3]={1,2,3,4,5,6,7,8,9};          //省略方式
```

数组是一种构造类型的数据。二维数组可以看作由一维数组的嵌套构成，即可认为二维数组内的每个元素都是一个一维数组。当然，前提是各元素类型必须相同。根据这样的看法，一个二维数组可以分解为多个一维数组。例如，二维数组a[3][4]，可分解为3个一维数组，其数组名分别为a[0]、a[1]、a[2]。对这3个一维数组无须另作说明即可使用。

2.4 字符数组

用来存放字符量的数组称为字符数组。本节介绍与字符数组有关的内容。

2.4.1 字符数组的定义

字符数组的定义形式与前面介绍的数组的定义形式相同，其一般形式如下。

```
char 数组名[下标总数];                    //一维字符数组的定义形式
char 数组名[下标1总数][下标2总数];        //二维字符数组的定义形式
char a1[10];                              //定义一个拥有10个元素的字符数组
char a2[10][5];                           //定义一个拥有10×5个元素的字符数组
char a1[10][10];                          //定义一个拥有10×10个元素的字符数组
```

2.4.2 字符数组的初始化

字符数组和数值数组相同，它也允许在类型说明时进行初始化赋值。

【例2-28】字符数组初始化实例。

```
char c[10]={ 'c', ' ', 'p', 'r', 'o', 'g', 'r', 'a', 'm'};    //未赋值的数组元素，由系统自动赋0值
char c[ ]={ 'c', ' ', 'p', 'r', 'o', 'g', 'r', 'a', 'm'};     /*当对全体元素赋初值时，可以省去长度说明，此时
c数组的长度自动定为9*/
char erro[ ]={ 'e', 'r', 'r', '0'};                           //定义一个erro字符数组
char a[ ][5]={{'B','A','S','I','C',},{'d','B','A','S','E'}};  //定义一个2行5列的字符数组
```

2.4.3 字符数组的引用

字符数组的引用和数值数组的引用类似，但是字符数组可以通过字符串的形式进行输入、输出。有关字符串的相关内容将在后文介绍。

2.4.4 字符串和字符串结束标志

因为C语言中没有专门的字符串变量，所以通常使用一个字符数组来存放字符串，并以'\0'作为字符串的结束符，但它不执行任何操作。可以用字符串的方式对字符数组进行初始化赋值。

【例2-29】字符串应用举例。

```
char c[]={'c', '5', '1' ' ','p','r','o','g','r','a','m'};
//可写为
char c[]={"C51 program"};
//或去掉"{}"写为
char c[]="C51 program";
```

使用字符串赋值比使用字符逐个赋值要多占用一个字节的空间，这个空间用于存放字符串结束符'\0'。'\0'是由系统自动加上的，无须程序员在编写程序时加上。正因为采用了'\0'，所以在用字符串赋初值时一般无须指定数组的长度，而由系统自行处理。

2.4.5 字符串处理函数

C语言提供了丰富的字符串处理函数，大致可分为字符串的输入、输出、合并、修改、比较、转换、复制、搜索这几类。使用这些函数可大大减轻开发人员编程的负担。对于输入、输出的字符串处理函数，在使用前应包含头文件"stdio.h" ；使用其他字符串处理函数则应包含头文件

"string.h"。下面介绍几个常用的字符串处理函数。

一、字符串连接函数strcat

字符串连接函数strcat的格式如下。

```
strcat (字符数组名1,字符数组名2) ;
```

字符串连接函数strcat的功能是把字符数组2中的字符串接到字符数组1中字符串的后面，并删去字符数组1的字符串后的结束符'\0'。

【例2-30】strcat函数应用举例。

```
void main(void)
{
    char st1[50] = "My name is ";
    char st2[15] = "Mcu ";
    strcat(st1, st2);                    //执行该语句后str1的内容为"My name is Mcu"
}
```

【例2-30】中的程序把初始化赋值的字符数组与动态赋值的字符串连接起来。使用时要注意字符数组1应定义足够的长度，否则不能全部装入被连接的字符串。

二、字符串复制函数strcpy

字符串复制函数strcpy的格式如下。

```
strcpy (字符数组1,字符数组2) ;
```

字符串复制函数strcpy的功能是把字符数组2中的字符串复制到字符数组1中。字符串结束符'\0'也被一同复制（字符数组2可以是一个字符串常量，此时相当于把一个字符串赋到一个字符数组）。

【例2-31】strcpy函数应用举例。

```
void main(void)
{
    //strcpy函数要求字符数组1应有足够的长度，否则不能全部装入所复制的字符串
    char st1[15], st2[] = "C51 Language";
    strcpy(st1, st2);            //执行该语句后str1的内容为"C51 Language"
}
```

三、字符串比较函数strcmp

字符串比较函数strcmp的格式如下。

```
strcmp(字符数组1,字符数组2) ;
```

字符串比较函数strcmp的功能是按照ASCII顺序比较两个数组中的字符串，并由函数返回比较结果（函数也可用于比较两个字符串常量，或比较数组和字符串常量）。字符串关系与返回值如表2.1所示。

表2.1　字符串关系与返回值

字符串关系	返回值
字符串1=字符串2	返回值=0
字符串1>字符串2	返回值>0
字符串1<字符串2	返回值<0

【例2-32】strcmp函数应用举例。

```
void main(void)
{
```

```
    int k1;
    char st1[15] = "World", st2[] = "Hello World";
    k1 = strcmp(st1,st2);
    if(k1 == 0) printf("st1 = st2\n");
    if(k1 > 0) printf("st1 > st2\n");
    if(k1 < 0) printf("st1 < st2\n");
}
```

【例2-32】中的程序把数组st1中的字符串和数组st2中的字符串进行比较，将比较结果返回到k1中，根据k1的值输出结果提示。

四、测字符串长度函数strlen

测字符串长度函数strlen的格式如下。

```
strlen(字符数组名)；
```

测字符串长度函数strlen的功能是测字符串的实际长度（不含字符串结束符'\0'）并将结果作为函数返回值。

【例2-33】strlen函数应用举例。

```
void main(void)
{
    int k1;
    static char st[ ] ="HELLO WORLD";
    k1= strlen(st);
    printf("The lenth of the string is %d\n",k1);
}
```

2.5 指针概述

指针变量用于保存地址的变量，它所占的空间与应用系统有关，一般占2个字节（和整型变量所占的空间相同）。它可以指向占有4个字节的变量，也可以指向占有1个字节的变量。指针本身的类型与所指向的类型是不同的两个基本概念，读者应予以区分。

2.5.1 什么是指针

变量的值是存储在计算机内存中的一块区域的，我们可通过访问或修改这块区域的内容来访问或修改相应的变量。变量的访问形式之一，就是先求出变量所在存储器中的地址，然后通过地址可对变量进行访问。

一、指针的概念

指针是指变量的地址，而地址是整数形式的常量。变量的地址虽然在形式上类似于整数，但在概念上不同于众所周知的整数，它属于一种新的数据类型，即指针类型。一般用“指针”来指明这样一个表达式“&y”（取变量y的地址）的类型，而用“地址”作为它的值。也就是说，若y为整型变量，则表达式“&y”的类型是指向整数的指针，而它本身的值是变量y的地址。

二、指针变量的概念

指针变量是专门用来存放地址的变量，它的值可以是数组或函数的地址。

2.5.2　指针变量的类型说明

指针变量的类型说明形式与变量的说明形式类似，区别在于指针变量在说明时须在变量名前添加“*”，指针变量的类型说明形式如下。

```
类型标识符 *标识符;
int   *ip;                    //定义一个指向整型变量的指针ip
char *Ptr;                    //定义一个指向字符类型的变量指针Ptr
```

其中标识符是指针变量的名字，标识符前加了“*”，表示该变量是指针变量，而最前面的“类型标识符”表示该指针变量所指向的变量的类型。一个指针变量只能指向同一种类型的变量，换句话说，不能定义一个既能指向整型变量又能指向字符变量的指针变量。

2.5.3　指针变量的赋值

指针变量定义后其值为随机数，为了避免程序运行异常，在定义指针变量后应赋予其某个变量的地址或0。给指针变量赋初值大致可分为两种情况：定义时进行初始化、定义完成后进行初始化。下面依次讲解。

一、指针变量在定义时进行初始化

【例2-34】指针变量在定义时进行初始化实例。

```
int i, *ip = &i; /*定义变量i，并定义一个指向整型变量的指针变量ip，再让ip指向i（把变量i的地址值赋给ip）*/
```

说明：这里是用&i对ip初始化，而不是对*ip初始化。和一般变量一样，外部或静态指针变量在定义中若不带初始化项，指针变量被初始化为NULL（定义NULL为0）。当指针变量为0时，指针不指向任何有效数据，这时称指针为空指针。因此，当调用一个要返回指针的函数时，常使用返回值NULL来指示函数调用中某些错误情况的发生。

二、指针变量在定义完成后进行初始化

（1）使用取地址运算符“&”将变量地址赋给指针变量。

（2）将一个指针变量的值赋给另一个指针变量。

（3）给指针变量赋空值NULL。

2.5.4　指针变量的运算

取地址运算符“&”是单目运算符，其结合性为自右至左，其功能是取变量的地址。取变量内容的运算符“*”是单目运算符，其结合性为自右至左，用来表示指针变量所指的变量。在“*”运算符之后跟的变量必须是指针变量。需要注意的是，指针运算符“*”和指针变量说明中的指针说明符“*”不是一回事。在指针变量说明中，“*”是变量类型的说明符，表示变量是指针类型。而表达式中出现的“*”是一个运算符，用于表示指针变量所指的变量。指针变量的运算分为3种：赋值运算、算术运算、关系运算。下面依次讲解。

一、赋值运算

指针变量赋值运算就是将变量的地址赋给指针变量，此处不再赘述。

二、算术运算

指针变量的算术运算主要有指针变量的自加、自减、加n和减n操作。下面依次介绍。

（1）指针变量自加运算。

```
指令格式：<指针变量>++;
```

指针变量自加运算并不是将指针变量值加1的运算，而是使指针变量指向下一个元素的运算。当计算机执行“<指针变量>++”指令后，指针变量实际增加值为指针变量类型字节数，即“<指针变量>=<指针变量>+sizeof(<指针变量类型>)”。

（2）指针变量自减运算。

```
指令格式：<指针变量>- -;
```

指针变量自减运算是将指针变量指向上一个元素的运算。当计算机执行“<指针变量>--”指令后，指针变量实际减少值为指针变量类型字节数，即“<指针变量>=<指针变量>−sizeof(<指针变量类型>)”。自加运算和自减运算可后置，也可前置。

【**例2-35**】指针变量自加、自减运算。

```
int *p=&a[0];  //p指向a[0]元素
p++;           // p=p+sizeof(int)，使p指向下一个元素a[1]
p--;           //p=p-sizeof(int)，使p指向上一个元素a[0]
```

【例2-35】中，第一条语句将数组a的首地址赋给指针变量p，使p指向元素a[0]。第二条语句使p作自加运算：p=p+sizeof(int)，使p指向下一个元素a[1]。第三条语句使p作自减运算：p = p − sizeof(int)，使p指向上一个元素a[0]。

（3）指针变量加n运算。

```
指令格式：<指针变量>=<指针变量>+n;
```

指针变量加n运算是将指针变量指向下n个元素的运算。当计算机执行“<指针变量> + n”指令后，指针变量实际增加值为指针变量类型字节数乘n，即“<指针变量> = <指针变量> + sizeof(<指针变量类型>) * n”。

（4）指针变量减n运算。

```
指令格式：<指针变量> = <指针变量> - n;
```

指针变量减n运算是将指针变量指向上n个元素的运算。当计算机执行“<指针变量>−n”指令后，指针变量实际减少的值为指针变量类型字节数乘以n，即“<指针变量> = <指针变量> −sizeof(<指针变量类型>) * n”。

【**例2-36**】指针变量算术运算举例。

```
void main(void)
{
    int a[5] = {5,1,2,3,4};
    int *p;
    p = &a[0];              //p指向a[0]
    p++ ;                   //p指向下一个元素a[1]
    printf("%d ",*p);       //输出a[1]的内容1
    p = p+3;                //p指向下3个元素a[4]
    printf("%d ",*p);       //输出a[4]的内容4
    p--;                    //p指向上一个元素a[3]
    printf("%d ",*p);       //输出a[3]的内容3
    p = p-3;                //p指向上3个元素a[0]
    printf("%d ",*p);       //输出a[0]的内容5
}
```

从【例2-36】可以看出，使用指针变量进行的加减算术运算，可以达到移动指针变量并指向下n个元素单元或指向上n个元素单元的目的。

三、关系运算

指针变量的关系运算是指针变量值的大小比较，即对两个指针变量内的地址进行比较（若进行关系运算的指针不指向同一数组，则比较无意义）。

四、指针运算符的混合运算与优先级

（1）指针运算符“*”与取地址运算符“&”的优先级相同，按自右向左的方向结合。

设有变量定义语句：int a,*p=&a; 。

则表达式&*p的求值顺序为先“*”后“&”，即& (*p)=&a=p。

而表达式*&a的求值顺序为先“&”后“*”，即* (&a)=*p=a。

（2）“++”“--”“*”“&”的优先级相同，按自右向左的方向结合。下面结合例子加以说明。设有变量定义语句，如下。

```
int a[4] = {100,200,300,400}, b;
int * p=&a[0];
```

①语句：b=*p++; 。

按自右向左结合的原则，表达式 *p++的求值顺序为：先“*”后“++”，即*(p++)。由于“++”在p之后为后置运算符，所以表达式的实际操作是先取*p值，后进行p++的自加操作。即赋值表达式 b = *p++; 等同于下面两条语句。

```
b=*p;           // b= *p = a[0]=100
p++;            //p=p+sizeof(int)，运算的结果为b=100，p指向a[1]
```

②语句：b=*++p; 。

按自右向左结合的原则，表达式 *++p 求值顺序为先“++”后“*”，即*(++p)。由于++在p之前为前置运算符，所以表达式的实际操作是先进行++p的自加操作，后取*p值。即赋值表达式b=*++p; 等同于下面两条语句。

```
++p;            //p=p+sizeof(int)，指向a[2]
b=*p;           // b=*p=a[2]=300，运算的结果为b=300，p指向a[2]
```

③语句：b = (*p)++; 。

由于括号内的优先运算，所以表达式先取出*p（a[2]）的值并赋给b，然后将*p的值即a[2]内容加1。所以表达式等同于下面两条语句。

```
b=*p;           //b=a[2]=300
a[2]++ ;        // a[2]=300+1=301
```

④语句：b=*(p++); 。

由①可知，该表达式等同于*p++，运算结果如下。

```
b=*p;           //b=a[2]=301
p++;            // p=p+sizeof(int)，指向a[3]
```

⑤语句：b=++*p ;。

该表达式先进行“*”运算，再进行“++”运算，即先取出*p的值，再将该值加1。因此表达式实际进行了如下运算：b=++(*p)=++a[3]=400+1=401;，p指向a[3]。

2.6 指针与数组

由第2.5.1小节的相关内容可知，可以使用指针变量来访问数组中任意数组元素，通常将数组的首地址称为数组的指针，而将指向数组元素的指针变量称为指向数组的指针变量。使用指向数组的指针变量来处理数组元素，不仅可使程序紧凑，而且可提高程序的运算效率。本节介绍指针与数组的相关内容。

2.6.1 一维数组与指针

一、数组指针的概念

数组的首地址称为数组指针。假如定义整型数组a[5]，系统为数组a分配的地址为从1000到1019，则数组a的首地址1000为数组a的数组指针。数组的首地址可用数组名a表示，因此，数组a的数组指针为a或&a[0]。

二、数组指针变量的概念

用于存放数组元素地址的变量称为数组指针变量。

【例2-37】数组指针变量。

```
int a[5];
int *p = &a[0];
```

【例2-37】中的p为数组指针变量。数组名a可用于表示数组的首地址，所以数组名a可作为数组指针使用。因此p=a与p=&a[0] 的作用是相同的。但数组名a（数组首地址）不能用来进行赋值、自加、自减等运算。当指针变量指向数组首地址后，就可使用该指针变量对数组中任何一个数组元素进行存取操作。

【例2-38】使用指针变量访问数组元素。

```
void main(void)
{
    int a[5] = { 0,1,2,3,4 }, i, j, *p, n = 5;
    p = a;
    for (i = 0; i<n; i++)
    {
        printf("%d\t", *p);
        p++;
    }
    printf("\n"); //换行
    p = a;
    for (i = 0; i<n; i++)
        printf("%d\t", *(p + i));
    printf("\n"); //换行
    for (i = 0; i<n; i++)
        printf("%d\t", *(a + i));
    printf("\n"); //换行
    for (i = 0; i<n; i++)
        printf("%d\t", p[i]);
}
```

由【例2-38】可知，访问数组元素有如下3种方法。

（1）通过移动指针变量，依次访问数组元素。

```
p = a;
for (i=0;i<n;i++)
{
    printf("%d\t",*p);
    p++;
}
```

首先使指针变量p指向数组a的首地址。然后用*p输出数组第i个元素的值，每次输出后用p++移动指针到下一个元素，依次循环直到结束。本程序中printf(“%d\t”,*p); 和p++;两条语句可合并为一条语句：printf(“%d\t”,*p++);。

（2）指针变量不变，用p+i或 a+i 访问数组第i个元素。

```
for (i=0;i<n;i++)
{
    printf("%d\t",*(p+i));
}
for (i=0;i<n;i++)
{
    printf("%d\t",*(a+i));
}
```

（3）以指针变量名作为数组名来访问数组元素。

```
for (i=0;i<n;i++)
{
    printf("%d\t", p[i]);
}
```

使用指针变量名p作为数组名时，p[i]表示数组的第i个数组元素a[i]。

三、数组元素的引用

通过上述内容的学习我们发现，对一维数组a[]而言，当p=a时，有如下等同关系成立。

（1）p+i == a+i == &a[i]，即p+i、a+i 均表示第i个数组元素的地址&a[i]。

（2）*(p+i) == *(a+i) == p[i] == a[i]。即*(p+i)、*(a+i)、p[i]均表示第i个数组元素值a[i]。

其中p[i]的运行效率最高。

由上所述可知，一维数组的第i个元素可用4种方式引用，即a[i]、*(p+i) 、*(a+i)、p[i]。

2.6.2 指针数组

因为指针变量是变量，所以可使用指向同一数据类型的指针来构成一个数组，这就是指针数组。数组中的每个元素都是指针变量，根据数组的定义，指针数组中每个元素都为指向同一数据类型的指针。指针数组的定义格式如下。

```
类型标识 *数组名[整型常量表达式];
```

【例2-39】指针数组。

```
int *a[10];
```

定义了一个指针数组，数组中的每个元素都是指向整型量的指针，该数组由10个元素组成，即a[0],a[1],a[2], …,a[9]，它们均为指针变量。a为该指针数组名。和数组一样，a是常量，不能对它进行增量运算。a为指针数组元素a[0]的地址，a+i为a[i]的地址，*a就是a[0]，*(a+i)就是a[i]。

2.7 指针与函数

在C语言中，一个函数总是占用一段连续的内存区，而函数名就是该函数所占内存区的首地址。我们可以为函数的这个首地址（或称入口地址）赋予一个指针变量，使该指针变量指向该函数，然后通过指针变量就可以找到并调用这个函数。我们把这种指向函数的指针变量称为函数指针变量。

2.7.1　函数指针

函数指针本身首先应是指针变量，只不过该指针变量指向函数。这正如指针变量可指向整型变量、字符型变量、数组变量，这里是指向函数。如前所述，C语言在编译时，每一个函数都有一个入口地址，该入口地址就是函数指针所指向的地址。有了指向函数的指针变量后，可用该指针变量调用函数，如同用指针变量可引用其他类型变量，它们在这些概念上是一致的。函数指针有两个用途：调用函数和做函数的参数。

函数指针变量定义的一般形式如下。

```
类型说明符 (*指针变量名)( );
```

其中“类型说明符”表示被指函数的返回值的类型，“(*指针变量名)”表示“*”后面的变量是定义的指针变量，最后的空圆括号表示指针变量所指的是一个函数。

【例2-40】函数指针。

```
int (*p)( );
```

表示p是一个指向函数入口的指针变量，该函数的返回值（函数值）是整型。

【例2-41】用函数指针调用函数。

```
//定义求最大值函数Max
int Max (int a, int b)
{
        return (a > b ? a : b);
}
void main(void)
{
        int(*pmax)(int, int);                    //定义函数指针
        int z;
        pmax = Max;                              //使函数指针指向函数Max
        z = (*pmax)(10, 20);                     //通过pmax()调用函数Max
        printf("maxmum = %d", z);
}
```

pmax是指向函数的指针变量，可把函数Max()赋给pmax作为pmax的值，即把Max()的入口地址赋给pmax后就可以用pmax来调用该函数，实际上pmax和Max都指向同一个入口地址，不同的是pmax是一个指针变量，但不像函数名称那样是“死”的，它可以指向任何函数。在程序中把哪个函数的地址赋给它，它就指向哪个函数。用指针变量调用它，可以先后指向不同的函数。

函数指针调用函数的应用在嵌入式系统的编程中十分常见，读者应学会【例2-41】中的函数指针的用法。

2.7.2　指针型函数

前面我们介绍过，所谓的函数类型是指函数返回值的类型。在C语言中允许一个函数的返回值是一个指针（地址），这种返回指针的函数称为指针型函数。

定义指针型函数的一般形式如下。

```
类型说明符 *函数名(形参表)
{
        ……        /*函数体*/
}
```

在函数名之前加上“*”，表明这是一个指针型函数，即返回值是指针。类型说明符表示了

返回的指针所指向的数据类型。

【例2-42】指针型函数。

```
int *abc(int x, int y)
{
    ……    /*函数体*/
}
```

表示abc是一个返回指针的指针型函数，它返回的指针指向一个整型变量。

【例2-43】指针型函数应用。

通过指针型函数，输入一个1～7的整数，输出对应的星期名。

```
char *day_name(int n);
void main(void)
{
    int i;
    char *day_name(int n);
    printf("input Day No:\n");
    while(1)
    {
        scanf("%d", &i);
        if (i < 0)
        {
            break;
        }
        printf("Day No:%2d-->%s\n", i, day_name(i));
    }
}
char *day_name(int n)
{
    static char *name[ ] = { "Illegal day",
    "Monday",
    "Tuesday",
    "Wednesday",
    "Thursday",
    "Friday",
    "Saturday",
    "Sunday"
    };
    return((n<1 || n>7) ? name[0] : name[n]);
}
```

【例2-43】定义了一个指针型函数day_name，它的返回值指向一个字符串。该函数中定义了一个静态指针数组name。name数组初始化赋值8个字符串，分别表示各个星期名及出错提示。形参n表示与星期名对应的整数。在主函数中，把输入的整数i作为实参，在printf语句中调用day_name函数并把i值传递给形参n。day_name函数中的return语句包含一个条件表达式，n值若大于7或小于1则把name[0]指针返回主函数输出出错提示字符串“Illegal day”，否则返回主函数输出对应的星期名称。主函数中的第7行是个条件语句，其语义是，若输入为负数（i < 0）则中止程序并退出程序。

应该特别注意的是函数指针变量和指针型函数这两者在写法和意义上的区别。如int(*p)()和int *p()具有两种完全不同的意义。

int (*p)()是一个变量说明，说明p是一个指向函数入口的指针变量，该函数的返回值是整型量，(*p)两边的括号不能少。

int *p()不是变量说明而是函数说明，说明p是一个指针型函数，其返回值是一个指向整型量的指针，*p两边没有括号。作为函数说明，最好在括号内写入形式参数，这样便于与变量说明区别。

2.8 结构体

结构体是由基本数据类型构成的，并用一个标识符来命名的各种变量的组合。在结构体中可以使用不同的数据类型。结构体也是一种数据类型，可以使用结构体变量，与其他类型的变量一样，在使用结构体变量前需要先对其定义。

2.8.1 结构体的定义

一、结构体定义的基本形式

结构体不属于C51语言提供的标准类型，要使用结构体，必须先说明结构体，描述构成结构体的数据项（也称成员），以及各成员的类型。结构体的说明形式如下。

```
struct 结构体名
{
      数据类型   成员1;
      ……
      ……
      数据类型   成员n;
};
```

struct是定义结构体的关键字，struct后面是结构体名，两者一起构成了结构体的标识符。结构体的所有成员都必须放在一对花括号之中。

结构体内每个成员的说明格式如下。

```
数据类型    成员名;
```

在同一结构体中，不同的成员不能使用相同的名字，但允许不同结构体中的成员名相同。注意，花括号后面的分号不能省略。结构体名是结构体的标识符，而不是结构体变量名。数据类型为基本数据类型：整型、浮点型、字符型、指针型和无值型等。构成结构体的每一个类型变量称为结构体成员，与数组元素一样。但数组中元素是以下标来访问元素的，而结构体是按变量名来访问成员的。

二、使用结构体时应注意的事项

（1）只能对结构体变量进行赋值、存取或运算操作，而不能对结构体进行赋值、存取或运算操作。结构体也是一个数据类型，与基本数据类型（如整型、字符型）一样，都只是数据类型。因为数据类型本身是不能被赋值的，只不过结构体是一个构造数据类型，与数组类似。

（2）一个结构体变量所占的存储空间是其各个成员所占空间之和（注：该表述使用Keil C51编译是正确的，但使用其他编译器编译未必正确。读者如有兴趣，可查阅内存对齐的相关资料了解详情）。

【例2-44】结构体的定义。

```
struct dispy
{
```

```
        char IOPort[10];
        char DispyData
        char CtrlDtate;
        char Dispybuf;
};
```

【例2-44】定义了一个结构体dispy，该结构体共有4个成员。

三、结构体嵌套定义

结构体的成员除了可以是基本数据类型，还可以是其他类型。当一个结构体的成员的类型是另外一个结构体时，这种结构体被称作结构体嵌套。

【例2-45】结构体嵌套定义。

```
struct Date
{
        int year;
        int month;
        int day;
};
struct Student
{
        int no;
        char name[10];
        char sex;
        struct Date birthday;
};
```

【例2-45】中的结构体Student的成员birthday就是另外一个结构体Date。

2.8.2 结构体类型的说明

结构体类型的说明中，只是描述该结构体类型的成员，说明一种数据类型，并不分配空间。要使用说明的结构体类型，必须定义相应的变量，才会分配空间。结构体类型的说明有3种形式：先说明结构体类型再使用结构体类型定义结构体变量、说明结构体类型的同时定义结构体变量（有结构体名）、直接定义结构体变量（无结构体名）。下面依次介绍。

一、先说明结构体类型再使用结构体类型定义结构体变量

这种说明形式是先说明结构体类型再使用结构体类型定义结构体变量。

【例2-46】结构体变量定义举例1。

（1）先说明结构体类型dispy。

```
struct dispy
{
        char IOPort[10];
        char DispyData;
        char CtrlDtate;
        char Dispybuf;
};
```

（2）说明结构体类型dispy之后就可以定义相应的变量。

```
struct dispy p1, p2;
```

定义了两个struct dispy变量p1、p2，每个变量按结构体类型中的成员分配相应的空间，每一个结构体变量所分配的空间为其所有成员占用的空间之和。

二、说明结构体类型的同时定义结构体变量

这种说明形式是在说明结构体类型的同时定义结构体变量，有结构体名。

【例2-47】结构体变量定义举例2。

```
struct dispy
{
        char IOPort[10];
        char DispyData;
        char  CtrlDtate;
        char Dispybuf;
}Disp1,Disp2;
```

【例2-47】在说明struct dispy类型的同时，定义相应的两个变量Disp1、Disp2。

三、直接定义结构体变量

这种说明形式是直接定义结构体变量，没有结构体名。

【例2-48】结构体变量定义举例3。

```
struct
{
        char IOPort[10];
        char DispyData;
        char CtrlDtate;
        char Dispybuf;
}Disp1,Disp2;
```

【例2-48】定义了相应的两个变量Disp1、Disp2。它们都有4个成员，但与第2种方式不同，此处没有给出结构体类型名，因而无法在其他地方再次使用该结构体类型定义别的变量。

2.8.3 结构体变量成员的表示

一、结构体变量成员

结构体是新的数据类型，因此结构体变量可以像其他类型的变量一样进行赋值、运算，不同的是结构体变量以成员作为基本变量。结构体成员的表示方式如下。

```
结构体变量.成员名
```

如果将“结构体变量.成员名”看成一个整体，则这个整体的数据类型与结构体中该成员的数据类型相同，这样就可以像使用前面所讲的变量那样使用它。

二、结构体变量的引用应注意的事项

（1）不能将一个结构体变量作为一个整体进行输入和输出，只能对结构体变量中的各个成员分别进行输入和输出；结构体变量中的各个成员等价于普通变量。

（2）“.”是结构体成员运算符，它在所有运算符中优先级最高。

（3）结构体变量的成员可以进行各种运算。

2.8.4 结构体变量的赋值

一、结构体变量的赋值

使用结构体变量时，一般都使用其成员，对成员的赋值方式如下。

```
结构体变量名. 成员名  //通过分量运算符"."实现对成员的赋值
```

【例2-49】结构体变量的赋值。

```
#include "stdio.h"
struct  Man
{
        char name[10];
        char sex;
        int        age;
        int        stature;
};
void main(void)
{
        struct Man Man1, Man2;
        strcpy(Man1.name, "zhangsan");
        Man1.sex = 'T';
        Man1.age = 20;
        Man1.stature = 170;
        printf("name: %s,sex: %c,age: %d,stature: %d\n", Man1.name, Man1.sex, Man1.age, Man1.stature);
        Man2 = Man1;
        printf("name: %s,sex: %c,age: %d,stature: %d\n", Man2.name, Man2.sex, Man2.age, Man2.stature);
}
```

二、结构体变量的赋值应注意的事项

（1）结构体变量赋值时，与数组相似，只能逐个进行成员赋值，无法整体赋值。

（2）同类型的结构体变量之间可以相互赋值，但数组是不行的。

（3）嵌套的结构体变量只能引用最内层的结构体成员参与运算，其通过一层一层的分量运算符来实现。

2.8.5　结构体变量的初始化

一、结构体变量的初始化

结构体变量和其他变量一样，在定义的同时可以给结构体变量赋值，也就是对它们的成员赋初值。结构体变量的初始化与结构体变量定义一样，有3种基本方式。

（1）结构体与结构体变量的初始数据分开。

```
struct  结构体名
{
        类型标识符    成员名;
        类型标识符    成员名;
        ……
};
struct  结构体名  结构体变量={初始数据};
```

【例2-50】结构体变量初始化举例1。

```
struct  student
{
        int num;
        char  name[20];
        char sex;
        int age;
        char addr[30];
};
struct  student  stu1={112,"Wang Lin",'M',19, "200 Beijing Road"};
```

（2）定义结构体的同时对结构体进行变量初始化。

```
struct  结构体名
{
        类型标识符    成员名;
        类型标识符    成员名;
        ……
}结构体变量={初始数据};
```

【例2-51】结构体变量初始化举例2。

```
struct  student
{
        int num;
        char  name[20];
        char sex;
        int age;
        char addr[30];
}stu1 = {112,"Wang Lin",'M',19, "200 Beijing Road"};
```

（3）定义结构体的同时对结构体进行变量初始化，但省略结构体名。

```
struct
{
        类型标识符    成员名;
        类型标识符    成员名;
        ……
}结构体变量={初始数据};
```

【例2-52】结构体变量初始化举例3。

```
struct
{
        int num;
        char  name[20];
        char sex;
        int age;
        char addr[30];
} stu1 = {112,"Wang Lin", 'M',19, "200 Beijing Road"};
```

在结构体变量初始化时，一般用一对花括号将各成员的初始值标注起来，各成员的初始值列表要与类型声明中各成员的顺序和类型一致。对于嵌套定义的结构体变量初始化，也是用花括号将初始值标注起来。

【例2-53】嵌套结构体变量的初始化举例。

```
struct  student  s1 = {35, " lisi",'F',1978,10,24};
//等价于下面语句
struct  student  s2 = {36, "wangwu",'T',{1980,2,3}};
```

二、结构体变量的初始化应注意的事项

（1）只可以给外部存储类型和静态存储类型的结构体变量、结构体数组赋初值。

- 对外部存储类型的结构体变量进行初始化。
- 对静态存储类型的结构体变量进行初始化。

（2）给结构体变量赋初值不能跨越前面的成员而只给后面的成员变量赋值。

【例2-54】对外部存储类型的结构体变量进行初始化。

```
struct student
{
```

```
        long num;
        char name[20];
        char sex;
        char addr[30];
}a = {99641,"Li Ping", 'M',"56 Shenzhen Street"};
void main(void)
{
        printf("No.:%ld\nname:%s\nsex:%c\naddress:%s\n",
        a.num,a.name,a.sex,a.addr);
}
```

【例2-55】对静态存储类型的结构体变量进行初始化。

```
void main(void)
{
        static struct student
        {
                long num;
                char name[20];
                char sex;
                char addr[30];
        }a = { 99641,"Li Ping",'M',"56 ShenZhen Street"};
        printf("No.:%ld\nname : %s\nsex : %c\naddress : %s\n", a.num, a.name, a.sex, a.addr);
}
```


2.9 结构体指针变量

结构体指针是指向结构体的指针。它由一个加在结构体变量名前的“*”运算符定义，本节介绍结构体指针变量的相关内容。

2.9.1 结构体指针变量概述

由于一个结构体变量由多个成员构成，因此需要分配对应的一段连续空间来存放所有成员，成员占用空间的首地址作为该变量的指针。与数组相似，结构体指针变量名代表该变量在内存中的首地址，是指针常量。当然也可以定义对应的结构体类型的指针变量来指向一个结构体指针变量。

2.9.2 结构体指针变量的定义

结构体指针变量的定义格式如下。

```
struct 结构体名  *指针变量名;
struct  student *ps1,*ps2;
struct  person  *p1,*p2;
```

当一个结构体指针变量被定义之后，就可以用来指向结构体变量及结构体数组中的元素等。

【例2-56】结构体指针变量。

```
struct  student s[4],s1;
struct  student *ps1,*ps2;
ps1=&s1;
ps2=s;
```

2.9.3 结构体指针变量的引用

利用结构体指针变量对所指对象成员的引用，可先使用指针运算符“*”得到所指对象，再使用分量运算符“.”实现。其引用形式如下。

```
(*结构体指针变量名). 成员名
```

【例2-57】结构体指针引用。

```
struct person
{
        char  name[10];
        char sex;
        int age;
};
void main(void)
{
        struct person per, *p;
        p = &per;
        strcpy(p->name, "Student");
    p->sex = 'M';
        p->age = 20;
        printf("name: %s, sex: %c, age: %d \n", (*p).name, (*p).sex, (*p).age);
}
```

注意:

为了操作方便，C51语言提供了指向运算符“->”，可直接引用所指向结构体变量的成员。

```
结构体指针变量->成员
p->name   //等价于 (*p).name
p->sex    //等价于 (*p).sex
p->age    //等价于 (*p).age
```

2.10 联合体

联合体（也称为共用体）也是一种结构体类型，可将不同类型的数据组合在一起。但与结构体不同，在联合体内的不同变量占用同一段存储区，即在同一时刻，只有一个成员起作用。本节介绍联合体的基本信息。

2.10.1 联合体的定义

使几个不同的变量共占同一段内存的结构体，称为联合体。联合体的声明与结构体的声明完全相同，只是其关键字为union。其一般格式如下。

```
union 共用体名
{
        数据类型 成员1;
        数据类型 成员n;
};
```

如

```
union data
{
```

```
    int i;
    char ch;
    float f;
};
```

联合体变量的定义方式与结构体变量的定义方式相似，也有3种方式，其分别如下所述。

一、类型定义与变量定义分开

类型定义与变量定义分开。

【例2-58】联合体类型与联合体变量分开定义。

```
union  data
{
    int i;
    char ch;
    float f;
};
union data  d1, d2;
```

二、在定义类型的同时定义变量

在定义类型的同时定义变量。

【例2-59】联合体类型与联合体变量同时定义。

```
union data
{
    int  i;
    char  ch;
    float  f;
}x, y;
```

三、直接定义联合体类型的变量

直接定义联合体类型的变量，不给出联合体名。

【例2-60】直接定义联合体类型的变量。

```
union
{
    int  i;
    char  ch;
    float  f;
}x, y;
```

为联合体变量分配空间的大小是以所有成员中占用空间字节数最多的成员为标准的，而为结构体分配空间的大小是所有成员占用的空间之和。对联合体变量成员的赋值，保存的是最后的赋值，前面对其他成员的赋值均被覆盖。由于结构体变量的每个成员拥有不同的存储空间，因此不会出现这种情况。

2.10.2 联合体的使用

与结构体变量成员引用的方式相同，联合体也使用“.”和“->”两种运算符来实现，其基本形式如下。

```
共用体变量名.成员名
共用体指针变量名->成员名
```

【例2-61】联合体变量引用。

```
union data d1, *pd;
pd = &d1;
```

对d1成员的引用如下。

```
d1.i //或pd->i
d1.ch //或pd->ch
d1.f //或pd->f
```

同类型的联合体变量可以互相赋值。

【例2-62】同类型的联合体变量互相赋值。

```
union data d1,d2={'A'};
d1=d2;
```

2.11 枚举类型

将变量的值全部列举出来称为枚举，变量的值只限于列举出来的值的范围内。

2.11.1 枚举类型声明

声明枚举类型使用enum关键字，其基本格式如下。

```
enum 枚举类型名(枚举常量列表);
enum weekday{ sun , mon , tue, wed , thu , fri , sat}; /*枚举类型的变量 weekday的取值只能在sun到sat之间.*/
```

2.11.2 枚举变量的定义

枚举变量的定义格式如下。

```
enum 枚举类型名 枚举变量名;
```

枚举常量是有值的，C语言按定义时的顺序使它们的值为0,1,2,…，也可以改变枚举元素的值，在定义时由程序员指定。一个整数不能直接赋给一个枚举变量，要先进行强制类型转换才能赋值。

【例2-63】枚举变量的定义。

```
workday = 2;                          //错误
workday = (enum weekday) 2;           //正确
workday = tue;                        //正确
```

2.11.3 枚举变量应用举例

编写程序，功能是输入当天是星期几，就可以计算并输出n天后是星期几。例如，今天是星期六，求3天后是星期几，则输入6、3，即输出“after 3 day is week 2”。

【例2-64】枚举变量应用。

```
enum week { sun, mon, tue, wed, thu, fri, sat };
enum week GetWeek(enum week Week, int AfterDay)
{
        return((enum week)(((int)Week + AfterDay) % 7));
}
void main(void)
{
        enum week InputWeek, AfterWeek;  //w0表示当天的星期值，wn表示n天后的星期值
        int  InputDay;
```

```
        InputWeek = (enum week)(getchar() - '0');
        InputDay = getchar() - '0';
        AfterWeek = GetWeek(InputWeek, InputDay);            //获取n天后是星期几
        if (AfterWeek == 0)
        {
            printf("%d is sunday\r\n", InputDay);
        }
        else
        {
            printf("after %d day is week %d\r\n", InputDay, (int )AfterWeek);
        }
    }
```

2.12 自定义类型

在C语言中可以使用typedef 定义新的类型，即用typedef 声明新的类型名来代替已有的类型名。其定义格式如下。

```
typedef 原有类型      新声明的类型别名;
typedef unsigned char      kal_uint8; //使用kal_uint8代替unsigned char
```

通常给一个复杂类型一个别名，以便书写。用typedef 声明的类型别名常用大写。注意：typedef 的作用只能是给已有类型一个别名，typedef 本身并不具有定义一个新的类型的能力。

define与typedef 的区别是：define在预编译时处理而typedef 在编译时处理，而且define只是进行简单的字符替换，typedef 却是给已有类型一个别名。

例如，为了编程时书写方便，使用typedef定义常用的数据类型。

```
typedef unsigned char           kal_uint8;
typedef signed char             kal_int8;
typedef char                    kal_char;
typedef unsigned short          kal_wchar;
typedef unsigned short int      kal_uint16;
typedef signed short int        kal_int16;
typedef unsigned int            kal_uint32;
typedef signed int              kal_int32;
typedef ULONG64                 kal_uint64;
typedef LONG64                  kal_int64;
typedef unsigned __int64        kal_uint64;
typedef __int64                 kal_int64;
```

2.13 小结

本章主要讲述了C语言的函数、数组、指针、结构体变量、联合类型、枚举类型及自定义类型的概念，对于刚接触单片机、C语言的读者来说，重点是掌握函数的定义与使用方法；单片机系统编程中比较常用的是一维数组，学习数组内容时应把重点放在一维数组的定义和使用上；指针实际是地址的别名，指针变量就是存储地址的变量，学会使用指针可使程序变得非常灵活，应熟练掌握指针与变量之间的引用关系；结构体是一种复杂而灵活的构造数据类型，它可以将多个相互关联但类型不同的数据作为一个整体进行处理。

2.14 习题

（1）编写一个带输入参数的延时函数。

（2）分析下列程序执行后z的值是多少。

```
void void main(void)
{
        unsigned char i, y, z;
        i = 2;
        for(y=0; y<=2; y++)
        {
                z = fun1(y);
        }
}
unsighed char fun1(unsigned char x)
{
        unsigned char j, s;
        static unsigned r = 1;
        j = 0;
        j = j+1;
        r = r+1;
        s = x+j+r;
        return ( s )
}
```

（3）分析下列程序执行后a的结果。

```
int  x=6,y=2;
int min(int x, int y)
{
        int z;
        z = x<y?x:y;
        return ( z );
}
void main(void)
{
        int x=1;
        int a;
        a=main(x,y);
}
```

（4）编程，求数组a1[]={1,2,3,4,5,6,7,8,9,10}内元素的平均值。

（5）编程，将数组a2[][3]={1,2,3,4,5,6,7,8,9,10,11,12}内每一行的最小值保存在数组b2中，并计算b2内元素之和。

（6）描述下面这段程序执行后的结果。

```
void Test6(int *a1, int &b1, int c1)
{
        *a1 *= 3;
        ++b1;
        ++c1;
}
void main(void)
{
```

```
        int a1, *a = &a1;
        int b, c;
        *a = 6;
        b = 7; c = 10;
        Test6 (a, b, c);
        printf("*a=%d", *a);
        printf("b=%d", b);
        printf("c=%d", c);
}
```

（7）描述下面这段程序执行后的结果。

```
struct stu
{
    int num;
    char *name;
    char sex;
    float score;
}student[5]={
        {101, "Zhu ping", 'M', 45},
        {102, "Zhang xing", 'M', 62.5},
        {103, "Liu fang", 'F', 92.5},
        {104, "Zeng ling", 'F', 87},
        {105, "Wang min", 'M', 58},
};
void main(void)
{
        struct stu *ps;
        printf("No\tName\t\t\tSex\tScore\t\n");
        for(ps = student; ps < student +5; ps++)
                printf("%d\t%s\t\t%c\t%f\t\n", ps->num, ps->name, ps->sex, ps->score);
}
```

第3章　单片机硬件基础

本章主要讲解单片机硬件基础内容，包括单片机输入/输出（Input/Output，I/O）口、定时器/计数器、串行口、中断等。

单片机I/O口是单片机与外部电路的基本接口，定时器/计数器和中断是单片机的重要功能模块。串行端口（Serial Port，SP）是指采用串行传送方式在处理机与外部设备之间进行数据传送的接口，数据一位一位地按顺序传送，其特点是通信线路简单，只要一对传输线就可以实现双向通信。这些都是单片机硬件基础知识，读者应熟练掌握并予以应用。另外本章还结合实际应用电路介绍如何使用C51语言操作单片机系统资源，因此本章是后续章节的基础。

3.1　单片机I/O口

AT89S51单片机共有32个I/O口，分别是P0、P1、P2、P3口等。这些I/O口都可以通过对应的特殊功能寄存器（Special Function Register，SFR）来进行操作，并且能按位操作。P0口能驱动8个晶体管—晶体管逻辑门电路（Transistor-Transistor Logic，TTL）。P1、P2、P3口能驱动4个TTL门电路。

3.1.1　P0口概述

P0口是一组8位漏极开路型双向I/O口、地址/数据总线复用口。当P0口作为输出口使用时，每位能驱动8个TTL门电路，对端口写“1”可将其作为高阻抗输入端使用。当P0口作为普通I/O口使用时是漏极开路形式的，类似于OC门，在没有外加上拉电阻的情况下，输出0时是低电平，输出1时表示它是悬浮的，状态不确定，P0口内部结构如图3.1所示。P0口作输出使用时应接外部上拉电阻。

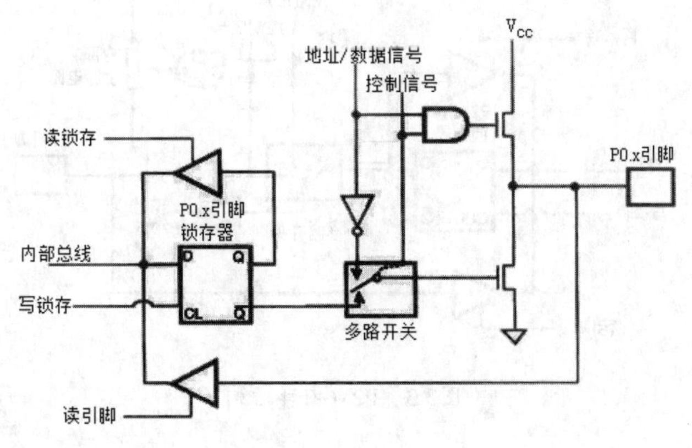

图3.1　P0口内部结构

3.1.2　P1口概述

P1口是一个内部带上拉电阻的8位双向I/O口，P1口的输出缓冲可驱动（输出或吸收电流）4个TTL门电路，对端口写“1”。通过内部的上拉电阻把端口拉到高电平，此时可将其作为输入口使用。P1口内部结构如图3.2所示。

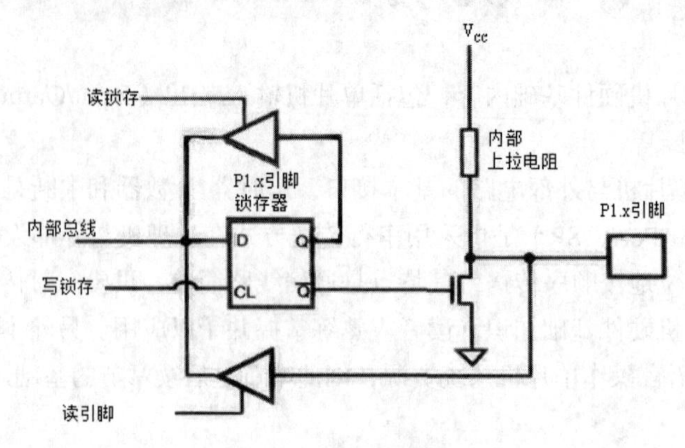

图3.2　P1口内部结构

P1口在作输入引脚前，应当对P1口写入“1”。具有这种操作特点的输入/输出端口，称为准双向I/O口（这里“准”的含义是当I/O口作输入使用时，须预先为I/O口写入“1”，为输入做准备）。AT89S51单片机的P0、P1、P2、P3口都是准双向口，P0口作输入时，由于输出有三态功能，输入前，端口已处于高阻状态，无须外接上拉电阻。

3.1.3　P2口概述

P2口是一个内部带上拉电阻的8位双向I/O口，P2口的输出缓冲可驱动（输出或吸收电流）4个TTL门电路。对端口写“1”，通过内部的上拉电阻把端口拉到高电平，此时可将其作为输入口使用。P2口可以作为普通I/O口使用，也可以作为高8位地址总线使用。P2口内部结构如图3.3所示。

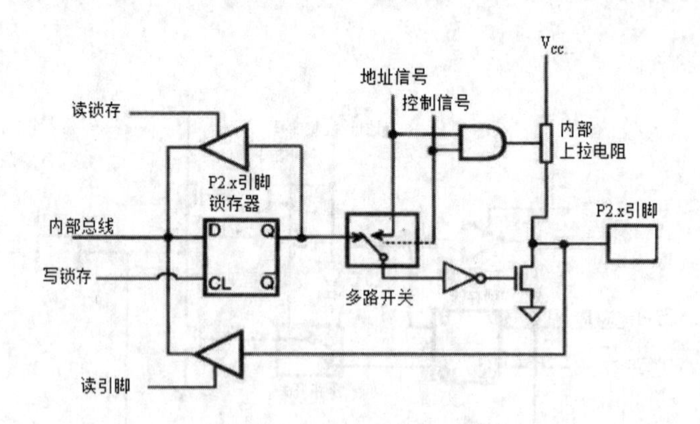

图3.3　P2口内部结构

3.1.4　P3口概述

P3口是一组内部带上拉电阻的8位双向I/O口。P3口的输出缓冲可驱动（输出或吸收电流）4个TTL门电路。对P3口写“1”，其被内部的上拉电阻拉到高电平，可作为输入端口使用，P3口内部结构如图3.4所示。

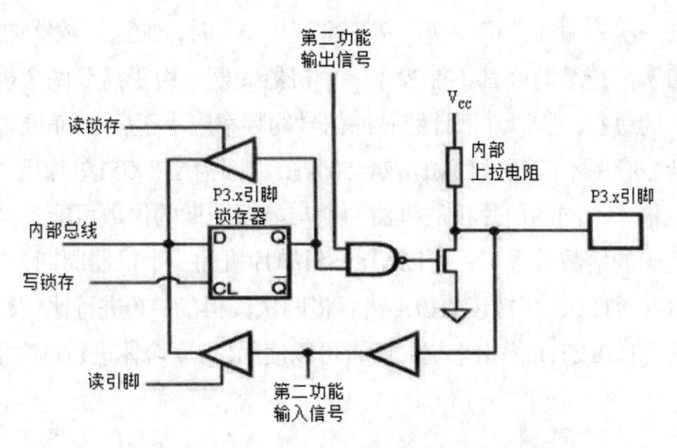

图3.4　P3口内部结构

P3口除了能做通用的I/O口外，还具有重要的第二功能，如表3.1所示。

表3.1　P3口的第二功能

端口引脚	第二功能
P3.0	RXD（串行输入口）
P3.1	TXD（串行输出口）
P3.2	INT0（外部中断0）
P3.3	INT1（外部中断1）
P3.4	T0（定时器/计数器0外部输入）
P3.5	T1（定时器/计数器1外部输入）
P3.6	WR（外部数据存储器写选通）
P3.7	RD（外部数据存储器读选通）

3.2　定时器/计数器

定时器/计数器是AT89S51单片机的重要功能模块之一。在实际应用中，常用定时器作实时时钟，实现定时检测、定时控制、让某个I/O口产生脉宽调制（Pulse-Width Modulation，PWM）脉冲信号等。计数器主要用于外部事件的计数。本节将从定时器/计数器的硬件结构及其工作方式等相关方面来介绍它。

3.2.1　定时器/计数器概述

AT89S51单片机有两个16位可编程的定时器/计数器：T0与T1。可编程选择它们作为定时器或计数器使用，也可通过编程设定其定时的时间或计数初值。T0与T1的加法计数器由高、低两个8位寄存器构成，如图3.5所示。

T0 { TH0～T0 高 8 位；TL0～T0 低 8 位　　　T1 { TH1～T1 高 8 位；TL1～T1 低 8 位

图3.5　T0与T1的寄存器

一、计数器

作计数器使用时，T0由引脚P3.4输入脉冲信号，T1由引脚P3.5输入脉冲信号。在每个机器周期采样一次引脚电平，当前一次检测为“1”，后一次检测为“0”时，加法计数器加1。所以所采样的外部脉冲信号的“0”和“1”的持续时间都不能少于一个机器周期。由于需要两个机器周期才能识别输入引脚由高电平到低电平的跳变，所以外部计数脉冲信号的频率应小于f_{OSC}（晶振频率）/24。例如，采用12MHz晶振频率时，计数频率不能超过12MHz/24=500kHz。因为AT89S51单片机的机器周期是晶振周期（也称时钟周期）的12倍（不同的单片机的机器周期与晶振周期的倍数可能不同，需要查阅对应单片机的相关资料来获取正确的倍数关系），所以AT89S51单片机的一个机器周期为12×(1/12MHz)=1μs。使用计数器时应先读TH0再读TL0，再次读TH0，然后将两次读得的TH0进行比较，相等则说明其值读取正确。为确保读数时不受TL0或TH0溢出干扰，读者可以使用C51联合体进行计数值的读取。

二、定时器

作定时器使用时，加法计数器对内部机器周期脉冲信号计数（定时器和计数器都一样，只是计数用的脉冲信号来源，由外部脉冲信号切换为机器周期脉冲信号）。由于机器周期的时间确定，所以对内部机器周期脉冲信号计数也就是定时。例如，使用12MHz的晶振频率，机器周期为1μs，当计数值为10 000时，相当于定时10ms。

加法计数器的初值可以通过程序设定，设置的初值不同，计数值或定时时间就不同。由于是加法计数器，所以计数初值要换算成补码。如计数值为10 000时，对应16位计数器寄存器的初始值为65 536－10 000=55 536，用十六进制表示为D8F0H（正数的补码和原码一致）。在定时器/计数器的工作过程中，加法计数器的内容可通过程序读回CPU。

计数器在计满溢出时能自动使TCON中的TFX置位，表示计数器产生了溢出。若此时系统允许中断，且使能定时器中断，那么CPU将响应定时器的溢出中断请求。在C51语言中可通过定义中断函数来向定时器中断服务。

3.2.2 定时器/计数器结构

图3.6所示为定时器/计数器T0工作在工作方式0时的结构。

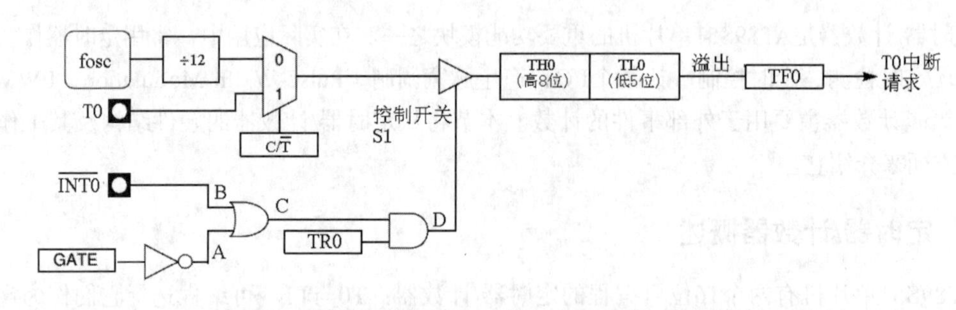

图3.6 定时器/计数器T0工作在工作方式0时的结构

由图3.6可知，定时器/计数器T0工作在方式0时，启动和停止使用定时器/计数器是由开关S1控制的，而S1开关是开还是关是由$TR0\&\&(\overline{GATA}||\overline{INT0})$控制的。使用的是定时器还是计数器则由$C/\overline{T}$控制：当$C/\overline{T}$为0时使用的是定时器，当$C/\overline{T}$为1时使用的是计数器。当定时器或计数器计数溢出后，TF0置“1”。假如系统允许响应定时器中断，那么可在置TF0为1的同时向系统申请中断服务。

3.2.3 与定时器/计数器控制相关的寄存器

与定时器/计数器控制相关的寄存器主要有定时器工作方式配置寄存器TMOD、定时器/计数器控制寄存器TCON、中断允许控制寄存器IE、中断优先级选择寄存器IP。

一、定时器工作方式配置寄存器TMOD

TMOD用来确定定时器/计数器T0和T1的工作方式，其低4位作用于定时器/计数器T0，高4位作用于定时器/计数器T1。TMOD（只能字节操作）的位定义如表3.2所示。

表3.2 TMOD的位定义

D7	D6	D5	D4	D3	D2	D1	D0
GATE	$C/\overline{T}$	M1	M0	GATE	$C/\overline{T}$	M1	M0

（1）TMOD的D4～D7用于控制T1，D0～D3用于控制T0。

（2）定时器/计数器功能选择位为$C/\overline{T}$。

$C/\overline{T}$=1为计数器方式，$C/\overline{T}$=0为定时器方式。

（3）定时器/计数器工作方式选择位M1、M0。

定时器/计数器4种工作方式的选择由M1、M0的值决定，如表3.3所示。

表3.3 定时器/计数器工作方式

M1	M0	工作方式	
0	0	工作方式0	13位定时器/计数器
0	1	工作方式1	16位定时器/计数器
1	0	工作方式2	具有自动重装初值的8位定时器/计数器
1	1	工作方式3	定时器/计数器0分为1个8位定时器/计数器（TL0）、1个8位定时器（TH0）。 定时器/计数器1在此工作方式下无意义

（4）门控制位GATE。

如果GATE=1，定时器/计数器0的工作方式受引脚$\overline{INT0}$（P3.2）控制，定时器/计数器1的工作方式受引脚$\overline{INT1}$（P3.3）控制；但如果GATE=0，定时器/计数器的工作方式与引脚$\overline{INT0}$、$\overline{INT1}$无关。复位时GATE=0。

（5）定时器启动控制。

由图3.6可知定时器的硬件结构。

- GATE为0时，A点为1，C点的值已经确定为1，此时C点的值与B点无关。
- GATE为1时C点的值由B点决定：当$\overline{INT0}$（B点）为1时，C点为1；当B点为0时，C点为0。控制开关由D点控制，当D点为1时打开定时器开关；当D点为0时关闭定时器开关。D点的取值由TR0&&C点的取值决定，所以只有当TR0和C点都为1时才能启动定时器。

二、定时器/计数器控制寄存器TCON

TCON是控制定时器/计数器与中断相关的特殊功能寄存器。TCON的高4位用于控制定时器/计数器T0、T1的运行，其中D7、D6用于设置定时器/计数器T1，D5、D4用于设置定时器/计数器T0；TCON的低4位用于控制外部中断，与定时器/计数器无关，将在本章中断内容中介绍。TCON的位定义如表3.4所示。

表3.4 TCON的位定义

D7	D6	D5	D4	D3	D2	D1	D0
TF1	TR1	TF0	TR0	IE1	IT1	IE0	IT0

（1）TR0和TR1。

TR0和TR1是定时器运行控制位。当TR0（或TR1）=0时，定时器/计数器不工作。当TR0

（或TR1）=1时，定时器/计数器开始工作。

（2）TF0和TF1。

TF0和TF1是计数溢出标志位。当计数器产生计数溢出时，相应的计数溢出标志位由硬件置“1”。当转向中断服务时，再由硬件自动清“0”。计数溢出标志位的使用有两种情况：采用中断方式时，作中断请求标志位来使用；采用查询方式时，作查询状态位来使用。

三、中断允许控制寄存器IE

AT89S51单片机有多个中断源，为了灵活使用，在每一个中断请求信号的通路中设置了一个中断屏蔽触发器，以控制各个中断源的开放或关闭。在CPU内部还设置了一个中断允许触发器，只有在允许中断的情况下，CPU才会响应中断。如果禁止中断，CPU不响应任何中断，即停止相应的中断系统工作。IE是系统中断开关控制寄存器，其位定义如表3.5所示。

表3.5　IE的位定义

D7	D6	D5	D4	D3	D2	D1	D0
EA	/	/	ES	ET1	EX1	ET0	EX0

IE的每一位都可以由软件置“1”或清“0”。当置“1”时，中断允许；当清“0”时，中断屏蔽。下面依次介绍各位的功能。

（1）CPU中断允许EA：EA=l时CPU允许中断，EA=0时CPU屏蔽一切中断请求。

（2）串行口中断允许ES：ES=1时允许串行口中断，ES=0时禁止串行口中断。

（3）定时器/计数器中断允许ET0、ET1：ETi=1时允许定时器/计数器中断，ETi=0时禁止定时器/计数器中断。

（4）外部中断允许EX0、EX1：EXi=1时允许外部中断，EXi=0时禁止外部中断。

四、中断优先级选择寄存器IP

AT89S51单片机有两个中断优先级，每一个中断源都可以通过软件控制，以确定高优先级中断或低优先级中断，高优先级中断的优先级高。同一优先级中的中断源不止一个，所以也有中断优先级排队问题。IP的位定义如表3.6所示。

表3.6　IP的位定义

D7	D6	D5	D4	D3	D2	D1	D0
/	/	/	PS	PT1	PX1	PT0	PX0

其中：

- PX0——外部中断0优先级设定位。
- PT0——定时中断0优先级设定位。
- PX1——外部中断1优先级设定位。
- PT1——定时中断1优先级设定位。
- PS——串行中断优先级设定位。

当以上各位设置为“0”时，则相应的中断源为低优先级中断；设置为“1”时，则相应的中断源为高优先级中断。关于中断优先级选择寄存器IP的更详细的讲解请参见第3.4.3小节。

3.2.4　工作方式0

TMOD的位M1=0、M0=0时，定时器/计数器设定为工作方式0。在工作方式0时TMOD是一个

13位的定时器/计数器。定时器/计数器工作方式0的结构参见图3.6。

THi是高8位加法计数器，TLi是低5位加法计数器（只使用低5位，其高3位未使用）。TLi计数溢出时向THi进位，THi计数溢出时置TFi。

可通过程序将0～8191（$2^{13}-1$）之间的某一个数送入THi、TLi作为初值。THi、TLi从初值开始加法计数，直至溢出，根据设置的不同初值，定时时间或计数值也不同。因为TLi只使用低5位，因此设置初值要将计数初值转换成二进制数，在D4与D7之间插入3个“0”，再分成两个字节，分别送入THi、TLi。还要注意：加法计数器溢出后，必须用程序重新对THi、TLi设置初值，否则下一次计数将使THi、TLi从0开始进行加法计数。

3.2.5 工作方式1

TMOD的位M1=0、M0=1时，定时器/计数器设定为工作方式1。在工作方式1的情况下，它是一个16位的定时器/计数器。定时器/计数器工作方式1的结构如图3.7所示。

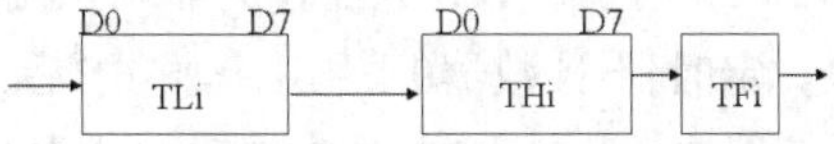

图3.7 定时器/计数器工作方式1的结构

THi是高8位加法计数器，TLi是低8位加法计数器。TLi计数溢出时向THi进位，THi计数溢出时TFi置“1”。

3.2.6 工作方式2

TMOD的位M1=1、M0=0时，定时器/计数器设定为工作方式2。在工作方式2的情况下，它是自动重新装入初值的8位定时器/计数器。定时器/计数器工作方式2的结构如图3.8所示。

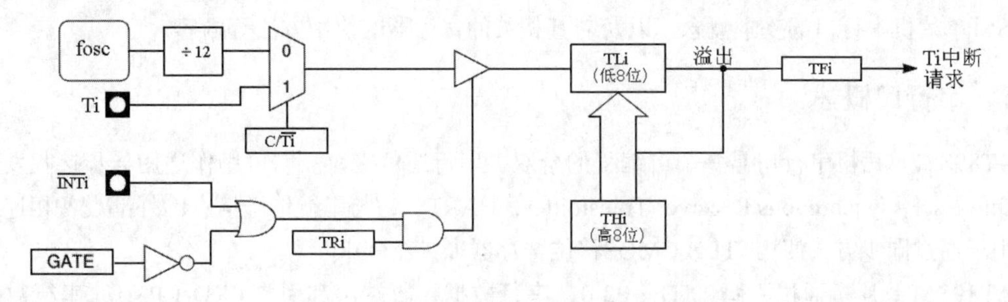

图3.8 定时器/计数器工作方式2的结构

TLi作为8位加法计数器使用，THi作为初值寄存器使用。THi、TLi的初值都由软件预置。当TLi计满溢出时，不仅使TFi置“1”，而且发出重装载信号，将THi中的初值自动送入TLi，使TLi从初值开始重新计数。工作方式2的初值范围为0～255，当f_{OSC}=12MHz时，其定时范围为1μs～256μs。由于在工作方式2的情况下不需要在中断服务程序中重新设置计数初值，因此它特别适合定时控制，只是其定时时间较短。

3.2.7 工作方式3

当TMOD的位M1=1、M0=1时，定时器/计数器被设定为工作方式3。工作方式3仅对定时器/计数器0有意义。此时定时器/计数器1可以设置为其他工作方式。若要将定时器/计数器1设置为工作方式3，则定时器/计数器1将停止工作。定时器/计数器工作方式3的结构如图3.9所示。

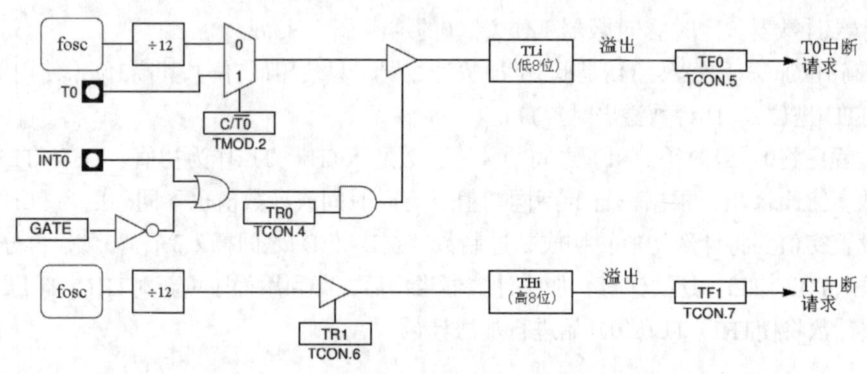

图3.9 定时器/计数器工作方式3的结构

TL0、TH0成为两个独立的8位加法计数器。TL0使用定时器/计数器0的状态控制位C/$\overline{T}$、GATE、TR0及引脚$\overline{INT0}$，它的工作情况与工作方式0、工作方式1类似，但计数范围为1～256，定时范围为1μs～256μs（f_{OSC}=12MHz时）。TH0只能作为非门控制方式的定时器，它借用了定时器/计数器1的控制位TR1、TF1。定时器/计数器0采用工作方式3后，AT89S51单片机就具有3个定时器/计数器，即8位定时器/计数器TL0、8位定时器TH0和16位定时器/计数器1（TH1、TL1）。定时器/计数器1虽然可以选择在工作方式0、工作方式1或工作方式2下工作，但由于TR1和TF1被TH0借用，因此不能产生溢出中断的请求，因而只用作串行口通信的波特率发生器。

3.3 单片机串行口

AT89S51单片机串行口具有两条独立的数据线：发送端为TXD、接收端为RXD，允许数据同时往两个相反的方向传输。一般通信时发送数据由TXD进行，接收数据由RXD进行。本节介绍AT89S51单片机串行口的基本概念，以及与其相关的寄存器的使用方法等内容。

3.3.1 串行口概述

AT89S51单片机串行口是一个可编程的全双工串行通信接口。它可用作通用异步接收发送设备（Universal Asynchronous Receiver/Transmitter，UART），与串行传送信息的外部设备相连接，也可用于通过同步方式使用TTL或CMOS移位寄存器来扩充I/O口。

AT89S51单片机通过引脚RXD（P3.0，串行数据接收端）和引脚TXD（P3.1，串行数据发送端）与外部设备（简称外设）通信。SBUF是串行口缓冲寄存器，包括发送寄存器和接收寄存器。它们有相同名字和地址空间，但不会出现冲突，因为它们中的一个只能被CPU读出数据，一个只能被CPU写入数据。

3.3.2 串行口结构

AT89S51单片机串行口结构如图3.10所示，主要由发送SBUF、写SBUF、读SBUF、接收SBUF、装载SBUF、输入移位寄存器等组成。发送SBUF只能写入，不能读出；接收SBUF只能读出，不能写入，故两个缓冲器共用一个特殊功能寄存器SBUF（地址为0x99）。串行口中还有两个特殊功能寄存器SCON、PCON，分别用来控制串行口的工作方式和波特率。波特率发生器由定时器/计数器T1构成。

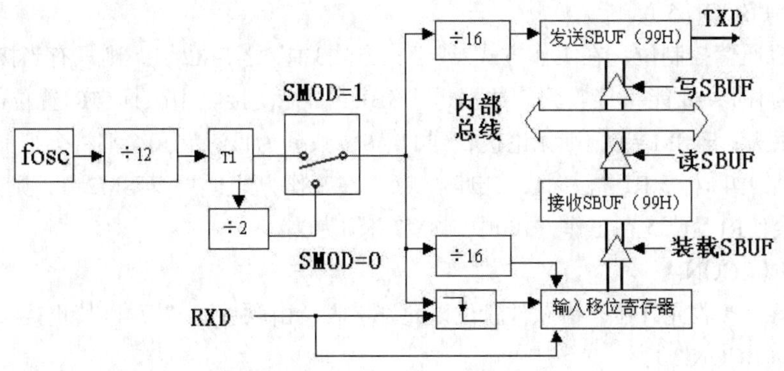

图3.10　AT89S51单片机串行口结构

3.3.3　与串行口相关的寄存器

AT89S51单片机串行口是由串行口数据缓冲器SBUF、串行口控制寄存器SCON、电源控制寄存器PCON等组成的。

一、串行口数据缓冲器SBUF

AT89S51单片机内的串行口部分，具有两个物理上独立的缓冲器——发送SBUF和接收SBUF，以便能以全双工的方式进行通信。串行口由移位寄存器和接收SBUF构成双缓冲结构，能避免在接收数据的过程中出现数据重叠的情况。因为发送时CPU是主动的，不会发生数据重叠错误，所以发送结构是单缓冲结构。

在逻辑上，串行口的缓冲器只有一个，它既表示接收SBUF，也表示发送SBUF。两者共用一个寄存器名SBUF（地址为0x99）。

也就是说，在完成串行口初始化后，发送数据时，采用SBUF=Data语句将要发送的数据输入SBUF，则CPU自动启动并完成串行数据的输出；接收数据时，采用Data=SBUF语句，CPU就自动将接收到的数据从SBUF中读出。

二、串行口控制寄存器SCON

串行口控制寄存器SCON包含串行口工作方式选择位、接收发送控制位及串行口状态标志位。表3.7所示为SCON的位定义。

表3.7　SCON的位定义

D7	D6	D5	D4	D3	D2	D1	D0
SM0	SM1	SM2	REN	TB8	RB8	TI	RI

下面依次讲解SCON中各位的功能。

（1）SM0 SM1（SCON.7、SCON.6）。

SM0 SM1是串行口的工作方式选择位，其工作方式等如表3.8所示。

表3.8　SM0、SM1的工作方式

SM0 SM1	工作方式	说明	波特率
0 0	工作方式0	同步移位寄存器	$f_{OSC}/12$
0 1	工作方式1	10位异步收发	由定时器控制
1 0	工作方式2	11位异步收发	$f_{OSC}/32$或$f_{OSC}/64$
1 1	工作方式3	11位异步收发	由定时器控制

（2）SM2（SCON.5）。

SM2是多机通信控制位。在工作方式2或工作方式3中，若SM2=1，则只有当接收到的第9位（RB8）数据为1时，才能将接收到的数据送入SBUF，并使接收中断标志RI置位向CPU申请中断，否则数据丢失；若SM2=0，则无论接收到的第9位数据为1还是为0，都将会把前8位数据装入SBUF，并使接收中断标志RI置位向CPU申请中断。在工作方式1中，若SM2=1，则只有收到有效的停止位时才会使RI置位。在工作方式0中，SM2必须为0。

（3）REN（SCON.4）。

REN是串行口接收允许位。由软件置位以允许接收，由软件清“0”以禁止接收。

（4）TB8（SCON.3）。

TB8是在工作方式2和工作方式3中发送的第9位数据。在多机通信中，常以该位的状态来表示主机发送的是地址还是数据。通常协议规定TB8为“0”表示主机发送的是数据，为“1”表示发送的是地址。

（5）RB8（SCON.2）。

RB8在工作方式2和工作方式3时接收到的是第9位数据，在工作方式1时接收的是停止位。它和SM2、TB8一起用于通信控制。

（6）TI（SCON.1）。

TI是发送中断标志。由硬件在工作方式0串行发送第8位结束时置位，或在其他方式串行发送停止位的开始时置位，必须由软件清“0”。

（7）RI（SCON.0）。

RI是接收中断标志。由硬件在工作方式0串行接收第8位结束时置位，或在其他方式串行接收停止位的期间时置位，必须由软件清“0”。

三、电源控制寄存器PCON

电源控制寄存器PCON的位定义如表3.9所示。

表3.9　PCON的位定义

D7	D6	D5	D4	D3	D2	D1	D0
SMOD	/	/	/	GF1	GF0	PD	ID

D7位SMOD是串行口波特率倍增位。当SMOD为1时，串行口在工作方式1、工作方式2、工作方式3情况下的波特率加倍。具体值参见各种工作方式下的波特率计算公式。

3.3.4　波特率

AT89S51单片机串行口通信的波特率取决于串行口的工作方式。当串行口被定义为工作方式0时，其波特率=$f_{OSC}/12$，当串行口被定义为工作方式2时，其波特率=$2^{SMOD}\times f_{OSC}/64$，即当SMOD=0时，波特率=$f_{OSC}/64$；当SMOD=1时，波特率=$f_{OSC}/32$。SMOD是PCON的最高位，通过软件可设置SMOD为0或l。因为PCON无位寻址功能，所以，要想改变SMOD的值，可通过下列语句来完成。

```
PCON &= 0x7f ;                //使SMOD=0
PCON |= 0x80 ;                //使SMOD=1
```

当串行口被定义为工作方式1或工作方式3时，其波特率=$2^{SMOD}\times$(定时器T1溢出率)/32。T1的溢出率取决于计数速率和定时器的预置值。下面说明T1溢出率的计算和波特率的设置。

一、T1溢出率的计算

在串行通信工作方式1和工作方式3下，可使用T1作为波特率发生器。T1可以工作于工作方式0、工作方式1和工作方式2，其中工作方式2为自动装入时间常数的8位定时器，使用时只需进行初始化，不需要安排中断服务程序重装时间常数，因而在用T1作为波特率发生器时，常使其工作于工作方式2。

前面我们介绍过定时器定时时间的计算方法，同样，我们设X为时间常数，即定时器的初值，f_{OSC}为晶振频率，当定时器T1/C1工作于工作方式2时，则有：

$$溢出周期=(2^8-X)\times 12/f_{OSC}$$

$$溢出率=1/溢出周期=f_{OSC}/[12\times(2^8-X)]$$

二、波特率的设置

由上文可得，当串行口工作于方式1或方式3、定时器/计数器T1工作于方式2时，有：

$$\begin{aligned}波特率&=2^{SMOD}\times(T1溢出率)/32\\&=2^{SMOD}\times f_{OSC}/[32\times 12(2^8-X)]\end{aligned}$$

当f_{OSC}=6MHz，T1工作于工作方式2时，波特率的范围为61.04bit/s ~ 31250bit/s。

由上式可以看出，当X=255时，波特率最大。若f_{OSC}=12MHz，SMOD=0，则波特率为31.25kbit/s；若SMOD=1，则波特率为62.5kbit/s。这是f_{OSC}=12MHz时波特率的上限。若需要更大的波特率，则需要提高晶振频率f_{OSC}。

在实际应用中，一般是先按照所要求的通信的波特率设定SMOD，再算出T1的时间常数，即：

$$X=2^8-2^{SMOD}\times f_{OSC}/(384\times 波特率)$$

例如，某AT89S51单片机控制系统，晶振频率为12MHz，要求串行口发送数据为8位、通信的波特率为1200bit/s，编写串行口的初始化程序。

设SMOD=1，则T1的时间常数X为：

$$\begin{aligned}X&=2^8-2^{SMOD}\times f_{OSC}/(384\times 波特率)\\&=256-2^1\times 12\times 10^6/(384\times 1200)\\&=256-52.08\\&=203.92\\&\approx 204(0xCC)\end{aligned}$$

串行口初始化程序如下。

```
SCON = 0x50;            //串行口工作于工作方式1
PCON |= 0x80;           // SMOD=1
TMOD = 0x20;            // T1工作于工作方式2，定时方式
TH1 = 0xCC;             //设置时间常数初值
TL1 = 0xCC;             //设置时间常数初值
TR1 = 1;                //启动T1/C1
```

再如，要求串行通信的波特率为2400bit/s，假设f_{OSC}=6MHz，SMOD=1，则T1的时间常数为：

$$\begin{aligned}X&=2^8-2^1\times 6\times 10^6/(384\times 2400)\\&=242.98\\&\approx 243(0xF3)\end{aligned}$$

T1/C1和串行口的初始化程序如下。

```
TMOD = 0x20;          // T1工作于工作方式2，定时方式
TH1 = 0xf3;           //设置时间常数初值
TL1 = 0xf3;           //设置时间常数初值
TR1 = 1;              //启动T1/C1
SCON = 0x50;          //串行口工作于工作方式1
PCON |= 0x80;         // SMOD=1
```

执行上面的程序后，即可使串行口工作在工作方式1，通信的波特率为2400bit/s。

需要指出的是，在波特率的设置中，SMOD位数值的选择直接影响波特率的精确度。当波特率为2400bit/s，f_{OSC}=6MHz，这时SMOD可以为1或0。由于对SMOD位数值的选择不同，所以产生的波特率误差是不同的。

- 若SMOD=1，由上面计算已得T1的时间常数X=243，按此值可算得T1实际产生的波特率及波特率误差为：

$$波特率=2^{SMOD}\times f_{OSC}/[2\times12(2^8-X)]$$
$$=2^1\times f_{OSC}/[32\times12(256-243)]$$
$$=2403.85bit/s$$
$$波特率误差=(2403.85-2400)/2400=0.16\%$$

- 若SMOD=0，此时：

$$X=2^8-2^0\times6\times10^6/(384\times2400)=249.49\approx249$$

- 由此值可以算出T1实际产生的波特率及波特率误差为：

$$波特率=2^0\times6\times10^6/[32\times12(256-249)]=2232.14bit/s$$
$$波特率误差=(2400-2232.14)/2400=6.99\%$$

上面的分析计算说明了SMOD的值虽然可以任意选择，但在不同的条件下它会使波特率误差不同。因而在设置波特率时，对SMOD的值的选取也需要予以考虑。表3.10列出了常用波特率的设置方法。

表3.10　常用波特率的设置方法

工作方式	波特率/kbit/s	f_{OSC}/MHz	SMOD	定时器1		
				$C/\overline{T}$	方式	重新装入值
工作方式0	1000	12	X	X	X	X
工作方式2	375	12	1	X	X	X
工作方式1、3	62.5	12	1	0	2	FFH
	19.2	11.0592	1	0	2	FDH
	9.6	11.0592	0	0	2	FDH
	4.8	11.0592	0	0	2	FAH
	2.4	11.0592	0	0	2	F4H
	1.2	11.0592	0	0	2	E8H
	110	12	0	0	1	0FEEH

注：X为任意值。

3.3.5　工作方式0

工作方式0为同步移位寄存器输入/输出方式。其工作方法是：串行数据通过RXD输入，TXD用于输出移位时钟脉冲信号。在工作方式0中，收发的数据为8位，低位在前，高位在后。波特率固定为$f_{OSC}/12$，其中f_{OSC}为单片机的晶振频率。

利用工作方式0可以在串行口外接移位寄存器以扩展I/O口，也可以外接串行同步输入/输出设备。图3.11所示为串行口外接一块移位寄存器74LS164的输出接口电路。图3.12所示为串行口外接一块移位寄存器74LS165的输入接口电路。

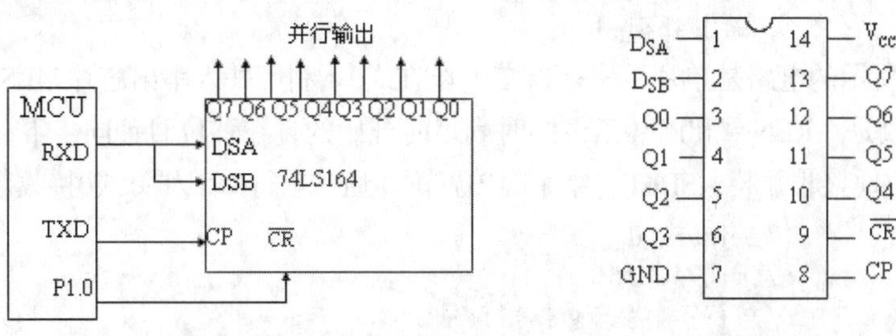

（a）串行口与74LS164实现串入并出的连接　　（b）八位移位寄存器74LS164

图3.11　串行口外接一块移位寄存器74LS164的输出接口电路

图3.11（b）所示为74LS164的引脚，Q0～Q7为并行输出引脚。D_{SA}、D_{SB}为串行输入引脚。$\overline{CR}$为清“0”引脚，低电平时，使74LS164输出清“0”。CP为时钟脉冲信号输入引脚，在时钟脉冲信号的上升沿实现移位。当CP=0，$\overline{CR}$=1时，74LS164保持原来的数据状态不变。

利用串行口与74LS165实现八位串入并出的连接如图3.12（a）所示，当8位数据全部移出后，SCON寄存器的TI位被自动置“1”。P1.0输出低电平可将74LS164输出清“0”。

如果把能实现“并入串出”功能的CD4014或74LS165与串行口配合使用，就可以把串行口变为并行输入口使用，其连接方式如图3.12（a）所示。

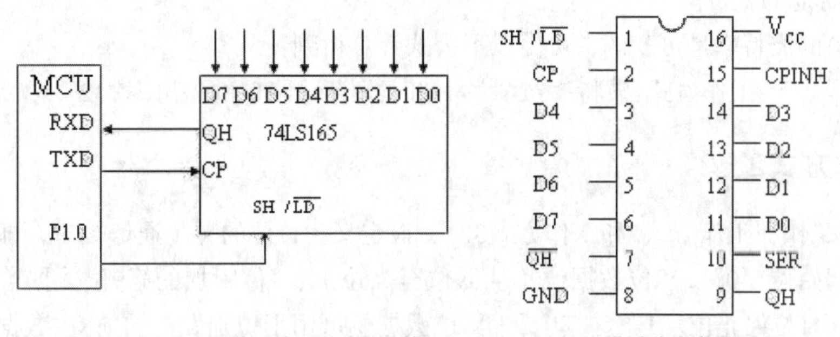

（a）串行口与74LS165实现串入并出的连接　　（b）八位移位寄存器74LS165

图3.12　串行口外接一块移位寄存器74LS165的输入接口电路

图3.12（b）所示为74LS165的引脚，当SH/$\overline{LD}$=1时，允许串行移位，SH/$\overline{LD}$=0时允许并行输入。当CPINH=1时，从CP引脚输入的每一个正脉冲信号使QH输出移位一次。REN=0，并行输入，禁止接收；REN=1，允许接收。当软件置位REN时，即开始从RXD端以f_{OSC}/12的波特率输入数据（低位在前）。当接收到8位数据时，置位中断标志RI在中断处理程序中将REN清“0”并停止接收数据，并用P1.0将SH/LD清“0”，停止串行输出，转而并行输入。当SBUF中的数据取走后，再将REN置“1”准备接收数据，并用P1.0将SH/LD置“1”，停止并行输入，转串行输出。

数据的发送是以写SBUF寄存器指令开始的，8位数据由低位至高位从RXD按顺序输出，同时由TXD输出移位脉冲信号，且每个脉冲输出一位数据。8位数据输出结束时TI被置位。图3.11所示的串行口输出电路中，74LS164为串入并出的移位寄存器，通过串行口方式0发送数据的程序如下。

```
SCON = 0x00;          // 工作方式0
P1.0 = 1;             // 选通74LS164
SBUF = Data;          // 数据写入SBUF并启动发送
while(!TI);           // 等待一个字节数据发送完
TI = 0;               // TI清"0"
P1.0 = 0;             // 关闭74LS164
```

图3.12（a）所示的电路是单片机串行口在工作方式0下利用并入串出芯片74LS165来完成数据的接收。数据的接收是在REN=1和RI=0条件同时满足时开始的，在移位时钟同步下，将数据字节的低位至高位一位一位地接收并装入SBUF，结束时RI置位。通过串行口工作方式0接收数据的程序如下。

```
SCON = 0x00;          // 工作方式0
P1.0 = 1;             // 选通74LS165
while(!RI);           // 等待一个字节数据接收完
RI = 0;               // TI清"0"
Data = SBUF;          // 接收SBUF数据
P1.0 = 0;             // 关闭74LS165
```

3.3.6 工作方式1

串行口工作在工作方式1时，被定义为10位的异步通信接口，即传送一帧信息为10位。1位起始位“0”，8位数据位（先低位后高位），1位停止位“1”。其中，起始位和停止位是在发送时自动插入的。

串行口以工作方式1发送数据时，数据由TXD输出。CPU执行一条数据写入发送缓冲器SBUF的指令（MOV SBUF，A指令），将数据字节写入SBUF后，便启动串行口发送，发送完一帧信息，发送中断标志TI置位。

工作方式1的波特率是可变的，可由以下公式计算得到：

$$工作方式1波特率=2^{SMOD}\times(定时器/计数器T1的溢出率)/32$$

3.3.7 工作方式2、3

当串行口工作在工作方式2和工作方式3时，被定义为11位的异步通信接口，即传送一帧信息为11位。1位起始位“0”，8位数据位（从低位至高位）、1位附加的第9位数据（可通过编程设置其为1或0），1位停止位“1”。其中，第9位数据位可用于识别发送的前8位数据是地址帧还是数据帧，为1则是地址帧，为0则是数据帧。此位可通过对SCON寄存器的TB8位赋值来置位。当TB8为1时，单片机发出的一帧数据中的第9位为1，否则为0。

当用工作方式2或工作方式3发送时，数据由TXD输出，发送一帧信息为11位，附加的第9位数据就是SCON中的TB8，CPU执行一条数据写入发送缓冲器SBUF的指令（MOV SBUF，A指令），然后启动串行口发送，发送完一帧信息，发送中断标志TI置位。工作方式2和工作方式3发送数据的过程是一样的，不同的是它们的波特率。它们的波特率计算公式如下：

$$工作方式2波特率=2^{SMOD}\times f_{OSC}/64$$

$$工作方式3波特率=2^{SMOD}\times(定时器/计数器T1的溢出率)/32$$

3.4 中断

中断是指CPU暂时停止执行原程序转而响应需要服务的紧急事件（执行中断服务程序），

并在服务完后自动返回原程序执行的过程。中断由中断源产生，中断源在需要时可以向CPU提出"中断请求"。中断请求通常是一种电信号，CPU一旦对这种电信号进行检测和响应，便可自动转入该中断源的中断服务程序并执行，且在执行完后自动返回原程序继续执行。中断源不同中断服务程序的功能也不同。本节介绍中断的基本概念并讲解单片机中断编程技术。

3.4.1 单片机中断概述

在日常生活中也有许多类似CPU中断的例子。如我们坐在沙发上看电视节目，突然电话响了（中断源向系统申请中断），于是我们先暂停观看电视节目，去接听电话（中断服务）。等电话接听结束，我们继续观看电视节目（中断返回）。

一、中断控制方式的优点

（1）可以提高CPU的工作效率。

采用中断控制方式，CPU可以通过分时操作启动多个外设同时工作，并能对它们进行统一管理。CPU执行主程序安排各外设开始工作，当任何一个设备工作完成后，通过中断通知CPU。CPU响应中断，在中断服务程序中为它安排下一份工作。这样就可以避免CPU和低速外部设备交换信息时的耗时过多的等待和查询，大大提高CPU的工作效率。

（2）可以提高实时数据的处理时效。

在实时控制系统中，CPU必须及时采集被控制系统的实时参量、超限数据和故障信息等，并进行分析判断和处理，以便对系统进行正确的调节和控制。CPU对实时数据的处理时效是影响产品质量和系统安全的关键。有了中断功能，系统的失常和故障都可以通过中断立刻通知CPU，使CPU可以迅速采集实时数据和故障信息，并对系统做出应急处理。

二、中断源

中断源是指可引起中断的设备、部件或事件等。通常，中断源有以下几种。

（1）外部设备中断源。

外部设备主要为计算机输入和输出数据，它是常见的中断源。外部设备用作中断源时，通常被要求在输入或输出数据时能自动产生一个"中断请求"信号（高电平或低电平）送到CPU的中断请求输入引脚，以供CPU检测和响应。例如，打印机打印完一个字符可以通过打印中断要求CPU为它送下一个打印字符，因此，打印机可以作为中断源。

（2）控制对象中断源。

在CPU用作实时控制时，被控制对象常被用作中断源，用于产生中断请求信号，要求CPU及时采集系统的控制参量、超限参数及要求的发送和接收数据等。例如，电压、电流、温度、压力、流量和流速等超越上限和下限，以及开关和继电器的闭合或断开事件，都可以作为中断源来产生中断请求信号，要求CPU通过执行中断服务程序加以处理。

（3）故障中断源。

故障也可以作为中断源，CPU响应中断对已发生的故障进行分析处理，如掉电中断。在掉电时，掉电检测电路可以检测到掉电并产生一个掉电中断请求。CPU响应中断，在电源滤波电容维持正常供电的很短时间内，可以通过执行掉电中断服务程序来保护现场和启用备用电池，以便供电恢复正常，继续执行掉电前的程序。

（4）定时脉冲中断源。

定时脉冲中断源又称为定时器中断源，是由定时脉冲电路或定时器产生的。它用于产生定时器中断，定时器中断有内部定时器中断和外部定时器中断。内部定时器中断由单片机内部的定时器/计数器溢出时自动产生，故又称为内部定时器溢出中断；外部定时器中断通常由外部定时电路的定时脉冲通过CPU的中断请求输入线引起。不论是内部定时器中断还是外部定时器中断都可以使CPU进行计时处理，以达到控制时间的目的。

三、中断优先级与中断嵌套

通常，一个CPU有若干中断源，但在同一瞬间，CPU只能响应其中的一个中断源的中断请求。为了避免在同一瞬间若干个中断源的中断请求带来混乱，必须给每个中断源的中断请求设定中断优先级，使CPU先响应中断优先级高的中断请求。中断优先级直接反映每个中断源的中断请求被CPU响应的优先程度，这是分析中断嵌套的基础。

和函数类似，中断也允许嵌套，即在某一瞬间，当CPU因响应某一中断源的中断请求而正在执行它的中断服务程序时，若有中断优先级更高的中断源也提出中断请求，那它可以把正在执行的中断服务程序停下来，转而响应和处理中断优先级更高的中断源的中断请求，等处理完后再转回来继续执行原来的中断服务程序，这就是中断嵌套。

四、使用中断应注意的事项

中断系统是指能够实现中断功能的那部分硬件电路和软件程序。编写与中断相关的程序通常需要做以下事情。

- 进行中断优先级排队。
- 实现中断嵌套。
- 自动响应中断。
- 保存中断前的断点。
- 处理中断事件。
- 实现中断返回。

其中，前3条是中断初始化程序需要完成的操作，后3条是中断服务程序需要完成的操作。由于使用中断函数，所以可略去断点保存与断点返回相关的程序的编写，这无疑提高了开发效率。

五、中断函数的定义

中断函数的声明通过使用关键字interrupt和中断号n（n=0～31）来实现，其定义方式如下。

```
void  函数名() interrupt  n  [using m]
```

中断号n和中断向量取决于单片机的型号，编译器从8n+3处产生中断向量。51系列单片机常用中断源的中断号和中断向量如表3.11所示。[using m]是一个可选项，用于指定中断函数所使用的寄存器组。指定工作寄存器组的优点是：中断响应时，默认的工作寄存器组不会被推入堆栈，这将节省很多时间。其缺点是：所有被中断调用的函数都必须使用同一个寄存器组，否则参数传递时会发生错误。关键字interrupt不允许用于外部函数，因为它对中断函数的目标代码有影响。

表3.11　51系列单片机常用中断源的中断号和中断向量

中断源	中断号n	中断向量8n+3
外部中断0	0	0x0003
定时器0溢出	1	0x000B
外部中断1	2	0x0013
定时器1溢出	3	0x001B
串行口收发中断	4	0x0023

3.4.2 中断结构

按中断源的来源可分外部中断源和内部中断源。外部中断源包括外部中断$\overline{INT0}$、$\overline{INT1}$和串行口中断源。内部中断源包括定时器/计数器T0、定时器/计数器T1中断源。下面各自介绍每路中断源。

一、外部中断$\overline{INT0}$、$\overline{INT1}$

输入/输出设备的中断请求、系统故障的中断请求等都可以作为外部中断源，从引脚$\overline{INT0}$或$\overline{INT1}$输入。外部中断请求$\overline{INT0}$、$\overline{INT1}$可以有两种触发方式：电平触发方式和边沿触发方式，由TCON的IT0位及IT1位选择。IT0（或IT1）为0时，为$\overline{INT0}$（或$\overline{INT1}$）电平触发方式，当引脚$\overline{INT0}$或$\overline{INT1}$上出现低电平时就向CPU申请中断，CPU响应中断后要采取措施撤销中断请求信号，使$\overline{INT0}$或$\overline{INT1}$恢复高电平。IT0（IT1）为1时为边沿触发方式，当INT0或INT1引脚上出现由正向负的跳变时，该跳变经边沿检测器使IE0或IE1置“1”，向CPU申请中断。CPU响应中断转入中断服务程序时，由硬件自动清除IE0或IE1。CPU在每个机器周期采样$\overline{INT0}$、$\overline{INT1}$，为了保证检测到负跳变（下降沿），引脚上的高电平与低电平至少应各自保持1个机器周期。

二、串行口中断源

串行口中断由单片机内部串行口中断源产生。串行口中断分为串行口发送中断和串行口接收中断两种。当串行口发送/接收数据时，每发送/接收完一组数据，使串行口控制寄存器SCON中的RI=1或TI=1，并向CPU发出串行口中断请求，CPU响应串行口中断后转入中断服务程序执行。由于RI和TI作为中断源，所以需要在中断服务程序中安排一段对RI和TI中断标志位状态的判断程序，以区分发生了接收中断请求还是发送中断请求，而且必须用软件清除TI和RI。

三、定时器/计数器T0、T1中断源

定时器/计数器溢出时，由硬件分别置TF0=1或TF1=1，向CPU申请中断。当CPU响应中断转入中断服务程序时，由硬件自动清除TF0或TF1。定时器的使用在前文介绍得比较多。读者可参考前文的内容使用定时器/计数器T0、Tl溢出中断的编程练习。

3.4.3 与中断相关的寄存器

AT89S51单片机为用户提供了4个专用寄存器来控制单片机的中断系统。下面介绍各个寄存器的用途。

一、中断控制寄存器TCON

TCON用于保存外部中断请求及定时器的计数溢出。当进行字节操作时，寄存器地址为88H。按位操作时，TCON的位定义参见表3.4。

TCON各位功能介绍。

（1）IT0和IT1。

IT0和IT1是外部中断的触发方式控制位。当IT0（或IT1）为1时，外部中断的触发方式为下降沿有效。当IT0（或IT1）为0时，外部中断的触发方式为电平触发，低电平有效。

（2）IE0和IE1。

IE0和IE1是外部中断请求标志位。当CPU采样到INT0（INT1）出现有效中断请求时，IE0（IE1）位由硬件置“1”。当中断响应完成转向中断服务程序时，由硬件自动把IE0（或IE1）清

"0"。外部中断请求标志位的使用有两种情况：采用中断方式时，作中断请求标志位来使用；采用查询方式时，作查询状态位来使用。

（3）TR0和TR1。

TR0和TR1是定时器运行控制位。详情参见第3.2.3小节。

（4）TF0和TF1。

TF0和TF1是计数溢出标志位。详情参见第3.2.3小节。

二、串行口控制寄存器SCON

进行字节操作时，寄存器地址为98H。按位操作时，该寄存器的位定义参见表3.7。

其中与中断有关的控制位为TI、RI。

（1）TI是串行口发送中断请求标志位。

当发送完一帧串行数据后，由硬件置"1"；在转向中断服务程序后，用软件清"0"。

（2）RI是串行口接收中断请求标志位。

当接收完一帧串行数据后，由硬件置"1"；在转向中断服务程序后，用软件清"0"。

串行中断请求由TI和RI的逻辑或得到，也就是说，无论是发送标志位还是接收标志位，都会产生串行中断请求。

三、中断允许控制寄存器IE

进行字节操作时，寄存器地址为A8H。按位操作时，该寄存器的位定义参见表3.5。

下面依次介绍IE的每1位。

（1）EA。

EA是中断允许总控制位，当EA=0中断总禁止，禁止所有中断；当EA=1中断总允许，总允许后中断的禁止或允许由各中断源的中断允许控制位进行设置。

（2）EX0和EX1。

EX0和EX1是外部中断允许控制位，当EX0（或EX1）为0时，禁止外部中断；当EX0（或EX1）为1时，允许外部中断。

（3）ET0和ET1。

ET0和ET1是定时器/计数器中断允许控制位，当ET0（或ET1）为0时，禁止定时器/计数器中断；当ET0（或ET1）为1时允许定时器/计数器中断。

（4）ES。

ES是串行中断允许控制位，当ES=0时禁止串行中断；当ES=1时允许串行中断。

可见，AT89S51单片机通过中断允许控制寄存器对中断的允许（开放）实行两级控制，即以EA位为总控制位，以各中断源的中断允许位为分控制位。当总控制位为禁止时，关闭整个中断系统，不管分控制位的状态如何，整个中断系统为禁止状态；当总控制位为允许时，开放中断系统，这时才能由各分控制位设置各自中断的允许与禁止。

AT89S51单片机复位后IE=00H，中断系统处于禁止状态。单片机在中断响应后不会自动关闭中断。因此在转中断服务程序后，应根据需要使用有关的指令禁止中断，即以软件方式关闭中断。

四、中断优先级寄存器IP

AT89S51单片机的中断优先级控制比较简单，因为系统只定义了高、低2个优先级。高优先级用"1"表示，低优先级用"0"表示。各中断源的优先级由中断优先级寄存器IP进行设定。IP

寄存器地址为0B8H，该寄存器的位定义参见表3.6。

优先级的控制原则如下。

（1）低优先级中断请求不能中断高优先级的中断服务，但高优先级中断请求可以中断低优先级的中断服务，从而实现中断嵌套。

（2）如果一个中断请求已被响应，则同级的其他中断服务将被禁止，即同级不能嵌套。

（3）如果同级的多个中断同时出现，则按CPU查询次序确定哪个中断请求被响应。其查询次序为：外部中断0→定时中断0→外部中断1→定时中断1→串行中断。

中断优先级控制，除了中断优先级控制寄存器之外，还有两个不可寻址的优先级状态触发器。其中一个用于指示某一高优先级的中断正在进行服务，从而屏蔽其他高优先级中断；另一个用于指示某一低优先级的中断正在进行服务，从而屏蔽其他低优先级中断，但不能屏蔽高优先级的中断。此外，对于同级的多个中断请求查询的次序，也是通过专门的内部逻辑实现的。

中断允许控制控制器IE和中断优先级控制寄存器IP的用途可以用图3.13的AT89551中断系统来说明。

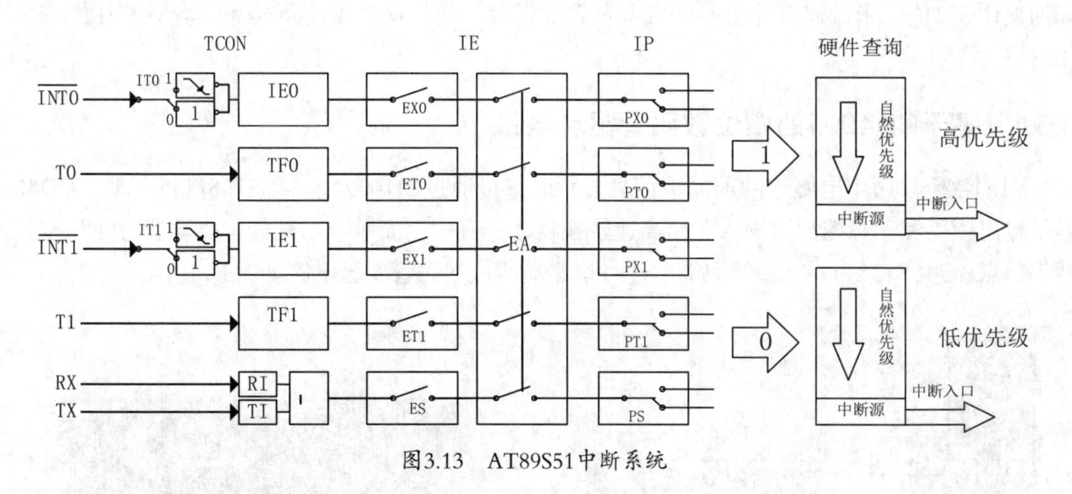

图3.13　AT89S51中断系统

3.4.4　中断的使用方法

中断的使用方法与定时器的使用方法类似，从程序结构上可将其分为两大部分：中断初始化函数、中断服务函数。下面依次介绍各个函数的主要功能。

一、中断初始化函数

中断初始化函数主要配置与中断相关的寄存器，如IE、IP、TCON、SCON等。通过配置这些寄存器确定中断的工作方式及触发条件等。

```
void Int_Initialize(void)//中断初始化函数
{
        TMOD=0x09;     //MODE 1  user GATE
        IP=0;          //默认优先级
        EA=1;          //允许系统响应中断
        EX0=1;         //允许外部中断0响应中断
        IT0=0;         //外部中断0触发条件为低电平
        ET0=0;         //允许定时器T0响应中断
```

```
    ET1=1;          //允许定时器T1响应中断
    TR0=1;          //启动定时器T0
}
```

二、中断服务函数

中断服务函数是系统响应中断后需要执行的任务的函数。编写中断服务函数时应根据单片机中断源选择与之对应的中断号，可指定也可不指定使用的寄存器组。中断服务函数所要执行的内容应尽可能简单，不可做过于复杂的任务，也不可进行传入参数或返回参数等操作。

```
void Int_0 (void) interrupt 0 using 2  //中断号为0 ，寄存器组为2
{
    //中断时需要执行的任务
}
```

3.5 综合应用

本节将讲解前文知识的综合应用，包含I/O口、定时器、中断、串行口等。用两个实例讲解如何使用C51语言来操作单片机硬件资源及软件资源，通过这两个实例构建读者对单片机综合应用的概念。

3.5.1 基于CD4094的四位数码管驱动电路

LED数码管用于电磁炉的前面板信息显示时，可通过CD4094、74LS138进行驱动。CD4094是带输出锁存和三态控制的串入并出高速转换器，具有使用简单、功耗低、驱动能力强和控制灵活等优点；74LS138为3～8线译码器。串行口驱动四位数码管实验电路如图3.14所示。

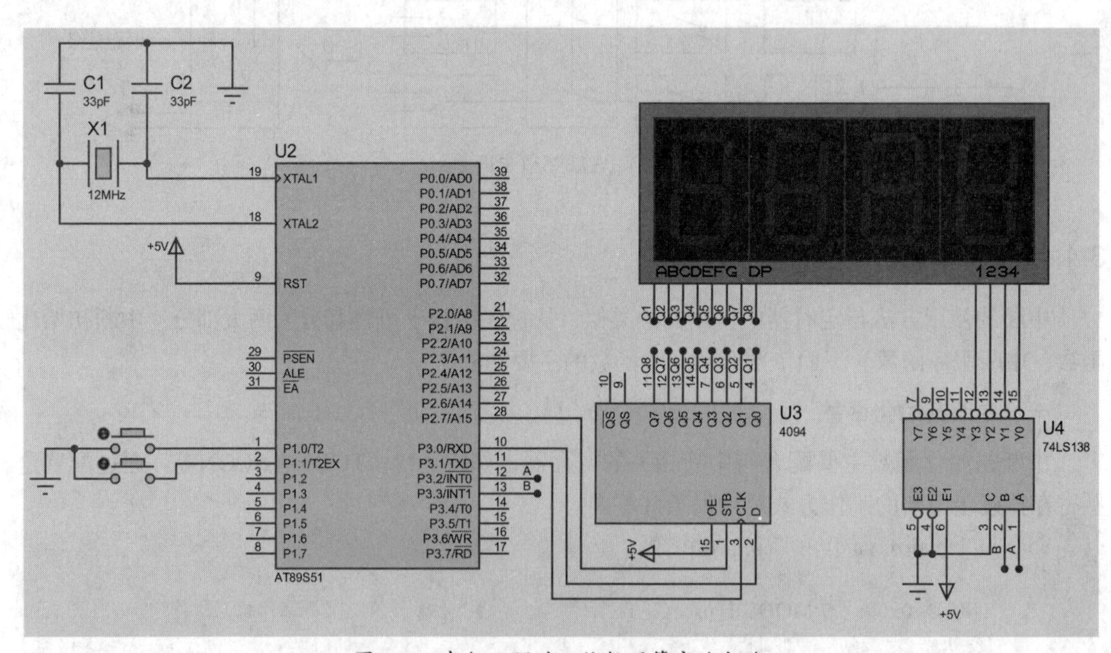

图3.14　串行口驱动四位数码管实验电路

在图3.14所示的实验电路中，要实现驱动四位数码管，须在一定时间内刷新数码管中的每1位的数据。其程序在结构上可分为：主函数、串行口发送函数、延时函数。下面依次介绍各个部分。

一、主函数

主函数前面这部分程序主要包括基本的I/O口定义、全局变量定义、头文件、函数声明等。主函数首先设置串行口的工作方式，然后循环调用串行口接收函数，并将接收到的数据送入P1口。

```
unsigned char code LED_SUM[10]={ 0xfc,0x60,0xda,0xf2,0x66,0xb6,
                                0xbe,0xe0,0xfe,0xf6};//0 ~ 9的显示编码存储于LED_SUM中
sbit CS_A=P3^2;                        //数码管片选位定义
sbit CS_B=P3^3;                        //数码管片选位定义
sbit CS_4094=P2^7;                     //CD4094片选位定义
//主函数
void main(void)
{
    //串行口工作方式设置
    SCON=0x10;
    while(1)
    {
        //刷新高位数据
        CS_4094=0;                     //使CD4094为接收数据状态
        Seril_Send(LED_SUM[2]);
        CS_A=CS_B=1;                   //数码管位选择
        CS_4094=1;                     //使CD4094为显示数据状态
        delay(10);
        //刷新第二位数据
        CS_4094=0;                     //使CD4094为接收数据状态
        Seril_Send(LED_SUM[0]);
        CS_A=0;CS_B=1;                 //数码管位选择
        CS_4094=1;                     //使CD4094为显示数据状态
        delay(10);
        //刷新第三位数据
        CS_4094=0;                     //使CD4094为接收数据状态
        Seril_Send(LED_SUM[1]);
        CS_A=1;CS_B=0;                 //数码管位选择
        CS_4094=1;                     //使CD4094为显示数据状态
        delay(10);
        //刷新最低位数据
        CS_4094=0;                     //使CD4094为接收数据状态
        Seril_Send(LED_SUM[0]);
        CS_A=CS_B=0;                   //数码管位选择
        CS_4094=1;                     //使CD4094为显示数据状态
        delay(10);
    }
}
```

二、串行口发送函数

串行口发送函数执行时首先屏蔽串行口中断，并清除串行口中断标志。然后利用SBUF=Seirl_Send_Data;语句通过串行口发送数据至CD4094，IT=1则表示数据发送完毕。数据发送完毕后清除串行口中断标志TI，退出串行口发送函数。图3.15所示为串行口驱动四位数码管发送数据流程图。

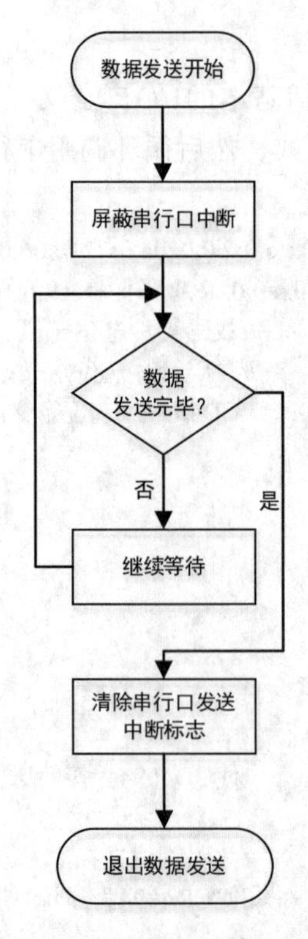

图3.15　串行口驱动四位数码管发送数据流程图

其程序代码如下。

```
void Seril_Send(uint8 Seirl_Send_Data)
{
        SCON = 0x10;                            //设定串行口工作在工作方式0
        ES = 0;                                 //关闭串行口中断
        SBUF = Seirl_Send_Data;
        while(!TI);
        TI = 0;
}
```

三、延时函数

延时函数通过for循环嵌套实现，内层for循环语句实现1ms的延时，外层循环语句通过控制内层循环次数来获得超过1ms的延时时间。其程序代码如下。

```
void delay(int time)                            //延时函数
{
        unsigned char      j;                   //定义内循环变量
        for(time;time>=0;time--)                //延时时间为time×1ms
                for(j=125;j>0;j--)              //延时1ms
                        {;}
}
```

3.5.2　单片机与PC通信

AT89S51单片机有一个全双工的串行通信口，使用AT89S51单片机与PC可以很方便地进行通信。AT89S51单片机与PC进行串行通信时要满足一定的条件。因为PC的串行口是RS232电平的，而单片机的串行口是TTL电平的，所以两者之间必须有一个电平转换电路。若要进行电平转换可采用专用芯片MAX232，虽然也可以用几个三极管进行模拟转换，但是还是用专用芯片更简单、可靠。我们采用了三线制连接串行口，也就是说针对PC的9针串行口只连接其中的3个引脚：第5脚的GND、第2脚的RXD、第3脚的TXD。

一、单片机与PC通信中的几个概念

（1）上位机。

上位机是通信双方较为“主动”的一方，也被称为主机，可以是两台PC中的其中一台，可以是两台设备间的其中一台，也可以是PC与设备的其中一台，关键是看哪一方比较主动。一般情况下是指PC。

（2）下位机。

下位机是通信双方相比而言处于较为“被动”的一方，一般是指设备（如单片机），也可以是某台PC。这两种称谓是相对的，区分的方式是确定主动方与被动方。

二、单片机与PC通信实验电路

图3.16所示为单片机与PC通信实验电路。

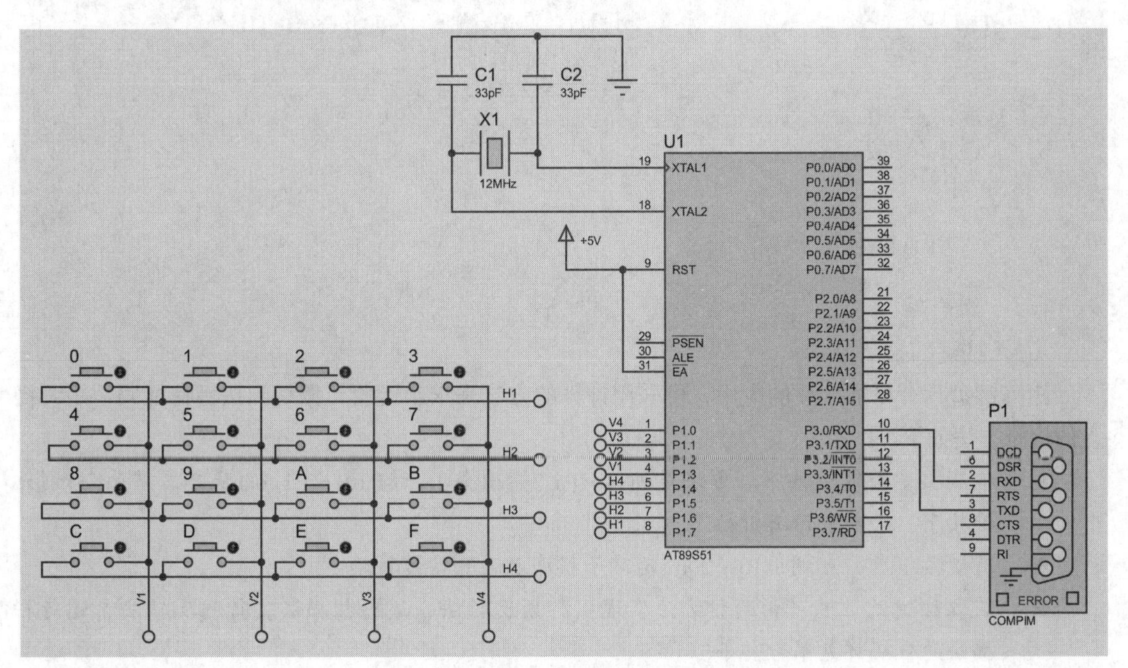

图3.16　单片机与PC通信实验电路

在图3.16所示的实验电路中，串行口电路为省略接法，而在实际应用中，应将其通过电平转换电路进行电平转换，否则无法和PC正常通信。

三、单片机向PC发送调试信息

使用自定义串行口发送函数来发送调试信息，我们分别定义两个函数kal_trace_string和kal_trace_Number。kal_trace_string函数用于发送字符串信息，kal_trace_Number函数用于发送数字信息。使用自定义串行口发送函数来发送调试信息，需要设置好串行口的工作方式、波特率，并需要编写串行口发送程序。其程序在结构上可分为主函数、按键扫描函数、字符串发送函数、数字

发送函数等。下面依次介绍各个部分。

（1）主函数。

主函数前面这部分程序主要包括基本的I/O口定义、全局变量定义、头文件、函数声明等。主函数首先对串行口资源进行初始化操作，然后循环检测按键状态并等待按键按下。

其程序代码如下。

```
bit  KeyPress=0;
sfr  Key_Port=0x90;
unsigned char KeyValue=0xff;
unsigned char code Key_Scan_code[16] = {
        0x77,0x7b,0x7d,0x7e,
        0xb7,0xbb,0xbd,0xbe,
        0xd7,0xdb,0xdd,0xde,
        0xe7,0xeb,0xed,0xee
};
void main (void)
{
        SCON  = 0x50;                    /*模式1，8位数据，允许数据接收*/
        TMOD |= 0x20;                    /*定时器1，模式2，8位自动重装初值模式*/
        TH1   = 0xf3;                    /*设置，12MHz晶振，2400波特率，TH1初值*/
        TR1   = 1;                       /*TR1：运行定时器1*/
        TI    = 1;                       /*TI：设置发送标志为1*/
        kal_trace_string("Welcom to study \n");
        //循环检测按键状态
        while (1)
        {
                KeyPad();
        }
}
```

（2）按键扫描函数。

矩阵键盘具有更加广泛的应用，可采用计算的方法来求出键值，以得到按键特征码。矩阵键盘的检测方法如下。

- 检测出是否有键按下。方法是P1.4～P1.7输出全0，读P1.0～P1.3的状态，若为全1则无键按下，否则表示有键按下。
- 有键按下后，可调用10～20ms延时子程序以避开按键抖动。
- 获取按键的位置可由两种方法实现：行列反转法、逐行扫描法。行列反转法、逐行扫描法的代码详见第4.2.5小节。

（3）字符串发送函数。

字符串发送函数主要将字符串通过串行口发送至PC，它用到了字符串长度计算函数strlen()，所以需要在头文件中包含string.h，否则编译出错。

```
void kal_trace_string(unsigned char str[ ])
{
        u8 Index = 0;
        u8 Len = strlen(str);
        bit TempEa = EA;
        EA = 0;                  //暂时停止其他中断
        ES = 0;                  //关闭ES中断
        TI = 0;
```

```
        //发送字符串
        while(Index < Len)
        {
                SBUF = str[Index];
                while(!TI);
                TI=0;
                Index++;
        }
        EA = TempEa;                //恢复中断
}
```

（4）数字发送函数。

数字发送函数主要将数字通过串行口发送至PC，因为它只能发送ASCII，所以需要将数字转换为ASCII后再发送，否则PC接收到的是数值所对应的字符信息。当发送的数字范围为0～9时，将相应数字加0x30，即将其转换为对应的ASCII；当数值为10～15时，需要将此数值除以10后的值加0x41。读者可参考ASCII码表进行本程序的编写。

```
void kal_trace_Number(unsigned char Number)
{
        u8 SendTemp;
        bit TempEa = EA;
        EA = 0;                                 //暂时停止其他中断
        ES = 0;                                 //关闭串行口中断
        TI=0;
        //发送高8位
        SendTemp =Number / 0x10;
        if(SendTemp <= 9)
        {
                SendTemp = SendTemp + '0';
        }
        else
        {
        //大于9，显示大小写字母
                SendTemp -= 10;
                SendTemp += 'A';
        }
        SBUF = SendTemp;
        while(!TI);
        TI=0;
        //发送低8位
        SendTemp = Number % 0x10;
        if(SendTemp <= 9)
        {
                SendTemp = SendTemp + '0';
        }
        else
        {
        //大于9，显示大小写字母
                SendTemp -= 10;
                SendTemp += 'A';
        }
        SBUF = SendTemp;
        while(!TI);
```

```
    TI=0;
    EA = TempEa;                //恢复中断
}
```

3.6 小结

本章主要讲解了AT89S51单片机的I/O口、定时器、外部中断、串行口的结构及工作原理等内容。在学习单片机I/O口相关知识时，应注意区别不同端口的功能及其内部特性。例如，P0口内部无上拉电阻，因此其用作输出时需要在外部加上拉电阻。使用单片机的硬件定时器可以进行精准的定时，因此其广泛用于定时控制、脉冲持续时间测量、系统时钟等方面。单片机的串行口主要用于和外部设备通信，但有时也用于扩展I/O口，因此熟悉串行口的每种工作方式会使串行口发挥更大的作用。中断是指计算机暂时停止执行原程序转而响应需要服务的紧急任务（中断服务程序），并在该紧急任务完成后自动返回原程序执行的过程。单片机的这个机制使很多紧急任务可以被及时处理，并且使单片机可以实现多任务调度。本章是后文的基础，读者应熟练掌握这些基础知识。

3.7 习题

（1）某单片机系统检测到按键SW按下时，发光二极管D1点亮，SW释放后D1熄灭。根据要求设计其电路原理图，并编写相应程序。

（2）根据所学的内容设计一个延时开关，用来控制楼道照明灯，根据要求设计其电路原理图，并编写相应程序。

（3）根据所学的内容编写一个4×3的矩阵键盘扫描程序，根据要求设计其电路原理图，并编写相应程序。

（4）试根据所学内容编写一个简易计算器，根据要求设计其电路原理图，并编写相应程序。

（5）使用定时器T0，在工作方式0工作，通过单片机的P1.0引脚输出一个周期为2ms，占空比为1：1的方波信号。

（6）利用T0在工作方式3工作，用T0的低8位构成计数器，对外部脉冲信号进行计数。当脉冲计数满100个后，4位LED数码管显示的值加1。根据要求设计其电路原理图，并编写相应程序。

（7）串行口驱动单个数码管，使用AT89S51单片机串行口扩展I/O口并驱动单位数码管显示。根据要求设计其实验电路图（使用74LS164）并编写相应程序。

（8）单片机与PC通信，使用AT89S51单片机串行口在工作方式3工作，根据要求绘制其实验电路图并编写相应程序。

第4章　知识竞赛数字抢答器

知识竞赛数字抢答器（以下简称抢答器）是一种应用非常广泛的设备，在各种竞赛场合中，通过它能迅速、客观地分辨出最先获得发言权的选手。传统的抢答器由少数晶体管、可控硅、发光二极管等构成，其只能判断最先获得发言权或犯规的选手，无法显示每个选手的剩余答题时间或剩余抢答时间等。本章介绍的抢答器不仅具备准确无误地辨别最先获得发言权选手、犯规选手的功能，还具备显示剩余抢答时间、剩余答题时间等功能，还要使用蜂鸣器实现犯规、抢答开始、抢答成功等声音提示功能，从而增强比赛的娱乐性。本章讲解抢答器设计所需要的外部器件的知识：数码管字符编码，数码管静态和动态驱动方法及独立按键、矩阵键盘驱动等内容。抢答器设计的宗旨是在知识竞赛、文体娱乐等活动中，能准确、公正、直观地判别选手的编号等信息，因此如何准确、公平、直观地判断并提示选手的各种相关信息是抢答器设计成功与否的关键因素。

4.1　数码管驱动

数码管是一种由多个发光二极管等构成的半导体发光器件。由于它价格低廉，使用简单，所以在电器领域，特别是在家电领域应用得极为广泛，如空调、热水器、冰箱等。本节主要介绍数码管的基础知识和其常见的驱动电路编程等内容。

4.1.1　数码管分类

数码管可按照发光二极管个数、显示位数、发光二极管连接方式等进行分类。下面依次介绍。

一、按发光二极管个数分类

数码管按段数分为七段数码管（由7个发光二极管组成）和八段数码管（由8个发光二极管组成）。八段数码管比七段数码管多一个发光二极管，该发光二极管用于显示小数点。

二、按显示位数分类

按显示位数可分为1位、2位、4位、多位数码管。

三、按发光二极管连接方式分类

按组成它的发光二极管的连接方式分为共阳极数码管和共阴极数码管。共阳极数码管是指将所有发光二极管的阳极接到一起形成公共阳极的数码管。在使用共阳极数码管时应将公共极COM接到电源正极（如+5V），当某一字段的发光二极管的阴极为低电平时，相应字段的发光二极管就亮；当某一字段的发光二极管的阴极为高电平时，相应字段的发光二极管就不亮。共阴极数码管是指将所有发光二极管的阴极接到一起形成公共阴极的数码管。在使用共阴极数码管时应将公共极COM接到地线（GND）上，当某一字段的发光二极管的阳极为高电平时，相应字段的发光二极管就亮；当某一字段的发光二极管阳极为低电平时，相应字段的发光二极管就不亮。

4.1.2　数码管驱动方式

数码管常见的驱动方式有静态驱动和动态驱动两种。下面依次进行介绍。

一、静态驱动

静态驱动也称直流驱动。静态驱动是指每个数码管的每一个字段码都由一个单片机的I/O口进行驱动或使用二进制编码的十进制（Binary Coded Decimal，BCD）码，即二、十进制译码器译码进行驱动。静态驱动的优点是编程简单，显示亮度均匀，缺点是占用I/O口多。如驱动8个八段数码管静态显示需要8×8=64个I/O口，而AT89S51单片机可用的I/O口才32个。因此在实际应用时可通过增加译码驱动器进行驱动，但这增加了硬件电路的复杂性和硬件成本。

二、动态驱动

数码管驱动是单片机中应用最为广泛的一种显示驱动方式，动态驱动是将所有需要驱动的数码管的8个显示字段码按“笔画（a、b、c、d、e、f、g、dp）”的同名端连在一起，而每个数码管的公共极COM与位选通控制电路连接。位选通控制电路由各自独立的I/O口线控制，当单片机输出字形码时，所有数码管都接收到相同的字形码，但只有被单片机I/O口选中的那个数码管才能显示出字形。因此我们只要将需要显示的数码管的选通控制打开，该位就显示出字形，没有选通的数码管就不会显示。通过分时轮流控制各个数码管的COM端，就可以使各个数码管轮流受控显示，这就是动态驱动。在轮流显示的过程中，每位数码管的点亮时间为1～2ms。由于视觉暂留现象及发光二极管的余辉效应，尽管实际上各位数码管并不是同时点亮的，但只要扫描的速度足够快，给人的印象就是一组稳定的显示数据，不会有闪烁感。动态显示的效果和静态显示是一样的，但采用动态驱动方式能够节省大量的I/O口，且功耗更低。

4.1.3 数码管字符编码

数码管要显示的字符的编码可分为3种：共阳极编码、共阴极编码、译码器编码。它们分别适用于共阳极数码管驱动、共阴极数码管驱动、译码器驱动。下面分别介绍3种编码的原理。

一、共阳极编码

共阳极LED数码管的原理如图4.1下半部分所示。

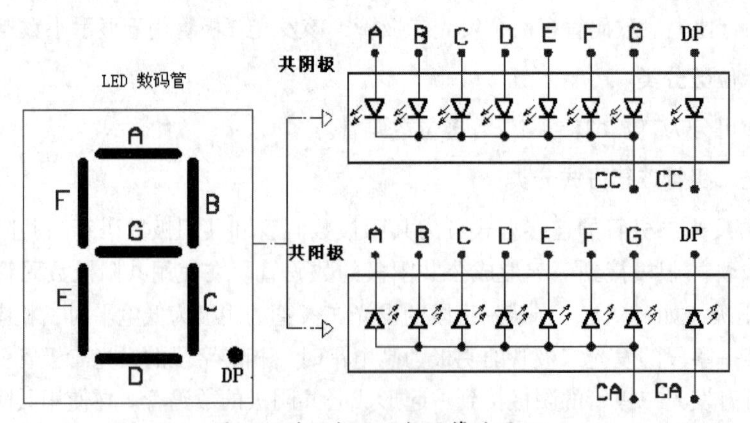

图4.1 共阳极LED数码管的原理

驱动共阳极数码管是将共阳极的发光二极管的公共端CA与电源正极（如+5V）连接。各字段分别与单片机I/O口连接。要点亮某个字段，只需要使与其相连的I/O口输出为低电平即可。当字段A与I/O口最高位（如P2.7）连接，字段DP与I/O口最低位（如P2.0）连接，其他字段依次连接时，共阳极数码管“0～9”的编码如表4.1所示。表中以P2口为例，P0口、P1口、P3口的编码与P2口相同。

表4.1　共阳极数码管“0～9”的编码

字符	字段								编码
	A（P2.7）	B（P2.6）	C（P2.5）	D（P2.4）	E（P2.3）	F（P2.2）	G（P2.1）	DP（P2.0）	
0	0	0	0	0	0	0	1	1	0x03
1	1	0	0	1	1	1	1	1	0x9F
2	0	0	1	0	0	1	0	1	0x25
3	0	0	0	0	1	1	0	1	0x0D
4	1	0	0	1	1	0	0	1	0xD9
5	0	1	0	0	1	0	0	1	0x69
6	0	1	0	0	0	0	0	1	0x41
7	0	0	0	1	1	1	1	1	0x1F
8	0	0	0	0	0	0	0	1	0x01
9	0	0	0	0	1	0	0	1	0x09

注：1表示高电平，0表示低电平。

二、共阴极编码

共阴极LED数码管的原理如图4.1上半部分所示。

驱动共阴极数码管是将共阴极数码管的公共端CC与GND相连。各字段分别与单片机I/O口连接。要点亮某个字段，只需要使与其相连的I/O口输出为高电平即可。当字段A与I/O口最高位（如P2.7）连接，字段DP与I/O口最低位（如P2.0）连接，其他字段依次连接时，共阴极数码管“0～9”的编码如表4.2所示。表中以P2口为例，P0口、P1口、P3口的编码与P2口相同。

表4.2　共阴极数码管“0～9”的编码

字符	字段								编码
	A（P2.7）	B（P2.6）	C（P2.5）	D（P2.4）	E（P2.3）	F（P2.2）	G（P2.1）	DP（P2.0）	
0	1	1	1	1	1	1	0	0	0xFC
1	0	1	1	0	0	0	0	0	0x60
2	1	1	0	1	1	0	1	0	0xDA
3	1	1	1	1	0	0	1	0	0xF2
4	0	1	1	0	0	1	1	0	0x66
5	1	0	1	1	0	1	1	0	0xB6
6	1	0	1	1	1	1	1	0	0xBE
7	1	1	1	0	0	0	0	0	0xE0
8	1	1	1	1	1	1	1	0	0xFE
9	1	1	1	1	0	1	1	0	0xF6

注：1表示高电平，0表示低电平。

三、译码器编码

数码管直接编码所占用的I/O口较多，为节省I/O口，可选用4位十进制BCD码译码器作为驱动器件。使用4位十进制BCD码译码器进行LED数码管驱动时，只需将4位BCD码送到译码器的BCD码输入端即可。当BCD码由Pi.3、Pi.2、Pi.1、Pi.0从高到低输出时，其译码器编码如表4.3所示。表中以P2口为例，P0口、P1口、P3口的编码与P2口相同。

表4.3 译码器编码

字符	字段				编码
	D3 （P2.3）	D2 （P2.2）	D1 （P2.1）	D0 （P2.0）	
0	0	0	0	0	0x00
1	0	0	0	1	0x01
2	0	0	1	0	0x02
3	0	0	1	1	0x03
4	0	1	0	0	0x04
5	0	1	0	1	0x05
6	0	1	1	0	0x06
7	0	1	1	1	0x07
8	1	0	0	0	0x08
9	1	0	0	1	0x09

注：1表示高电平，0表示低电平。

4.1.4 数码管静态驱动

两位数码管的静态显示也可以使用16个I/O口直接驱动。读者可根据前文的相关内容使用两个8位I/O口进行编程驱动。本例用CD4511七段译码器进行显示驱动。图4.2所示为双数码管译码器驱动原理图。

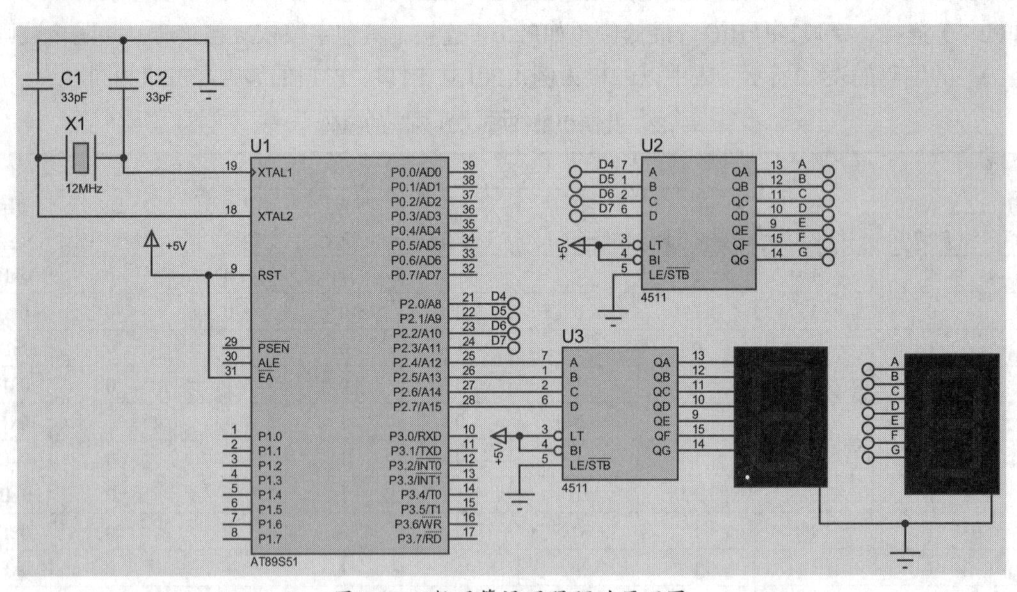

图4.2 双数码管译码器驱动原理图

通过程序实现00～99的显示。其程序在结构上可分为3部分：主函数、组合函数、延时函数。

一、主函数

主函数通过for循环依次调用组合函数将两个4位BDC码组合为一个8位编码，并将这个8位编码送至P2口进行显示。延时函数为主函数提供1s的延时时间。其程序代码如下。

```
sfr LED = 0xA0;                                    //定义LED为P2口地址
void main(void)
```

```
{
    while(1)
    {
        unsigned  char   i;
        for(i=0; i<100; i++)
        {
            LED = ZH(i);                    //根据i的值调用组合函数返回组合编码并送至P2口
            delay(1000);                    //延时1s
        }
    }
}
```

二、组合函数

组合函数主要将两个4位编码组合成一个8位编码，这两个4位编码分别是i的十位字符和个位字符。其程序代码如下。

```
unsigned char ZH(unsigned char BCD)     //组合函数
{
    unsigned char x,y;                  //定义x、y两个变量
    x = BCD/10;                         //取i的十位字符BCD码存放于x中
    y = BCD%10;                         //取i的个位字符BCD码存放于y中
    x <<= 4;                            //x左移4位
    return  x|y;                        //返回个位与十位的组合BCD码
}
```

三、延时函数

延时函数通过for循环嵌套实现，内层for循环语句实现1ms的延时，外层循环语句通过控制内层循环次数来获得超过1ms的延时时间。其程序代码如下。

```
void delay(int time)                    //延时函数
{
    unsigned charj;                     //定义内循环变量
    for(time;time>=0;time--)            //延时时间为time×1ms
        for(j=125;j>0;j--)                  //延时1ms
            {;}
}
```

4.1.5 数码管动态驱动

本小节介绍使用单片机直接驱动四位数码管动态显示的相关内容。设计思路为：四位数码管的字符端并联，每一个数码管的公共端与单片机的一个I/O口相连接。显示时通过控制I/O口输出电平轮流选通4个数码管。每选通一个数码管，就通过数据端发送这一个数码管要显示的数据编码。根据视觉暂留现象，其轮流选通的时间间隔应小于0.2s。图4.3所示为四位数码管动态显示（单片机直接驱动）原理图。通过编程使四位数码管显示“2010”。

其程序在结构上可分为两部分：主函数、延时函数。下面依次讲解各部分。

一、主函数

主函数通过数组方式依次读取“2010”4个字符的共阴极数码显示编码，并将这些编码按扫描顺序依次送至P2口显示。其程序代码如下。

```
sfr  LED = 0xA0;                        //定义LED为P2口地址
sfr  SEL = 0xB0;                        //定义SEL为P3口的地址，SEL为选通控制
unsigned char code LED_SUM[4] = {0xda,0xfc,0x60,0xfc};    /*2010的共阴极显示编码存储于LED_SUM中*/
unsigned char code SEL_SUM[4] = {0x01,0x02,0x04,0x08};    //选通控制编码存储于SEL_SUM中
void        main(void)
```

```
    {
        while(1)
        {
            SEL = SEL_SUM[0];              //将2的选通编码送至P3口
            LED = LED_SUM[0];              //将2的显示编码送至P2口显示
            delay(10);
            SEL = SEL_SUM[1];              //将0的选通编码送至P3口
            LED = LED_SUM[1];              //将0的显示编码送至P2口显示
            delay(10);
            SEL = SEL_SUM[2];              //将1的选通编码送至P3口
            LED = LED_SUM[2];              //将1的显示编码送至P2口显示
            delay(10);
            SEL = SEL_SUM[3];              //将0的选通编码送至P3口
            LED = LED_SUM[3];              //将0的显示编码送至P2口显示
            delay(10);
        }
    }
```

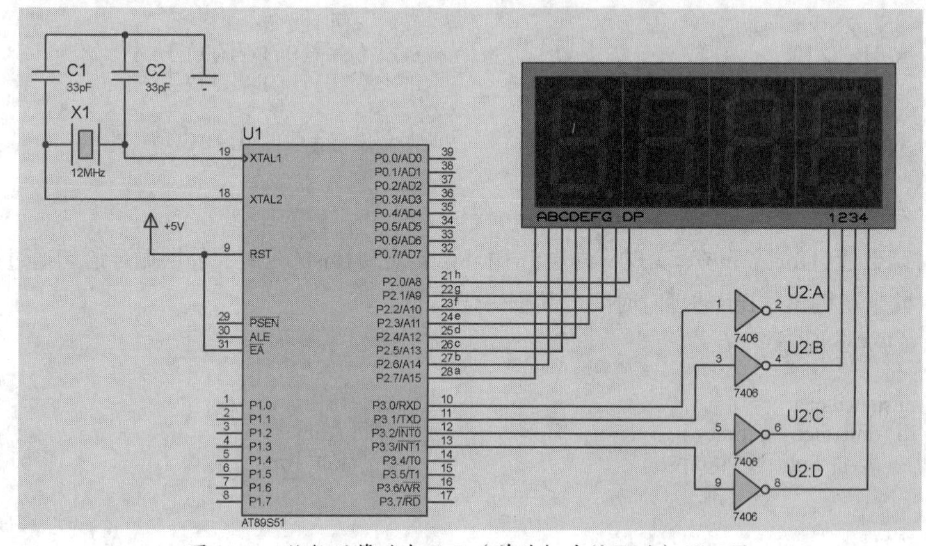

图4.3　四位数码管动态显示（单片机直接驱动）原理图

上述程序是将四位数码管的选通与显示编码分别存储在SEL_SUM、LED_SUM中，读者可以将选通与显示编码存储在同一个数组中。另外，上述程序的作用是将每个要显示的字符的显示编码和选通编码依次送到相关的I/O口进行驱动。当显示位数较多时，使用上述方法会比较占用程序空间，因此也可以使用循环的方式将要显示的字符的显示编码和选通信号送到相关的I/O口进行显示。其程序代码如下。

```
    sfr LED = 0xA0;                              //定义LED为P2口地址
    sfr SEL = 0xB0;                              //定义SEL为P3口的地址，SEL为选通控制端
    unsigned char code LED_SUM[8] = {0xda,0xfc,0x60,0xfc,0x01,0x02,0x04,0x08};/*显示和选通编码存储于
LED_SUM中*/
    void main(void)
    {
        unsigned char i=4;                       //定义循环次数
        do
        {
            SEL = LED_SUM[i+4];            /*根据i的值将要显示的数字的选通编码从LED_SUM中取出并
送至P3口*/
```

```
            LED = LED_SUM[i];               /*根据i的值将要显示的数字的显示编码从LED_SUM数组中取
出并送至P2口显示*/
            delay(10);
        }while(i--);
    }
```

二、延时函数

延时函数通过for循环嵌套实现，内层循环语句实现1ms的延时，外层循环语句通过控制内层循环次数来实现超过1ms的延时时间。其程序代码如下。

```
void delay(int time)                        //延时函数
{
    unsigned char    j;                     //定义内循环变量
    for(time; time >= 0; time--)            //延时时间为time×1ms
        for(j=125; j>0; j--)                //延时1ms
            {;}
}
```

4.2 键盘接口技术

键盘是单片机应用系统中实现人机交互最常用的输入设备之一，由多个按键构成，通常使用键盘向单片机系统输入参数或控制命令。这种人机交互设备成本低、配置灵活、接口方便，因此应用广泛。本节介绍与按键、键盘相关的内容，以及单片机I/O口抗干扰电路等内容。

4.2.1 独立式开关按键

独立式开关按键的特点是每个按键单独占用一根I/O口线，每个按键的工作不会影响其他I/O口线的状态，多用于按键较少的场合。51系列单片机的P1、P2、P3口内部有上拉电阻，因此使用P1、P2、P3口进行按键输入时可不外接上拉电阻。而P0口无内部上拉电阻，所以使用P0口进行按键输入时必须外接上拉电阻。图4.4所示为独立式按键实验电路。

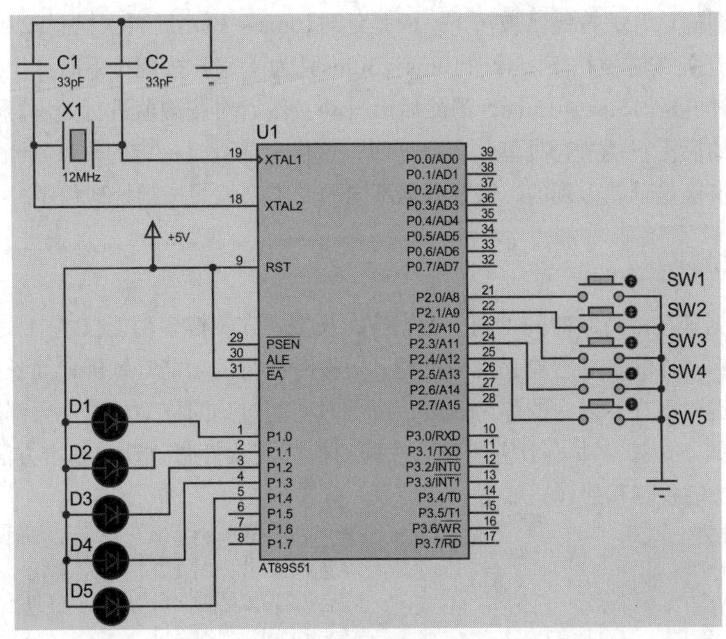

图4.4　独立式按键实验电路

4.2.2　开关按键的去抖动措施

开关按键输入的是电平变化信号，通常变化速率不高，按下开关则闭合一次，输入一个信号。它可以用并行接口，通过查询方式进行检测。实际应用中由于使用的开关按键多是机械触点式的，在闭合和断开的瞬间会有机械抖动，如图4.5所示，因此必须采取去抖动措施。

一、硬件方法

在硬件上可采用在键输出端加双稳态触发器（R-S触发器）或单稳态触发器构成去抖动电路，图4.6所示的电路是一种由R-S触发器构成的去抖动电路，触发器一旦翻转，触点抖动不会对其产生任何影响。

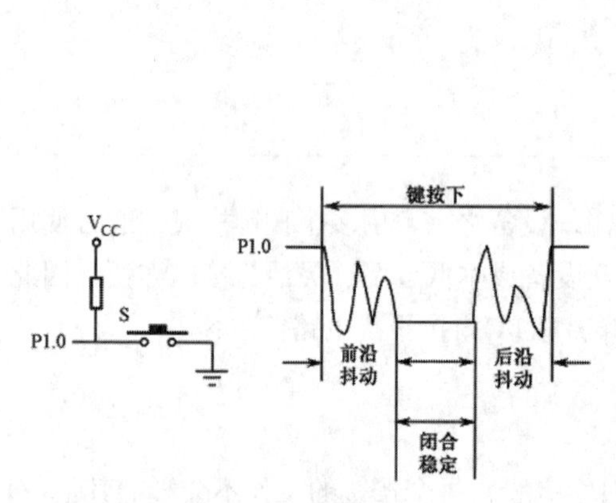

图4.5　开关按键抖动

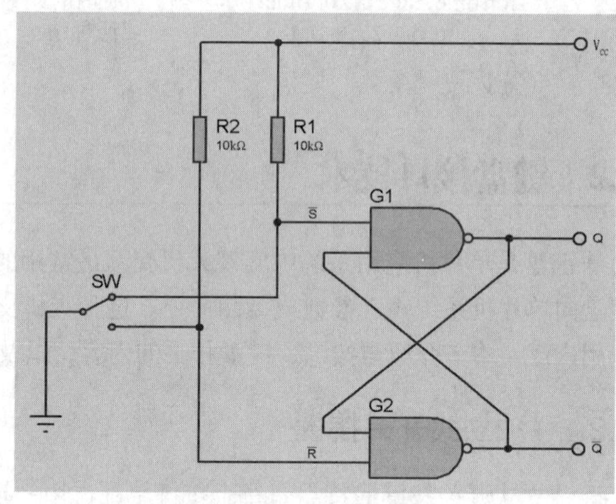

图4.6　硬件防抖动电路

二、软件方法

软件方法比较简单。图4.4所示的电路中，单片机在检测其开关按键SW1时，若读取P2.0口为低电平，并不立即确认开关按键已被按下，而是延时10ms ~ 30ms后再次检测P2.0口，如果它仍为低电平，则认为开关按键被按下。延时10ms ~ 30ms是为了避开按键按下时产生的抖动。当检测到P2.0为高电平时再延时5ms ~ 15ms，消除后沿抖动，然后对按键值进行处理。一般情况下，通常不对按键释放的后沿抖动进行处理，实践证明，这样也能满足一定的要求。当然，在实际应用中，对按键的要求也是千差万别的，需要根据不同的要求来编写按键处理程序。

4.2.3　按键检测

独立按键根据其按键持续时间可划分为短按、长按。在一键多功能技术中，短按、长按所对应实现的功能是不一样的。如智能手机关机键，短按时执行的功能是锁屏，而长按时则可关机或重启。一般将按键时间在1s以内的称为短按，按键时间超过1s的称为长按。大部分单片机图书中所讲述的按键都属于短按。本小节讲述独立按键的检测及软件防抖动的基本方法。图4.4所示的实验电路中，其按键检测程序代码如下。

```
sbit LED0=P1^0;                                //定义LED0为P1.0口
sbit LED1=P1^1;                                //定义LED1为P1.1口
sbit LED2=P1^2;                                //定义LED2为P1.2口
sbit LED3=P1^3;                                //定义LED3为P1.3口
```

```
sbit LED4=P1^4;                                    //定义LED4为P1.4口
void main(void)
{
    unsigned char SW;                              //定义按键检测中间变量
    while(1)
    {
        SW=P2&0x1F;                                //屏蔽P2口高3位
        switch(SW)
        {
            case 0x1E:
                LED0=0 ;                           //执行SW1按下的功能
                break;
            case 0x1D:
                LED1=0;                            //执行SW2按下的功能
                break;
            case 0x1B:
                LED2=0;                            //执行SW3按下的功能
                break;
            case 0x17:
                LED3=0;                            //执行SW4按下的功能
                break;
            case 0x0F:
                LED4=0;                            //执行SW5按下的功能
                break;
            default:                               //没键按下则退出
                break;
        }
    }
}
```

独立按键检测技术一般是通过读取与按键相连的I/O口的状态来实现的。由图4.5可知，当按键按下时，与其连接的I/O口线将向单片机输入低电平（单片机读取的值是0）。因此通过读取I/O口的状态是否为0可判断是否有按键按下。上述程序能够检测到按键按下，检测不到按键释放，每次只能检测到一个按键，当同一时刻有两个或两个以上的按键按下时则检测不到任何按键。该案例仅提供了一种按键检测的基本思路，没有添加软件去抖动功能。下面介绍一种具有软件防抖动功能，能检测按键释放、闭合的程序。其程序在结构上可分为两部分：主函数、防抖动延时函数。

主函数通过switch语句检测出被按下的按键，并执行被按下的按键的任务。当检测到按键被按下后并没有马上执行按键的任务，而是延时10ms避开按键机械抖动（如果此时立即执行按键功能，可能是误动作，因为有可能是外界干扰瞬间引起与按键相连的I/O口线为低电平）。再检测按键是否还处在闭合状态，如果仍然处在闭合状态，则执行按键的任务，否则退出。其程序代码如下。

```
sbit  SW1=P2^0;                                    //定义SW1为P2.0口
sbit  SW2=P2^1;                                    //定义SW2为P2.1口
sbit  SW3=P2^2;                                    //定义SW3为P2.2口
sbit  SW4=P2^3;                                    //定义SW4为P2.3口
sbit  SW5=P2^4;                                    //定义SW5为P2.4口
sbit  LED0=P1^0;                                   //定义LED0为P1.0口
sbit  LED1=P1^1;                                   //定义LED1为P1.1口
```

```
sbit  LED2=P1^2;                             //定义LED2为P1.2口
sbit  LED3=P1^3;                             //定义LED3为P1.3口
sbit  LED4=P1^4;                             //定义LED4为P1.4口
void main(void)
{
        unsigned char SW;
        while(1)
        {
                SW=P2&0x1F;                  //屏蔽P2口高3位
                switch(SW)
                {
                        case 0x1E:           //判断SW1是不是闭合
                                delay(10);   //延时去抖动
                                if(!SW1)     //再次确认SW1是否闭合
                                {
                                        LED0=!LED0 ;       //执行SW1按下的功能
                                        while(!SW1);       //等待按键释放
                                        delay(5);          //延时去抖动
                                }
                                break;
                        case  0x1D:          //判断SW2是不是闭合
                                delay(10);   //延时去抖动
                                if(!SW2)     //再次确认SW2是否闭合
                                {
                                        LED1=!LED1      ;  //执行SW2按下的功能
                                        while(!SW2);       //等待按键释放
                                        delay(5);          //延时去抖动
                                }
                                break;
                        case 0x1B:           //判断SW3是不是闭合
                                delay(10);   //延时去抖动
                                if(!SW3)     //再次确认SW3是否闭合
                                {
                                        LED2=!LED2      ;  //执行SW3按下的功能
                                        while(!SW3);       //等待按键释放
                                        delay(5);          //延时去抖动
                                }
                                break;
                        case 0x17:           //判断SW4是不是闭合
                                delay(10);   //延时去抖动
                                if(!SW4)     //再次确认SW4是否闭合
                                {
                                        LED3=!LED3      ;  //执行SW4按下的功能
                                        while(!SW4);       //等待按键释放
                                        delay(5);          //延时去抖动
                                }
                                break;
                        case  0x0F:          //判断SW5是否闭合
                                delay(10);   //延时去抖动
                                if(!SW5)     //再次确认SW5是否闭合
                                {
                                        LED4=!LED4      ;  //执行SW5按下的功能
```

```
                    while(!SW5)                              //等待按键释放
                    delay(5);                                //延时去抖动
                }
                break;
            default:                                         //没键按下则退出
                break;
        }
    }
}
```

4.2.4 矩阵键盘原理

当系统所需按键较多时，使用独立按键会过多地占用I/O口线。此时选用矩阵键盘能够有效地减少I/O口线的使用数量。行列式键盘是用*N*条I/O口线作为行线，*M*条I/O口线作为列线，构成一个*N*行*M*列的矩阵键盘。矩阵键盘在行线与列线的每一个交叉点上设置了一个按键。因此，矩阵键盘中按键的个数是“*N*×*M*”，并由“*N*×*M*”个独立按键组成。

4.2.5 矩阵键盘检测

矩阵键盘具有更加广泛的应用，可采用计算的方法来求出键值，以得到按键特征码。得到的按键特征码一般采用行列反转法或逐行扫描法。图4.7所示为矩阵键盘实验原理图。

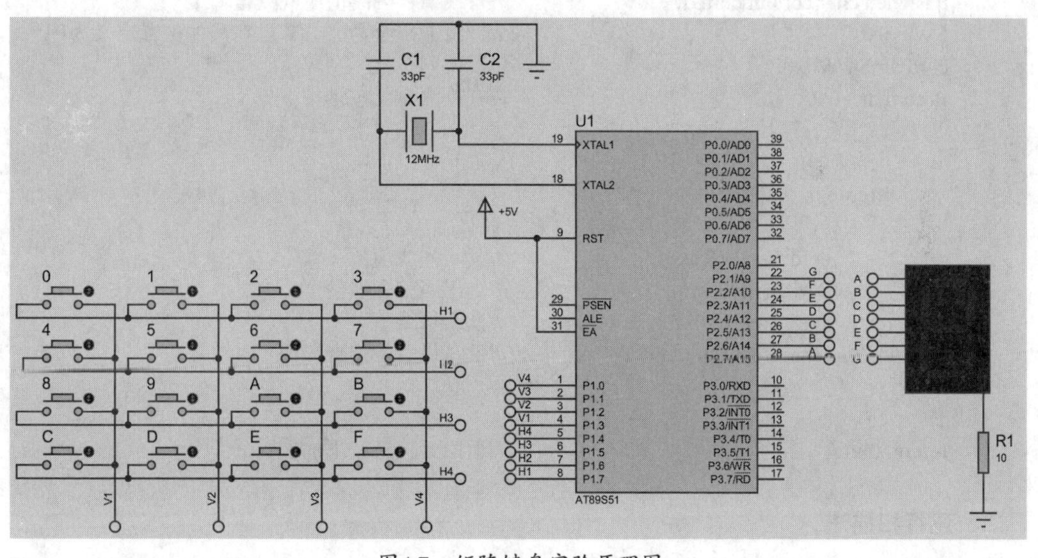

图4.7　矩阵键盘实验原理图

矩阵键盘的检测方法如下。

（1）检测是否有键按下。方法是P1.0 ~ P1.3输出0，读P1.4 ~ P1.7的状态，若为全1则无键按下，否则有键按下。

（2）有键按下后，调用10 ms ~ 20 ms延时子程序以避开按键抖动。

（3）获取按键的位置可由两种方法实现：行列反转法、逐行扫描法。下面依次讲解各方法。

一、行列反转法

行列反转法是先将行全部输出为低电平，然后读取列的值。再将列全部输出为低电平，读取行的值。最后将这两种值合成一个按键的特征编码。图4.8所示为行列反转法的程序流程图。

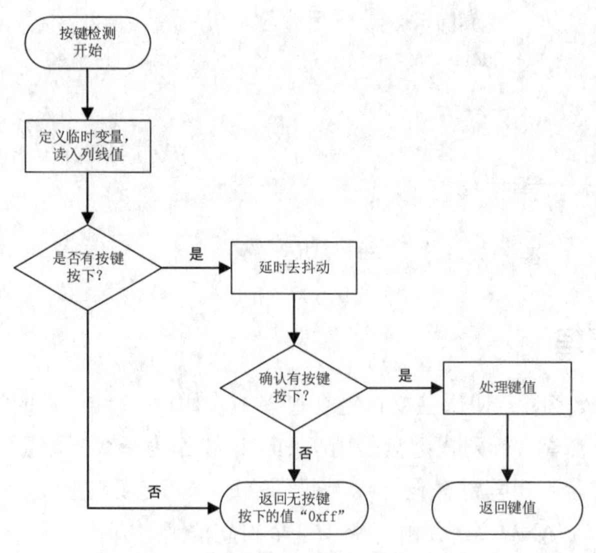

图4.8　行列反转法的程序流程图

其按键检测程序如下。

```
unsigned char SW_scan(void)                    //键盘扫描函数，使用行列反转法
{
    unsigned char cord_h,cord_l;               //行线值、列线值中间变量
    SW = 0x0f;                                 //行线输出全为0，SW已在其他位置定义为P1
    cord_h=SW&0x0f;                            //读入列线值
    if(cord_h!=0x0f)                           //先检测有无按键按下
    {
        delay(10);                             //去抖
        if(cord_h != 0x0f)
        {
            cord_h=SW&0x0f;                    //读入列线值
            SW=cord_h|0xf0;                    //输出当前列线值
            cord_l=SW&0xf0;                    //读入行线值
            return (cord_h+cord_l);            //键盘最后的组合码值
        }
    }
    return  0xff;                              //返回无按键按下的值
}
```

二、逐行扫描法

逐行扫描法是逐行输出低电平，然后读取列线值。如果读得的列线值全为高电平，则表明所按下的按键不在该行上；再让下一行输出为低电平，如果读得的列线值不全为高电平，则说明按下的按键在该行上。图4.9所示为逐行扫描法的程序流程图。

其检测程序如下。

```
uchar code act[4]={0xfe,0xfd,0xfb,0xf7};      //矩阵键盘的逐行扫描码
uchar scan_key(void)                           //定义键盘扫描子函数
{
    uchar i,j,in,ini,inj;
    bit find=0;
    for(i=0;i<4;i++)                           //逐行扫描的循环程序
    {
```

```
        SW = act[i];                        //输出扫描码，SW已在其他位置定义为P1
        delay(10);                          //延时，去抖动
        in = SW;                            //读行状态值
        in = in>>4;                         //高4位的行状态值移位到低4位
        in = in|0xf0;                       //移位后状态值的高4位置"1"
        for(j=0; j<4; j++)                  //寻找按键所在列号
        {
            if(act[j] == in)                //通过与扫描控制码比较的方式，确定列号
            {
                find = 1;                   //若有按键按下，置位find按键标志
                inj = j;
                ini = i;                    //获取按键所在的行号与列号
            }
        }
    }
    if(find == 0)
        return 0xff;                        //判断按键标志find，为0返回0xff
    return (ini*4+inj);                     //判断按键标志find，为1返回键值
}
```

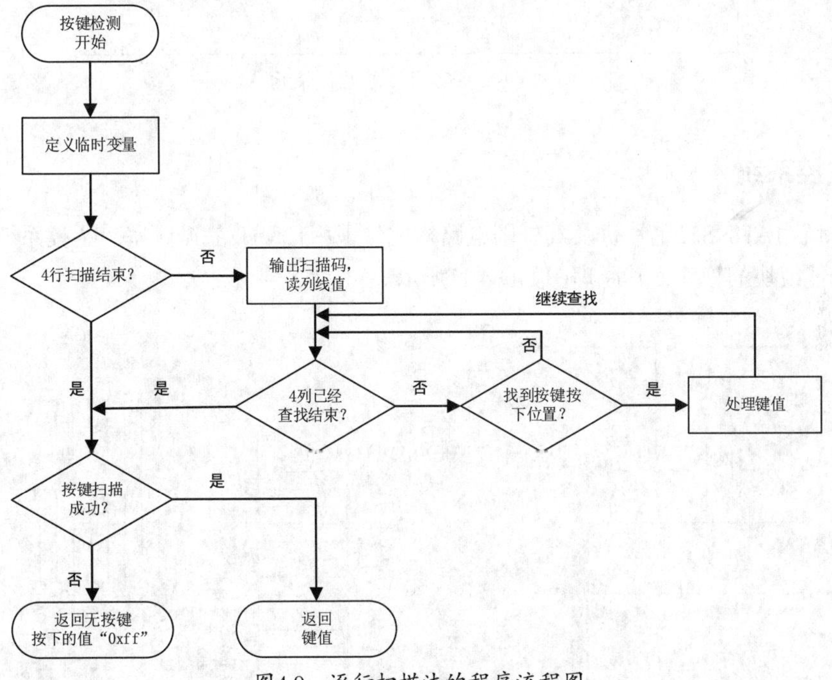

图4.9　逐行扫描法的程序流程图

4.3　抢答器硬件设计

抢答器是基于AT89S51单片机及外围接口电路构成的，利用单片机内部资源定时器/计数器的定时功能实现精确的计时功能。实现显示抢答编号和答题时间、抢答时间，可使用1个由四位数码管、74LS541、74HC138等构成的显示电路；使用8个按键、74HC373、74S30、晶体管构成抢答输入电路用于选手抢答；由MAX232构成对外通信电路。8路抢答器硬件架构如图4.10所示，下面介绍各模块的功能。

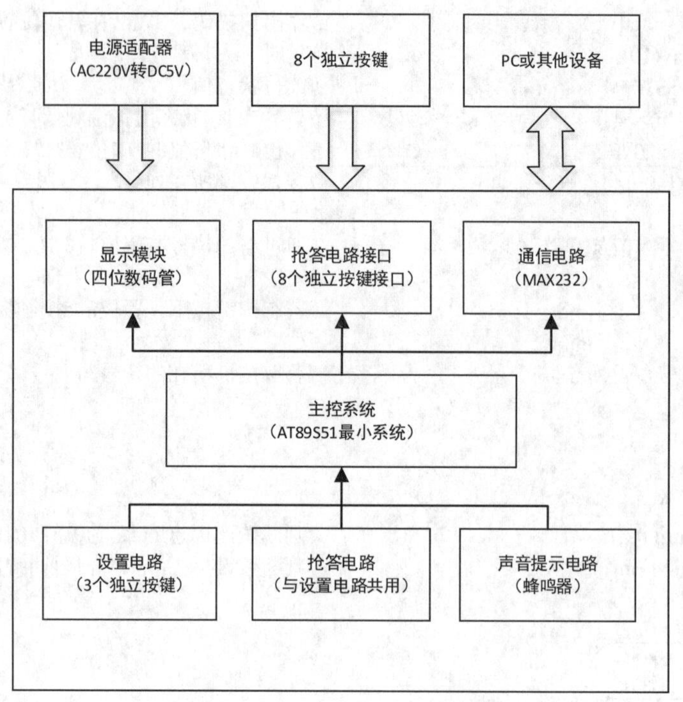

图4.10　8路抢答器硬件架构

4.3.1　主控系统

主控系统由AT89S51单片机及其外围电路构成，采用12MHz晶振频率。主控系统主要负责抢答器的各功能模块的管理，其原理图如图4.11所示。

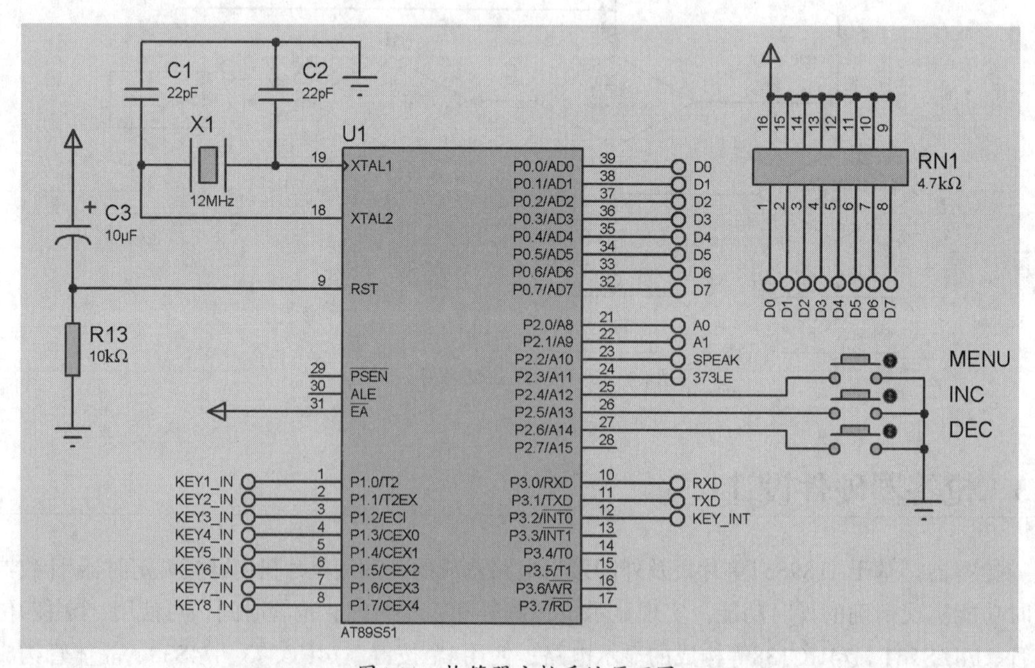

图4.11　抢答器主控系统原理图

按键MEUN、INC、DEC为系统控制与设置按键，用户通过这3个按键与系统交互并实现抢答开始、结束、复位，以及抢答模式设计、答题时间设置等功能。

4.3.2　显示模块

显示模块由四位共阴极数码管、74LS541、74HC138构成，用于显示抢答成功者的编号和抢答、答题剩余时间及其他信息，其原理图如图4.12所示。

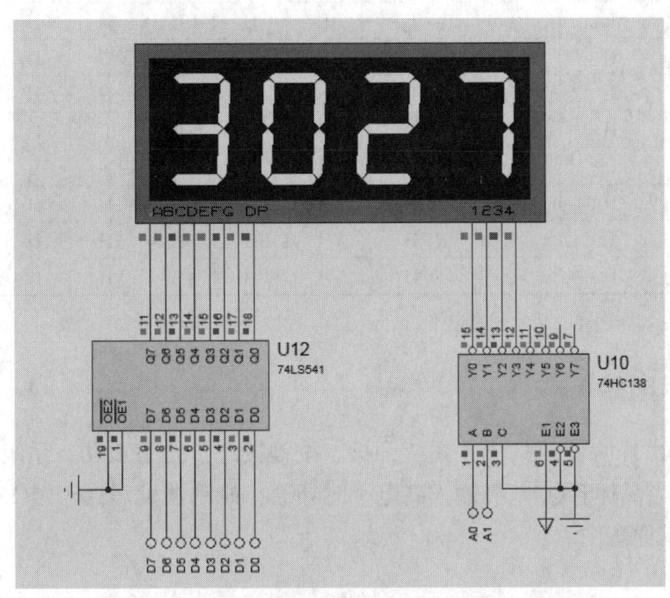

图4.12　抢答器显示模块原理图

一、74LS541简介

74LS541是一款三态8路缓冲器/线路驱动器。三态输出由一个两输入或非门控制，当任意一个输出使能端$\overline{OE1}$或$\overline{OE2}$为高电平时，8路输出端将进入高阻态。只有当输出使能端$\overline{OE1}$和$\overline{OE2}$都为低电平时，74LS541输出为原码数据。其功能如表4.4所示。

表4.4　74LS541功能

输入			输出
输出控制		数据	
$\overline{OE1}$	$\overline{OE2}$	D	Q
L	L	L	L
L	L	H	H
H	X	X	Z
X	H	X	Z

注：H表示高电平，L表示低电平，X表示任意电平，Z表示高阻态。

二、74HC138简介

74HC138是一款高速CMOS的3位地址数据输入8位译码输出的3-8译码器。74HC138可接3位二进制加权地址输入（A0、A1和A2），当使能时，提供8个互斥的低输出（Y0 ~ Y7）。74HC138有3个使能输入端：两个低电平有效（$\overline{E1}$和$\overline{E2}$）和一个高电平有效（E3）。只有当E1和E2拉低且E3置高时地址译码有效，否则74HC138将保持所有输出为高电平。其功能如表4.5所示。

表4.5　74HC138功能

输入						输出							
$\overline{E1}$	$\overline{E2}$	E3	A0（A）	A1（B）	A2（C）	$\overline{Y0}$	$\overline{Y1}$	$\overline{Y2}$	$\overline{Y3}$	$\overline{Y4}$	$\overline{Y5}$	$\overline{Y6}$	$\overline{Y7}$
H	X	X	X	X	X	H	H	H	H	H	H	H	H
X	H	X	X	X	X	H	H	H	H	H	H	H	H
X	X	L	X	X	X	H	H	H	H	H	H	H	H
L	L	H	L	L	L	L	H	H	H	H	H	H	H
L	L	H	H	L	L	H	L	H	H	H	H	H	H
L	L	H	L	H	L	H	H	L	H	H	H	H	H
L	L	H	H	H	L	H	H	H	L	H	H	H	H
L	L	H	L	L	H	H	H	H	H	L	H	H	H
L	L	H	H	L	H	H	H	H	H	H	L	H	H
L	L	H	L	H	H	H	H	H	H	H	H	L	H
L	L	H	H	H	H	H	H	H	H	H	H	H	L

注：H表示高电平，L表示低电平，X表示任意电平。

4.3.3　声音提示电路

声音提示电路由蜂鸣器等构成，系统开机、按键按下、抢答成功、系统异常时都可以用该电路发出提示声。当晶体管Q5基极输入高电平时导通，蜂鸣器发声；否则Q5截止，蜂鸣器不发声。图4.13所示为其原理图。

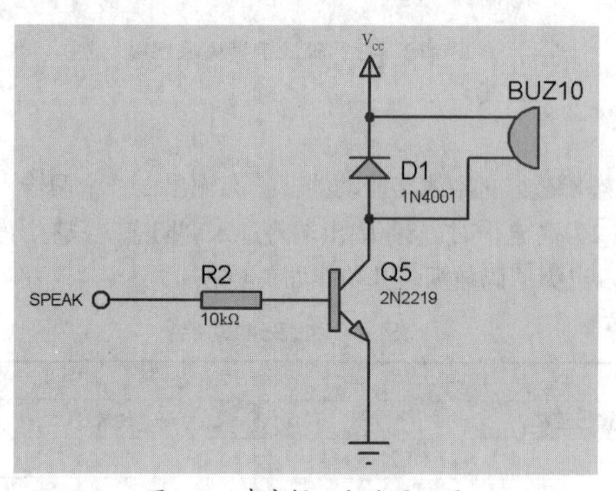

图4.13　声音提示电路原理图

4.3.4　抢答电路

抢答电路由8个按键、74HC373、74S30、Q10等组成。8路抢答信号经74HC373送至74S30，74S30将各路信号进行逻辑与运算后取反，并将该信号送至Q10，Q10将该信号再次取反后送至单片机，其电路原理图如图4.14所示。

一、74HC373简介

74HC373是一款8D型锁存器芯片，每个锁存器具有独立的D型输入，适用于面向总线应用的三态输出。所有锁存器共用一个锁存使能端（LE）和一个输出使能端（$\overline{OE}$）。74HC373内部结构如图4.15所示，74HC373引脚如图4.16所示，D0～D7为数据输入端，Q0～Q7为数据输出端。

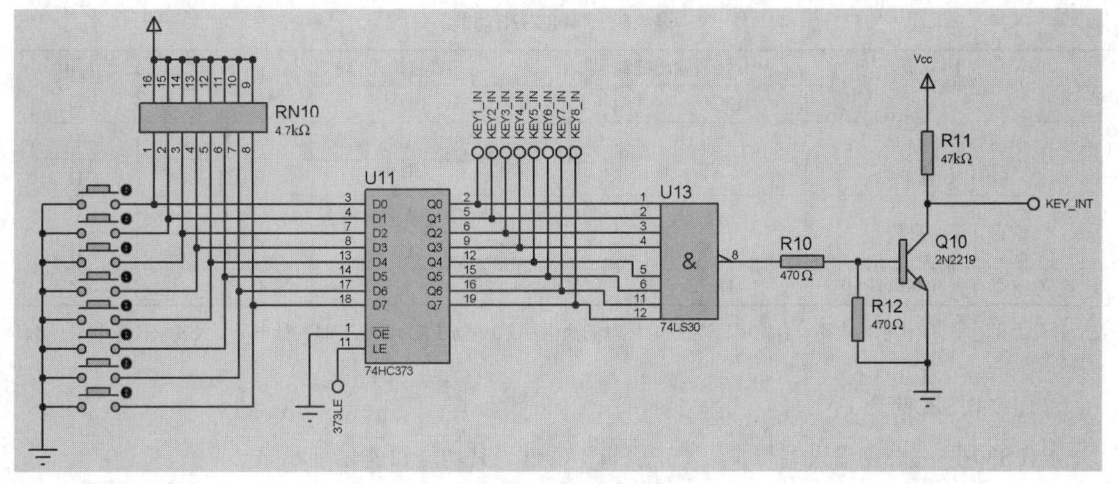

图4.14　抢答电路原理图

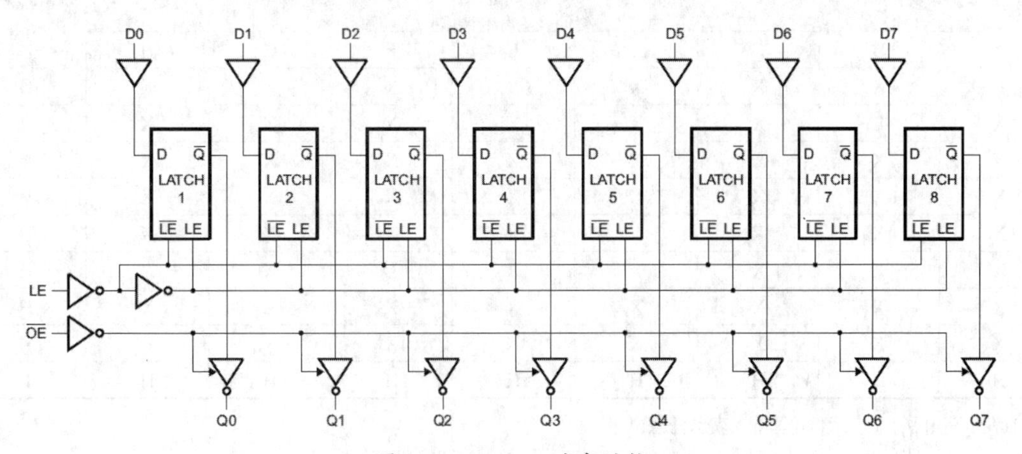

图4.15　74HC373内部结构

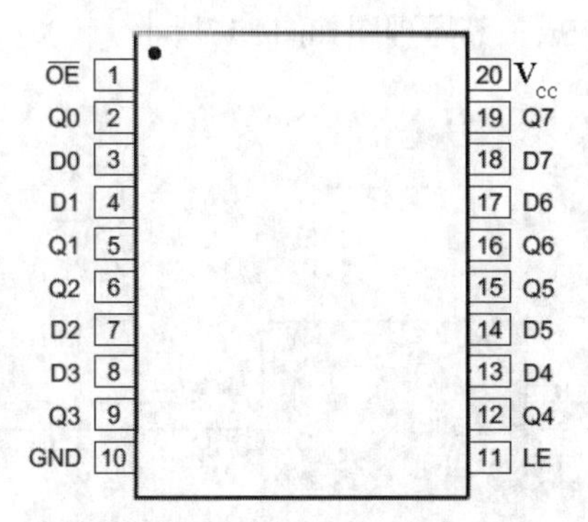

图4.16　74HC373引脚

当$\overline{\text{OE}}$为低电平时，8个锁存器的内容可被正常输出；当$\overline{\text{OE}}$为高电平时，输出进入高阻态。对$\overline{\text{OE}}$的操作不会影响锁存器的状态。

当LE为高电平时，数据从输入端输入到锁存器。在此条件下，锁存器进入透传模式，也就是说，锁存器的输出与对应的输入端D变化相同。当LE为低电平时，输入端的数据就被锁存在锁存器中，数据输入端D的变化不再影响输出。其功能如表4.6所示。

表4.6　74HC373功能

操作模式	输出控制		数据输入	内部锁存	输出
	$\overline{OE}$	LE	D		Q
使能并读寄存器（透传模式）	L	H	L	L	L
			H	H	H
锁存并读寄存器	L	L	L	L	L
			H	H	H
锁存在寄存器和高阻输出	H	X	X	X	Z

注：H表示高电平，L表示低电平，H表示LE为低电平时的高电平，L表示LE为低电平时的低电平，X表示任意电平，Z表示高阻态。

二、74LS30简介

74LS30是一款8路输入端与非门（正逻辑）器件，其功能如表4.7所示。

表4.7　74LS30功能

输入								输出
A	B	C	D	E	F	G	H	
L	X	X	X	X	X	X	X	H
X	L	X	X	X	X	X	X	H
X	X	L	X	X	X	X	X	H
X	X	X	L	X	X	X	X	H
X	X	X	X	L	X	X	X	H
X	X	X	X	X	L	X	X	H
X	X	X	X	X	X	L	X	H
X	X	X	X	X	X	X	L	H
H	H	H	H	H	H	H	H	L

注：H表示高电平，L表示低电平，X表示任意电平。

4.3.5　通信电路

通信电路主要由MAX232构成，其原理图如图4.17所示。

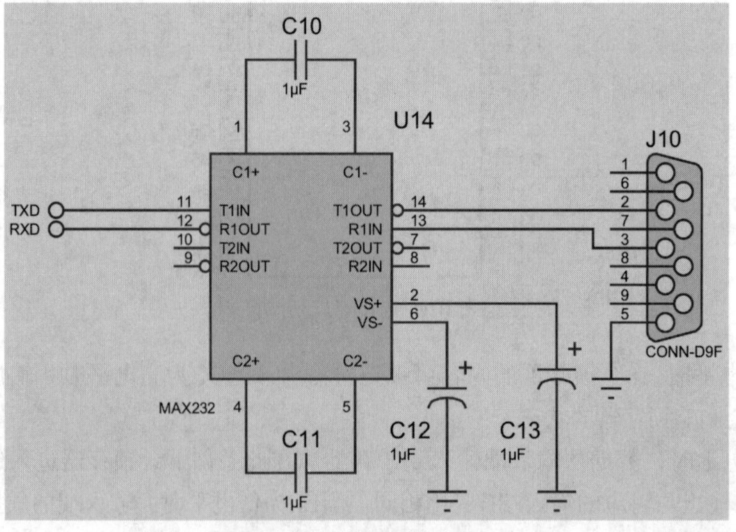

图4.17　通信电路原理图

一、RS-232C介绍

RS-232C是由电子工业协会（Electronic Industries Association，EIA）正式公布的，在异步串行通信中应用最广泛的标准总线之一。RS-232C的全称是EIA-RS-232C，其中EIA代表电子工业协会，RS是Recommended Standard的缩写，代表推荐标准，232是标识符，C代表RS-232的最新一次修改的版本（1969年），在这之前，有过RS-232A、RS-232B。它规定连接电缆和机械、电气特性、信号功能及传送过程。现在，计算机上的串行通信端口（RS-232）是标准配置端口，已经得到广泛应用，计算机上一般都有1～2个标准RS-232端口，即COM1和COM2。图4.18所示为计算机主板上的两种类型的RS-232通信端口。

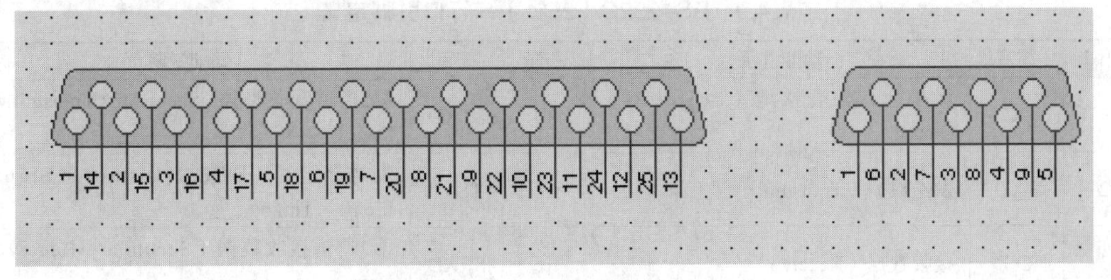

图4.18　RS-232通信端口

二、RS-232C电气特性

RS-232C对电气特性、逻辑电平和各种信号线的功能都进行了明确规定。

（1）在TXD和RXD引脚上的电平定义。

- 逻辑1：(MARK) 为−15V～−3V。
- 逻辑0：(SPACE) 为+3～+15V。

（2）在RTS、CTS、DSR、DTR和DCD等控制线上的电平定义。

- 信号有效（接通，ON状态，正电压）为+3V～+15V。
- 信号无效（断开，OFF状态，负电压）为−15V～−3V。

以上规定说明了RS-232C对逻辑电平的定义。对于数据（信息码）：逻辑“1”的传输的电平为−15V～−3V，逻辑“0”传输的电平为+3V～+15V；对于控制信号，接通状态（ON）即信号有效的电平为+3V～+15V，断开状态（OFF）即信号无效的电平为−15V～−3V。也就是当传输电平的绝对值大于3V 时，电路可以有效地检查出来；而介于−3～+3V的电压处于模糊区，此部分电压将使计算机无法准确判断传输信号的意义，可能会得到0，也可能会得到1，由此得到的结果是不可信的，在通信时会出现大量误码，造成通信失败。因此，实际工作时，应保证传输的电平为3V～15V、−15V～−3V。

三、RS-232C连接器及引脚定义

目前，大部分计算机的RS-232C通信接口都使用了DB-9（9针）连接器（参见图4.18），主板的接口连接器有9根针输出的RS-232公头（插口部分凸出来的接头），也有些比较旧的计算机使用DB-25（25针）连接器输出，DB-9和DB-25串行口引脚定义如表4.8和表4.9所示。

表4.8　RS-232C（9针）串行口引脚定义

引脚	简写	功能说明
1	CD	载波侦测（Carrier Detect）
2	RXD	接收数据（Receive）

续表

引脚	简写	功能说明
3	TXD	发送数据（Transmit）
4	DTR	数据终端准备（Data Terminal Ready）
5	GND	地线（Ground）
6	DSR	数据准备好（Data Set Ready）
7	RTS	请求发送（Request To Send）
8	CTS	清除发送（Clear To Send）
9	RI	振铃指示（Ring Indicator）

表4.9 RS-232C（25针）串行口引脚定义

引脚	简写	功能说明	引脚	简写	功能说明
1	PG	保护地，外壳接地（Protective Ground）	14	STXD	第2通道发送数据（Secondary Transmitted Data）
2	TXD	发送数据（Transmit）	15	TSET	发送器定时（DCE Transmitter Signal Element Timing）
3	RXD	接收数据（Receive）	16	SRXD	第2通道接收数据（Secondary Received Data）
4	RTS	请求发送（Request To Send）	17	RSET	接收器定时（Receiver Signal Element Timing）
5	CTS	清除发送（Clear To Send）	18	NC	空
6	DSR	数据准备好（Data Set Ready）	19	SRTS	第2通道请求发送（Secondary Request to Send）
7	GND	地线（Ground）	20	DTR	数据终端准备（Data Terminal Ready）
8	CD	载波侦测（Carrier Detect）	21	SQD	信号质量侦测器（Signal Quality Detector）
9	NC	空	22	RI	振铃指示（Ring Indicator）
10	NC	空	23	DSRS	数据率选择（Data Signal Rate Selector）
11	NC	空	24	TSET	发送定器定时（DTE Transmitter Signal Element Timing）
12	SRLSI	第2通道接收检测信号（Secondary Received Line Signal Indicator）	25	NC	空
13	SCTS	第2通道允许发送（Secondary Clear to Send）			

四、RS-232C电平转换芯片及电路

RS-232C 规定的逻辑电平与一般微处理器、单片机的逻辑电平是不同的。例如，RS-232C的逻辑“1”是以-15V～-3V来表示的，而单片机的逻辑“1”是以+5V来表示的，两者完全不同。因此，单片机系统要和计算机的RS-232C接口进行通信，就必须把单片机的信号电平（TTL电平）转换成计算机的RS-232C电平，或者把计算机的RS-232C电平转换成单片机的TTL电平，即通信时必须对两种电平进行转换。实现这种转换可以使用分立元件，也可以使用专用RS-232C电平转换芯片。目前采用得较为广泛的方法是使用专用电平转换芯片，如用MC1488、MC1489、MAX232等电平转换芯片来实现RS232C到TTL电平的转换。MAXIM公司的单电源电平转换芯片MAX232如图4.19所示。

MAX232是单电源供电的双RS-232C发送/接收芯片，采用+5V单电源供电，只需外接4个电容器便可以构成标准的RS-232C通信接口，硬件接口使用简单，所以被广泛采用。

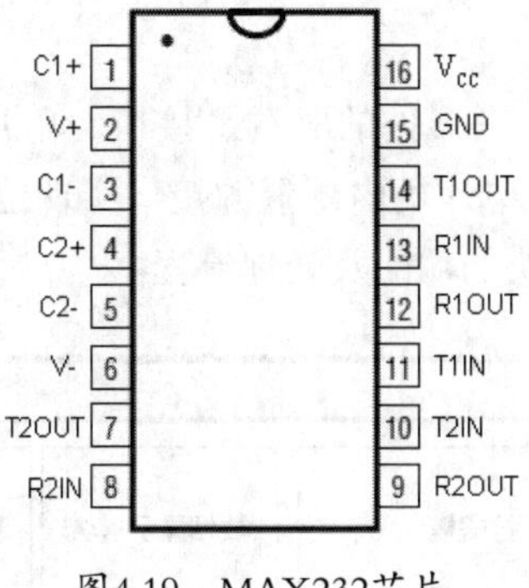

图4.19　MAX232芯片

4.4　抢答器软件设计

抢答器软件是基于上述硬件进行设计的。通过软件来控制与使用主控芯片及外围器件，使硬件发挥作用。本设计用于实现抢答器的基础功能，其主要包括抢答开始、答题开始、答题结束。抢答之前的作弊检测及参数设置等功能由读者根据所学知识自行完成。抢答流程图如图4.20所示。

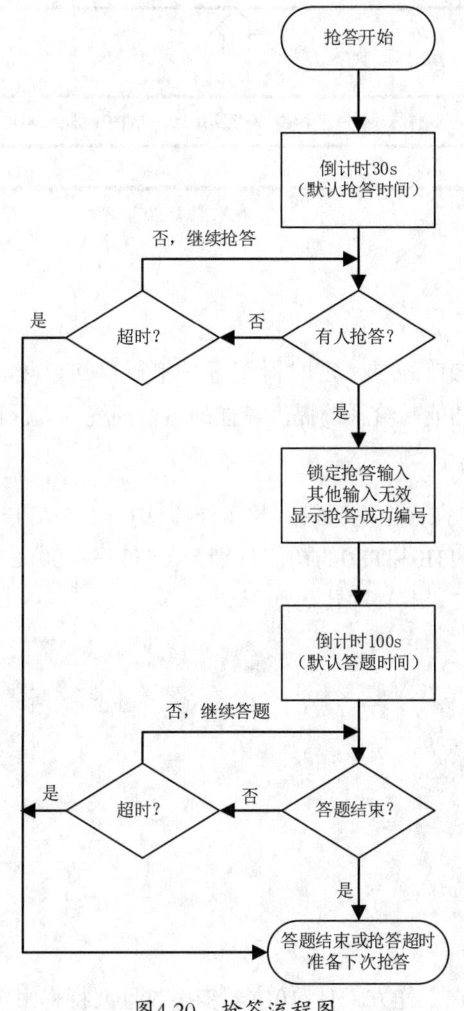

图4.20　抢答流程图

4.4.1 软件架构

抢答器软件主要包含单片机外围器件的驱动、接口、单片机内部资源初始化、应用程序。应用程序通过调用外围器件接口、单片机内部资源接口实现抢答等功能。8路抢答器架构框图如图4.21所示。下面依次介绍每个模块的功能及处理流程。

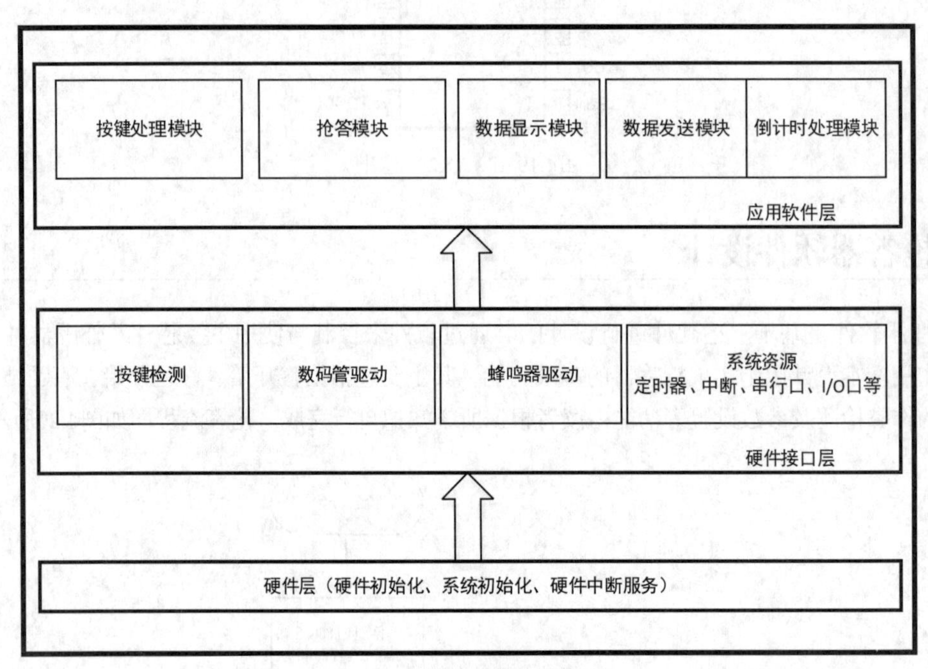

图4.21　8路抢答器架构框图

4.4.2 系统初始化

系统初始化程序包含I/O口配置、定时器配置、串行口初始化、外部中断配置、外设初始化、参数初始化等。其主要功能是给系统提供最佳的运行环境，以保证其能正确地运行。

一、定时器0初始化函数

初始化定时器0使其工作在16位定时模式（工作方式1）；GATE 位为0，定时器/计数器的工作与引脚INT0、INT1无关；TH0和TL0的初值分别为(65536−1000)/256、(65536−1000)%256；允许定时器0中断并启动定时器0。其程序代码如下。

```
void Timer0Initialize(void)
{
    TMOD |= 0x01;                           //T0定时模式，工作方式1
    TH0 = (65536 - 1000)/256;
    TL0 = (65536 - 1000)%256;
    //配置中断开关
    ET0 = 1;
    TR0 = 1;
}
```

二、串行口初始化函数

初始化串行口使其工作在工作方式1，10位异步接收且波特率由定时器1控制；波特率设置为

9600（晶振频率为12MHz）。其程序代码如下。

```
void SerialInit(void)
{
	SCON  = 0x50;                        //串行口工作在工作方式1
	TMOD &= 0x0F;                        //清除定时器1工作方式
	TMOD |= 0x20;                        //设定定时器1为8位自动重装方式
	TL1 = 0xFD;                          //设定定时初值
	TH1 = 0xFD;                          //设定定时器重装值
	ET1 = 0;                             //定时器1不使用中断
	TR1  = 1;                            //启用定时器1
}
```

三、外部中断初始化函数

单片机不响应外部中断0：使用默认的优先级，设置以下降沿的方式触发中断。其程序代码如下。

```
void ExInterruptInit(void)
{
	EX0 = 0;                             //不允许单片机响应外部中断0
	IT0 = 1;                             //使用下降沿方式触发中断
}
```

四、抢答模块参数初始化函数

抢答模块的秒计时变量与抢答成功编号的变量清“0”，抢答状态设置为空闲。其程序代码如下。

```
void RaceRespondInit(void)
{
	gAnswerPara.SecondTime =0;
	gAnswerPara.RaceResondNum = 0;
	gAnswerPara.State = ANSWER_STATE_IDLE;
}
```

4.4.3 硬件中断服务

硬件中断服务主要包含定时器0服务、数码管动态驱动、抢答输入处理、外部中断0服务。下面依次介绍。

一、定时器0服务

定时器0用于数码管动态驱动、秒级定时、按键检测等。其程序代码如下。

```
void Timer0InterruptSrv(void) interrupt 1 using 1
{
	static unsigned char Index = 0;
	static unsigned char _10milliTimer = 0;
	TH0 = (65536-1000)/256;              //1ms初值
	TL0 = (65536-1000)%256;              //1ms初值
	//数码管动态驱动
	LedAdd &= 0xfc;                      //后2位清0
	LedAdd |= Index;                     //合并结果至LED控制引脚端口
	LedPort = gLedBuf[Index++];
	if(Index >= 4)
		Index = 0;
```

```
    //倒计时代码
    if(gAnswerPara.SecondTime && gAnswerPara.RunTimer)
    {
        if(gAnswerPara.MilliTime++ >= 1000)
        {
            gAnswerPara.MilliTime = 0;
            gAnswerPara.SecondTime--;                    //自减运算
        }
    }
    //10ms计时
    if(_10milliTimer++ >= 10)
    {
        _10milliTimer = 0;
        //菜单按键检测
        if(0 == MenuKey && 0 == gKey.MFlag)//菜单按键I/O口为低电平且按键处理标记为0
        {
            TurnOnBeep();                                //声音提示按键按下
            gKey.MenuTime++;                             //记录按键按下时间
            if(gKey.MenuTime >= 200)
                gKey.MenuTime = 200;
        }
        else
        {
            if(gKey.MenuTime)
            {
                gKey.MFlag = 1;                          //置标记为1表示有按键需要处理
                TurnOffBeep();
            }
        }
        …//此处省略功能加和功能减按键代码，其形式与菜单键检测一致
    }
}
```

二、数码管动态驱动

四位数码管的字符端（数据端）并联，每一个数码管的公共端与74HC138译码器输出端相连接。通过控制74HC138的地址输入A1、A0轮流选通4个数码管。每选通一个数码管，就通过数据端发送选通的这位数码管的数据编码。根据视觉暂留现象，其轮流选通的时间间隔应小于0.2s。其流程图如图4.22所示。

三、抢答输入处理

抢答开始后，只要有按键被按下就会触发外部中断0硬件中断。进入中断即刻锁存输入，使其他输入无效，然后从锁存器中读取已经按下的键值。抢答输入处理流程图如图4.23所示。

四、外部中断0服务

外部中断0用于检测8路抢答输入。其程序代码如下。

```
void KeyInterruptSrv(void) interrupt 0 using 0
{
    char Index = 7;
    unsigned char Temp;
    Dis74LS373();              //74LS373进入锁存状态，此时其输入口的状态不影响输出
    Temp = ~KeyPort;
```

```
        for(; Index >= 0; Index--)   //扫描是哪一路抢答输入
        {
            if(Temp & (1 << Index))
                break;
        }
        gAnswerPara.RaceResondNum = Index + 1;     //记录抢答选手的编号
        gAnswerPara.RunTimer = 0;                  //答题倒计时标记清"0"
        SetDisplyBufByIndex(0, Index + 1);         //显示抢答选手的编号
    }
```

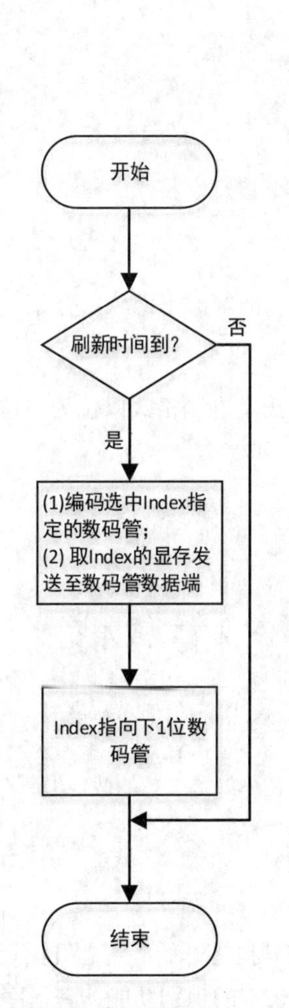

图4.22 数码管动态驱动流程图

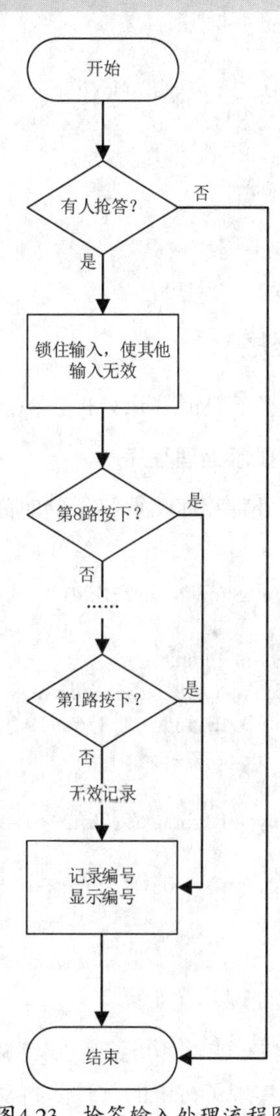

图4.23 抢答输入处理流程图

4.4.4 外部通信接口

外部通信包含发送数据和接收数据。本设计只使用了数据发送接口，读者可根据所学知识补充数据接收接口的相关代码，并能使用数据接收接口来实现用外部设备或PC设置抢答器的参数等功能。数据发送接口的程序代码如下。

```
void SendData(unsigned char *pData, unsigned int Len)
```

```
{
        unsigned char Index = 0;
        bit TempEa = EA;
        if(0 == pData || Len == 0)
              return;
        EA = 0;                              //禁止所有中断
        ES = 0;                              //禁止串行口中断
        TI = 0;
        //发送数据
        while(Index < Len)
        {
              SBUF = pData[Index];
              while(!TI);
              TI=0;
              Index++;
        }
        EA = TempEa;                         //恢复中断
}
```

4.4.5 应用程序

应用程序包含倒计时显示处理、控制键处理、抢答功能等。下面依次介绍。

一、倒计时显示处理程序

倒计时显示处理程序将要显示的时间（单位：秒）按十进制格式以位为单位存入显示缓存。其程序代码如下。

```
void CountDownShowProcess(void)
{
        unsigned int Temp;
        Temp = gAnswerPara.SecondTime;
        SetDisplyBufByIndex(1, Temp/100);              /*取百位，并将百位的数字编码存入数码管左起第2
位显示缓存*/
        Temp %= 100;
        SetDisplyBufByIndex(2, Temp/10);               /*取十位，并将十位的数字编码存入数码管左起第3
位显示缓存*/
        SetDisplyBufByIndex(3, Temp%10);               /*取个位，并将个位的数字编码存入数码管左起第4
位显示缓存*/
}
```

二、控制键处理

控制键包含主菜单和功能加、功能减，可通过其控制抢答开始、答题开始、答题结束、设置参数等。本代码实现了按键的软件防抖动及按键短按、长按的识别功能，其程序代码如下。

```
void KeyProcess(void)
{
        if(gKey.MFlag)   //是否有按键按下
        {
              //超过1.5s为长按
              if(gKey.MenuTime > 150)
              {
                    MenuKeyLongPressFunction();    //菜单键长按功能函数
              }
```

```
        //超过10ms小于1.5s为短按
        else if(gKey.MenuTime > 1)
        {
            MenuKeyShortPressFunction();    //菜单键短按功能函数
        }
        gKey.MFlag = 0;
        gKey.MenuTime = 0;
    }
    ……//此处省略功能加和功能减按键代码，其形式与菜单键检测的一致
}
//菜单键长按功能函数
void MenuKeyLongPressFunction(void)
{
  StopAnswer();
}
//菜单键短按功能函数
void MenuKeyShortPressFunction(void)
{
    switch(gAnswerPara.State)
    {
        case ANSWER_STATE_IDLE:
            gAnswerPara.State = ANSWER_STATE_RACE_RESPOND;
            StartRaceRespond();
            break;
        case ANSWER_STATE_RACE_RESPOND:
            if(gAnswerPara.RaceResondNum >0)
            {
                gAnswerPara.State = ANSWER_STATE_COUNT_DOWN;
                StartAnswer();
            }
            break;
        case ANSWER_STATE_COUNT_DOWN:
            break;
        case ANSWER_STATE_END:
            break;
        default:
            break;
    }
}
```

三、抢答功能

抢答功能主要包含：抢答开始、答题开始、答题结束等，其程序代码如下。

```
//抢答开始函数
void StartRaceRespond(void)
{
    gAnswerPara.SecondTime = DEFAULT_RACE_RESPOND_TIME;
    EnExintrrupt0();
    En74LS373();
    gAnswerPara.RunTimer = 1;
    SetDisplyBufByIndex(0, 0);
    SendData("Start to Race respond\r\n", MyStrlen("Start to Race respond\r\n"));
}
```

```
//答题开始函数
void StartAnswer(void)
{
	gAnswerPara.SecondTime = DEFAULT_ANSWER_TIME;
	DisExintrrupt0();
	CountDownShowProcess();
	gAnswerPara.RunTimer = 1;
	SendData("Start to Answer\r\n", MyStrlen("Start to Answer\r\n"));
}
//答题结束函数
void StopAnswer(void)
{
	gAnswerPara.SecondTime = 0;
	gAnswerPara.RunTimer = 0;
	gAnswerPara.State = ANSWER_STATE_IDLE;
	SendData("Stop to Answer\r\n", MyStrlen("Stop to Answer\r\n"));
}
```

四、main函数

main函数是8051单片机的入口函数，程序从这里开始运行。main函数依次对各硬件进行初始化，并初始化LED显示屏。程序初始化完成后，依次执行倒计时任务、按键任务。其程序代码如下。

```
void   main(void)
{
	unsigned int Index = 0;
	Timer0Initialize();
	SerialInit();
	ExInterruptInit();
	DisExintrrupt0();
	EnSysAllIntrrupt();
	TurnOffBeep();
	//LED显示屏初始化
	DispyShowNumber(0);
	RaceRespondInit();
	while(1)
	{
		CountDownShowProcess();
		KeyProcess();
	}
}
```

4.4.6 相关数据结构定义

宏定义和硬件I/O口定义包含硬件端口宏定义及硬件功能控制定义等，数据结构主要包含抢答参数结构、控制按键检测结构。下面依次介绍。

一、宏定义

宏定义主要包含数码管、74LS373控制、外部中断0控制、系统中断总开关、答题模块状态、蜂鸣器开关等。其程序代码如下。

```
//数码管相关宏定义
#define		LedPort			P0		//定义LED数据输出口
#define		LedAdd			P2		//定义LED片选地址控制口
```

```
#define         KeyPort                                          P1
//74LS373控制相关宏定义
#define         En74LS373()                                      (P2 |= (1 << 3))
#define         Dis74LS373()                                     (P2 &= ~(1 << 3))
//外部中断0控制相关宏定义
#define         EnExintrrupt0()                                  EX0 = 1
#define         DisExintrrupt0()                                 EX0 = 0
//系统中断总开关相关宏定义
#define         EnSysAllIntrrupt()                               EA = 1
#define         OffSysAllIntrrupt()                              EA = 0
//默认答题时间、默认抢答时间定义
#define         DEFAULT_ANSWER_TIME                              100              //100s
#define         DEFAULT_RACE_RESPOND_TIME                        30               //30s
//答题模块状态宏定义
#define         ANSWER_STATE_IDLE                                0
#define         ANSWER_STATE_RACE_RESPOND                        1
#define         ANSWER_STATE_COUNT_DOWN                          2
#define         ANSWER_STATE_END                                 3
//蜂鸣器开关宏定义
#define         TurnOnBeep()                                     BeepPin = 1
#define         TurnOffBeep()                                    BeepPin = 0
```

二、硬件I/O口定义

硬件I/O口定义主菜单、功能加、功能减、蜂鸣器等I/O口。其程序代码如下。

```
sbit MenuKey = P2^4;                          //定义按键MENU为P2.4口
sbit IncKey = P2^5;                           //定义按键INC为P2.5口
sbit DecKey = P2^6;                           //定义按键DEC为P2.6口
sbit BeepPin = P2^2;                          //定义蜂鸣器引脚为P2.2口
```

三、抢答相关数据结构定义

抢答相关数据结构包含抢答剩余时间SecondTime、辅助毫秒读数器MilliTime等。其程序代码如下。

```
static struct _stAnswerPara
{
    unsigned int SecondTime;              //秒
    unsigned int MilliTime;               //毫秒
    unsigned char State:2;                /*当前状态，0表示未抢答，1表示正在抢答，1表示在答题，2
表示答题时间结束*/
    unsigned char RaceResondNum:4;        //抢答成功的编号
    unsigned char RunTimer:1;             //是否运行定时器
}gAnswerPara;
```

四、控制键相关数据结构定义

控制键相关数据结构用于记录3个按键按下时间的变量及3个按键是否需要处理的标记。其程序代码如下。

```
static struct _stKey
{
    unsigned char MenuTime;               //记录M按键的时间
    unsigned char IncTime;                //记录I按键的时间
    unsigned char DecTime;                //记录D按键的时间
    unsigned char MFlag:1;                //记录M按键是否需要处理
```

```
        unsigned char IFlag:1;                           //记录I按键是否需要处理
        unsigned char DFlag:1;                           //记录D按键是否需要处理
}gKey;
```

4.5 小结

本章介绍了知识竞赛数字抢答器的硬件、软件设计及用于实现抢答器功能的外围器件的驱动与接口。抢答器使用数码管、按键进行人机交互，这也是许多其他电子产品所必备的功能。数码管的种类繁多，但其驱动的原理大同小异，因此读者应该对本章介绍的数码管驱动相关的知识多加理解练习，以便熟练掌握其驱动方法。按键检测有多种实现方法，重点是单片机要通过编程正确识别不同按键按下和释放后的信号。本章所介绍的独立按键及矩阵键盘的原理与检测包含了基本的电路设计方法与软件检测思路，读者应该先理解原理，再依据原理实现编程。抢答器在软件设计中主要分为：硬件服务、硬件接口层、应用软件层。每一层提供不同的服务与功能，硬件层向硬件接口层提供服务，硬件接口层向应用层提供服务。

4.6 习题

（1）简述数码管分类。

（2）简述数码管的驱动方式。

（3）修改4.1.5小节数码管动态驱动代码，使用定时器T0来驱动数码管。

（4）简述在按键的去抖动措施中使用软件去抖动的原理。

（5）简述4.3节所述的抢答器硬件设计原理。

第5章　数字电子时钟

本章主要通过数字电子时钟的设计讲解所需要的外围器件的知识，包括单总线、I^2C总线的基本概念，以及总线的时序操作要点与驱动编程。相比之前所讲的LED数码管，液晶显示器（Liquid Crystal Display，LCD）是更高级的显示设备，能显示更多的信息，且有更为复杂的效果，因此可以让用户拥有更好的体验。

5.1　单总线

单总线（1-Wire）是Maxim的全资子公司Dallas 的一项专有技术，与目前多数标准串行数据通信方式（如SPI、I^2C、MICROWIRE）不同，它采用单根信号线，既传输时钟信号又传输数据，而且数据传输是双向的。它具有节省I/O口线的资源且结构简单、成本低廉，以及便于总线扩展和维护等诸多优点。单总线适用于单个主机系统控制一个或多个从机设备，当只有一个从机位于总线上时，主机系统可按照单节点系统操作，而当多个从机位于总线上时，主机系统可按照多节点系统操作。

5.1.1　单总线的结构原理

单总线只有一根信号线。设备（主机或从机）通过一个漏极开路或三态端口连接至该信号线。这样允许设备在不发送数据时释放数据总线，以便总线被其他设备使用。单总线端口为漏极开路。单总线硬件接口电路如图5.1所示。

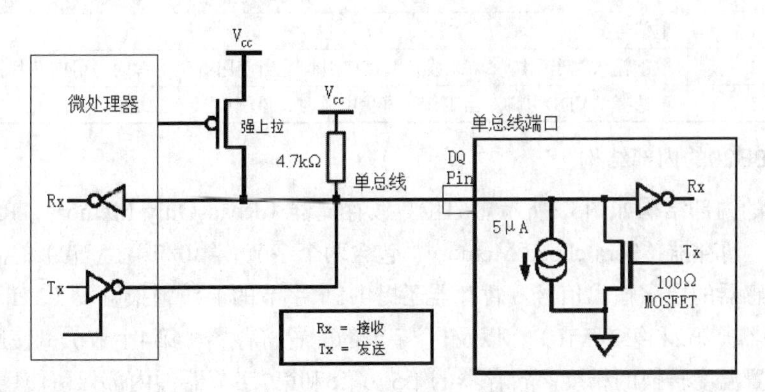

图5.1　单总线硬件接口电路

单总线要求外接一个4.7kΩ的上拉电阻，这样单总线的闲置状态为高电平。不管出于什么原因，如果在传输过程中需要暂时挂起，且要求传输过程还能够继续，则总线必须处于闲置状态。位传输之间的恢复时间没有限制——只要总线在恢复期间处于闲置状态。如果总线保持低电平状态超过480μs，总线上的所有器件将复位。另外，在采用寄生方式供电时，为了保证单总线器件在某些工作状态下，如温度转换期间的电擦除可编程只读存储器（Electrically-Erasable Programmable Read-Only Memory，E^2PROM）写入状态等，具有足够的电源电流，必须在总线上提供强上拉的MOSFET管（见图5.1）。

5.1.2 DS18B20概述

DS18B20数字温度计是Dallas公司生产的1-Wire，即单总线器件，具有线路简单、体积小的特点。因此用它来设计一个测温系统，也具有线路简单的特点。在一根信号线上可以挂载很多这样的数字温度计，十分方便。

它的输入/输出采用数字量，以单总线技术接收主机发送的命令，根据DS18B20内部的协议进行相应的处理，将转换的温度通过串行口发送给主机。主机按照通信协议用一个I/O口模拟DS18B20的时序，发送命令（初始化命令、ROM命令、功能命令）给DS18B20，就可读取温度值。

一、DS18B20的特点

（1）只使用单个I/O口即可实现通信。

（2）在DS18B20中的每个器件上都有独一无二的序列号。

（3）实际应用中不需要任何外部元器件即可实现测温。

（4）测量温度范围为−55℃ ~ +125℃。

（5）用户可以从9位到12位中选择数字温度计的分辨率（默认为12位分辨率）。

（6）DS18B20内部有温度上、下限报警设置。

二、DS18B20的引脚排列

TO-92封装的DS18B20的引脚排列如图5.2所示。

其引脚功能描述如表5.1所示。

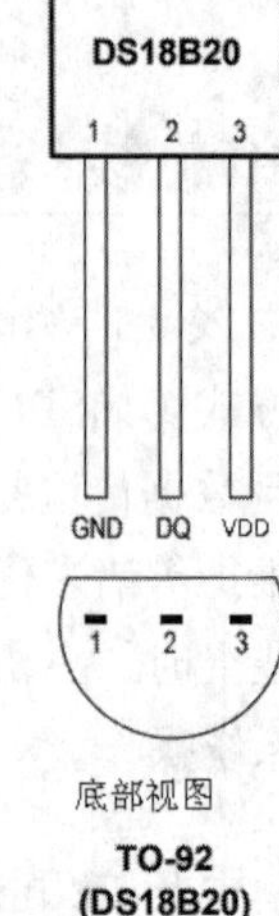

图5.2 DS18B20的引脚排列

表5.1 DS18B20 TO-92封装的引脚功能描述

名称	序号	引脚功能描述
GND	1	地信号
DQ	2	数字输入输出引脚，单总线开漏接口引脚。当使用寄生电源时，可向芯片供电
VDD	3	可选择的VDD引脚。当工作于寄生电源时，该引脚必须接地

三、DS18B20的内部结构

DS18B20的内部结构如图5.3所示。64位只读存储器（Read-Only Memory，ROM）具有独一无二的序列号。暂存器（Scratchpad Memory）包含两个字节（第0和第1字节）的温度寄存器，用于存储温度传感器的数字输出信号。暂存器还提供1个字节的上线警报触发（TH）和下线警报触发（TL）寄存器（第2和第3字节），以及1个字节的配置寄存器（第4字节），使用者可以通过配置寄存器来设置温度转换的精度。暂存器的第5、第6和第7字节器件内部保留使用。第8字节含有循环冗余校验（Cyclic Redundancy Check，CRC）。当使用寄生电源时，DS18B20不需额外的供电电源；当总线为高电平时，功率由单总线上的上拉电阻通过DQ引脚提供；高电平总线信号同时向内部电容器CPP充电，CPP在总线为低电平时为器件供电。

给DS18B20加电后，总线处在空闲状态。要启动温度测量和模拟信号到数字信号的转换的功能，处理器须向其发出Convert T [44h]命令；转换完成后，DS18B20回到空闲状态。温度数据是以带符号位的16位补码的形式存储在温度寄存器中的，如图5.4所示。

温度转换精度可通过配置寄存器（暂存器的第4字节）来设置。表5.2所示为暂存器的第4字节的位定义。

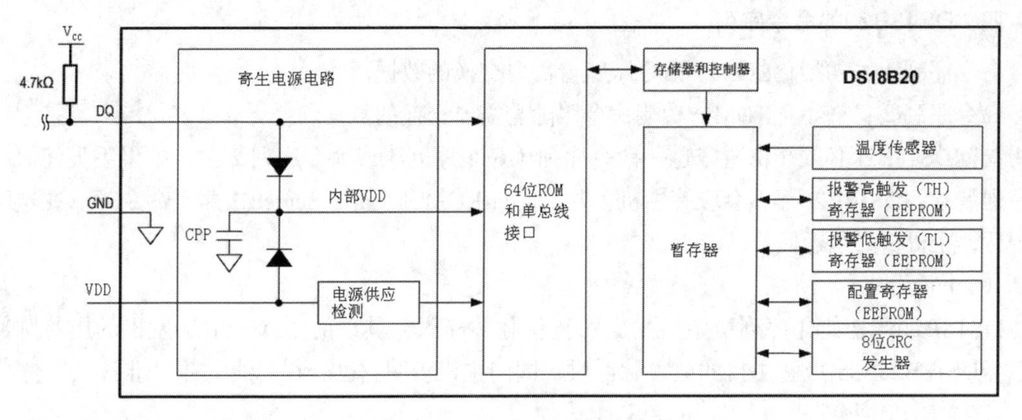

图5.3　DS18B20的内部结构

	bit 7	bit 6	bit 5	bit 4	bit 3	bit 2	bit 1	bit 0
LS Byte	2^3	2^2	2^1	2^0	2^{-1}	2^{-2}	2^{-3}	2^{-4}
	bit 15	**bit 14**	**bit 13**	**bit 12**	**bit 11**	**bit 10**	**bit 9**	**bit 8**
MS Byte	S	S	S	S	S	2^6	2^5	2^4

图5.4　温度寄存器格式

表5.2　暂存器的第4字节的位定义

D7	D6	D5	D4	D3	D2	D1	D0
0	R1	R0	1	1	1	1	1

R1、R0是温度计分辨率配置的选择位，温度计分辨率配置如表5.3所示。

表5.3　温度计分辨率配置

R1　R0	分辨率	最大转换时间
0　0	9位	93.75ms
0　1	10位	187.5ms
1　0	11位	375ms
1　1	12位	750ms

温度寄存器中的符号位说明温度是正值还是负值。温度为正值时S=0，为负值时S=1。设置为12位分辨率时DS18B20温度值与输出数据的对应关系如表5.4所示。

表5.4　DS18B20温度值与输出数据的对应关系

温度	输出数据（二进制）	输出数据（十六进制）
+125℃	0000 0111 1101 0000	07D0H
+85℃	0000 0101 0101 0000	0550H
+20.0625℃	0000 0001 1001 0001	0191H
+10.125℃	0000 0000 1010 0010	00A2H
+0.5℃	0000 0000 0000 1000	0008H
+0℃	0000 0000 0000 0000	0000H
−0.5℃	1111 1111 1111 1000	FFF8H
−10.125℃	1111 1111 0101 1110	FF5EH
−25.0625℃	1111 1110 0110 1111	FE6FH
−55℃	1111 1100 1001 0000	FC90H

四、DS18B20的命令序列

命令序列①：初始化ROM→命令跟随着需要交换的数据。

命令序列②：初始化ROM→功能命令跟随着需要交换的数据。

访问DS18B20必须严格遵守这一命令序列（命令序列①或命令序列②），如果丢失任何一步或序列混乱，DS18B20都不会应答主机（除Search ROM和Alarm Search这两个命令外。在这两个命令后，主机都必须返回第一步）。

（1）初始化。

DS18B20的初始化序列由主机发出的复位脉冲和跟在其后的由DS18B20发出的应答脉冲构成。当DS18B20发出应答主机的应答脉冲时，即向主机表明它已处在总线上并且准备工作。

（2）ROM命令。

ROM命令通过每个器件64位的ROM码，使主机指定某一特定器件（如果有多个器件挂在总线上）与之进行通信。DS18B20的ROM命令描述如表5.5所示，每个ROM命令都是8位。

表5.5　DS18B20的ROM命令描述

命令	协议	描述
读ROM	33H	读DS18B20中的64位ROM编码，即8位产品编码，48位序列号，以及8位的CRC校验码
符合ROM	55H	发出此命令后，接着发出64位的ROM编码，访问单总线上与该ROM编码相对应的DS18B20，使之做出应答，为下一步对该DS18B20的读写做准备
搜索ROM	F0H	用于确定挂接在同一总线上DS18B20的个数和识别64位ROM编码，为操作各器件做好准备
跳过ROM	CCH	忽略64位ROM地址，直接向DS18B20发送温度转换命令，适用于单个DS18B20工作
报警搜索命令	ECH	执行后，只有温度超过温度值上限或下限时才做出应答
温度转换	44H	启动DS18B20进行温度转换，12位转换时间最长为750ms，结果存入内部9字节RAM中
读暂存器	BEH	读取内部RAM中9字节的内容
写暂存器	4EH	发出向内部RAM的第3、4字节写上、下限温度数据命令，紧挨温度命令之后，传达两字节的数据
复制暂存器	48H	将RAM中第3、4字节内容复制到E^2PROM中
重调E^2PROM	B8H	将E^2PROM中的内容恢复到RAM中的第3、4字节
读供电方式	B4H	读DS18B20的供电模式，寄生电源供电时DS18B20发送“0”，外部供电时DS18B20发送“1”

（3）功能命令。

主机通过功能命令对DS18B20进行读/写暂存器，或者启动温度转换。DS18B20的功能命令描述如表5.6所示。

表5.6　DS18B20的功能命令描述

命令	描述	命令代码	发送命令后单总线上的应答信息	注释
温度转换	启动温度转换	44H	无	1
读暂存器	读取全部的暂存器内容，包括CRC字节	BEH	DS18B20传输多达9个字节至主机	2
写暂存器	写暂存器第2、3和4个字节的数据，即TH、TL和配置寄存器	4EH	主机传输3个字节数据至DS18B20	3
复制暂存器	将暂存器中的TH、TL和配置字节复制到E^2PROM中	48H	无	1
回读E^2PROM	将TH、TL和配置字节从E^2PROM回读至暂存器中	B8H	DS18B20传送回读命令状态至主机	无

注：在温度转换和复制暂存器数据至E^2PROM 期间，主机必须在单总线上允许强上拉，并且在此期间总线上不能进行其他数据传输。通过发出复位脉冲信号，主机能够在任何时候中断数据传输。在复位脉冲信号发出前必须写入全部的3个字节。

五、DS18B20的信号方式

DS18B20采用严格的单总线通信协议以保证数据的完整性。该协议定义了几种信号类型：复位脉冲信号、应答脉冲信号、写“0”、写“1”、读“0”和读“1”。所有这些信号除了应答脉冲信号以外都由主机发出同步信号，并且所有的命令和数据在发送时都是字节的低位在前。这一点与多数串行通信格式（字节的高位在前）不同。

（1）初始化序列复位和应答脉冲。

在初始化过程中，主机通过拉低单总线至少480μs，以产生复位脉冲信号。然后主机释放总线并进入接收（RX）模式。当总线被释放后，由4.7kΩ的上拉电阻将单总线拉高。DS18B20检测到这个上升沿后，延时15～60μs，通过拉低总线60～240μs产生应答脉冲信号。初始化序列复位和应答脉冲信号如图5.5所示。

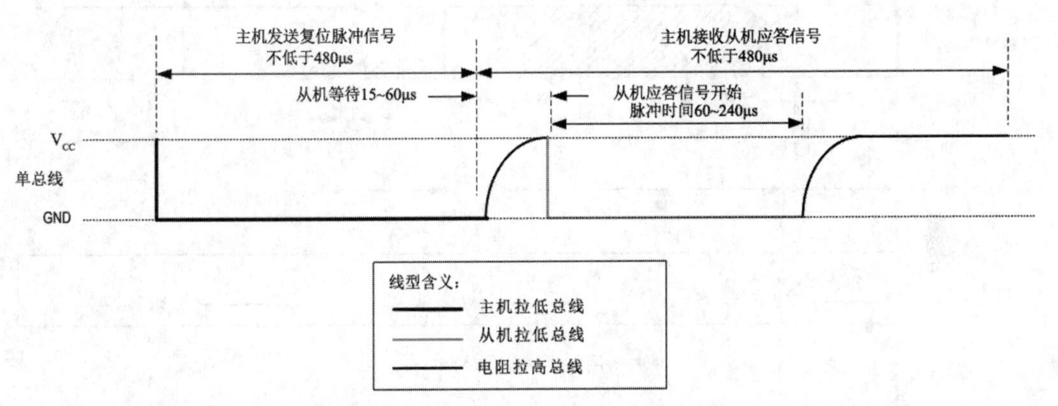

图5.5　初始化序列复位信号和应答脉冲信号

（2）写时隙。

存在两类写时隙：写“1”和写“0”。主机采用写“1”时隙向从机写入“1”，采用写“0”时隙向从机写入“0”。所有写时隙至少需要60μs，且在两次独立的写时隙之间至少需要1μs的恢复时间。两类写时隙均起始于主机拉低总线（见图5.6）。

在写时隙起始后15～60μs，单总线器件采样总线电平状态。如果在此期间采样为高电平，则逻辑“1”被写入该器件；如果采样为低电平，则逻辑“0”被写入该器件。

写“0”时隙产生在主机拉低总线后，只需在整个时隙期间保持低电平即可保持（至少60μs）。

写“1”时隙产生在主机拉低总线后，接着必须在15μs之内释放总线，由4.7kΩ 上拉电阻将总线拉至高电平。

（3）读时隙。

单总线器件仅在主机发出读时隙信号时，才向主机传输数据。所以，在主机发出读取数据命令后，必须马上产生读时隙，以便从机能够传输数据。所有读时隙至少需要60μs，且在两次独立的读时隙之间至少需要1μs的恢复时间。

每“1”个读时隙都由主机发起，且至少拉低总线1μs（见图5.6）。在主机发起读时隙之后，单总线器件才开始在总线上发送“0” 或“1”。若从机发送“1”，则保持总线为高电平。若发送“0”，则拉低总线。当发送“0”时，从机在该时隙结束后释放总线，由上拉电阻将总线拉回至高电平状态。从机发出的数据在起始时隙之后，保持有效时间15μs。因而主机在读时隙期间必须释放总线，并且在时隙起始后的15μs之内采样总线状态。

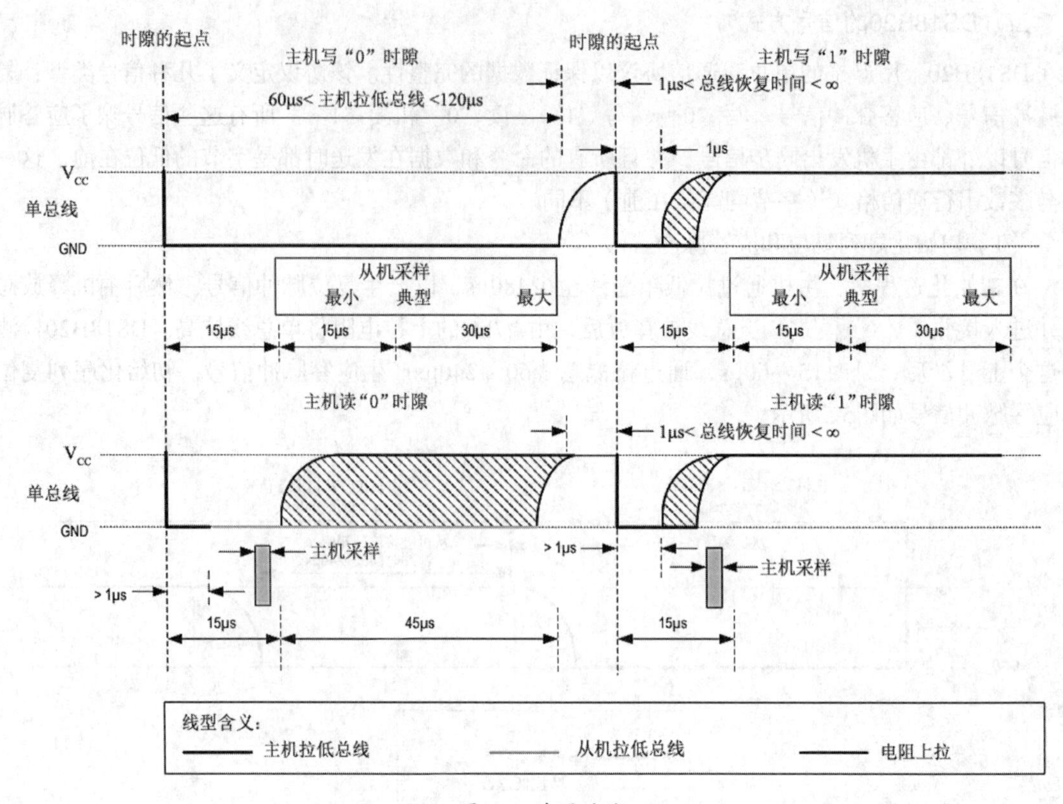

图5.6　读写时隙

5.2　I²C总线

内置集成电路（Inter-Integrated Circuit，I²C）总线是一种由Philips公司开发的两线式串行总线，用于连接微控制器及其外围设备。I²C总线诞生于20世纪80年代，最初用于音频和视频设备开发，如今主要在服务器管理中使用，其中包括单个组件状态的通信。例如，管理员可对各个组件进行查询，以管理系统的配置或掌握组件的功能状态（如电源和系统风扇的状态）。可随时监控内存、硬盘、网络、系统温度等多个参数，增加系统的安全性及可维护性。

5.2.1　I²C总线的特点

I²C总线最主要的特点是简单性和有效性。由于接口直接在组件之上，因此I²C总线占用的空间非常小，减少了电路板的空间和芯片引脚的数量，降低了互联成本。总线的长度可高达63.5cm，并且能够以1×10^4bit/s的最大传输速率支持40个组件传输。I²C总线的另一个特点是支持多主控（Multimastering），其中任何能够进行发送和接收的设备都可以成为主控器件。主控器件能够控制信号的传输和时钟频率。需要注意的是，在任何时间点上只能有一个主控器件。

5.2.2　I²C总线的工作原理

一、I²C总线的构成

I²C总线是由数据线SDA和时钟线SCL构成的串行总线，可发送和接收数据。在CPU与被控IC

（Integrated Circuit Chip，IC）之间、IC与IC之间进行双向传送，最高传送速率为1×10^5bit/s。各种被控制电路均并联在这条总线上，但就像电话机一样只有拨通各自的号码才能工作，所以每个电路和模块都有唯一的地址。在信息的传输过程中，I^2C总线上并联的每一模块电路既是主控器件（或被控器件），又是发送器件（或接收器件），这取决于它所要实现的功能。CPU发出的控制信号分为地址码和控制量两部分，其中地址码用来选址，即接通需要控制的电路或模块，确定控制的种类；控制量决定该调整的类别（如对比度、亮度等）及需要调整的量。这样，各控制电路或模块虽然挂在同一条总线上，却彼此独立，互不相关。

二、I^2C总线的信号类型

I^2C总线在传送数据的过程中共有3种类型的信号，分别是起始信号、停止信号和应答信号。

- 起始信号：SCL为高电平时，SDA由高电平向低电平跳变，开始传送数据。
- 停止信号：SCL为高电平时，SDA由低电平向高电平跳变，结束传送数据。
- 应答信号：接收数据的I^2C在接收到8位数据后，向发送数据的I^2C发出特定的低电平脉冲信号，表示已收到数据。CPU向受控单元发出一个信号后，等待受控单元发出一个应答信号，CPU接收到应答信号后，根据实际情况作出是否继续传递信号的判断。若未收到应答信号，由判断为受控单元出现故障。

目前有很多半导体集成电路上都集成了I^2C口。带有I^2C口的单片机有Cygnal公司的C8051F0XX系列、Philips公司的SP87LPC7XX系列、Microchip公司的PIC16C6XX系列等。很多外围器件如存储器、监控芯片等也提供I^2C口。

5.2.3 I^2C总线基本操作

器件发送数据到总线上，则定义为发送器，器件从总线上接收数据则定义为接收器。主器件和从器件都可以工作于接收和发送状态。总线必须由主器件（通常为微控制器）控制，主器件产生串行时钟信号控制总线的传输，并产生起始和停止条件。SDA线上的数据状态仅在SCL为低电平的期间才能改变，在SCL为高电平的期间，SDA状态的改变被用来表示起始和停止条件。

一、I^2C总线控制字节

在起始条件之后，必须有器件的控制字节，其中高4位为器件类型识别符（不同的芯片类型有不同的定义，E^2PROM一般应为1010），接着3位为片选，最后一位为读写位，置1时为读操作，清0时为写操作。

二、I^2C总线写操作

写操作分为字节写和页写两种，对于页写，根据芯片一次装载的字节不同有所不同。

三、I^2C总线读操作

读操作有3种：当前地址读、随机读和顺序读。进行顺序读时应当注意：为了结束读操作，主机必须在读取最后1个字节的第9个时钟周期发出停止信号或在第9个时钟周期内保持SDA为高电平，然后发出停止信号。

四、I^2C总线需注意的事项

（1）严格按照时序图的要求进行操作。

（2）若与I/O口线上内部带上拉电阻的单片机接口连接，可以不外加上拉电阻。

（3）程序中，为配合相应的传输速率，在对I/O口进行操作的指令后可使用NOP指令增加

延时。

（4）为了减少意外的干扰信号，将E^2PROM内的数据改写为可用外部写保护引脚（如果有），或者在E^2PROM内部没有用的空间写入标志字，每次上电时或复位时做一次检测，判断E^2PROM是否被意外改写。

5.2.4 PCF8563概述

PCF8563是一款低功耗的CMOS实时时间/日历芯片，它提供一个可编程时钟输出、一个中断输出和一个掉电检测器，所有的数据通过I^2C总线接口进行串行通信。总线最大传输速率为400kbit/s，每次读写数据后，其地址寄存器会自动增加。PCF8563多应用于移动电话、便携仪器、传真机、电池、电源等产品。

一、PCF8563的特点

PCF8563基于振荡频率为32.768kHz的晶体振荡器，提供年、月、日、星期、时、分、秒的显示或报警；宽工作电压范围为1.0V ~ 5.5V；具有世纪标志；低工作电流，在3.0V，25℃时，其典型值为0.25μA；在1.8V ~ 5.5V时双线I^2C总线接口最大传输速率为400kbit/s；可编程时钟（32.768kHz、1.024kHz、32Hz、1Hz）输出给外部设备使用；闹钟和定时功能；内置振荡电容器；片内电源复位；中断引脚开漏；I^2C总线从地址读A3H、写A2H。

二、PCF8563引脚

PCF8563的引脚排列如图5.7所示。

PCF8563引脚描述如表5.7所示。

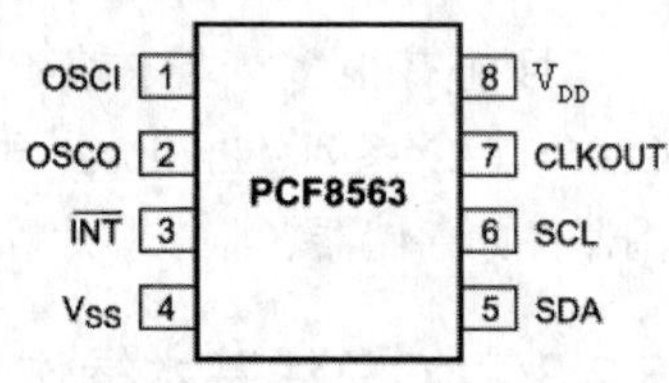

图5.7 PCF8563的引脚排列

表5.7 PCF8563引脚描述

引脚名称	引脚序号	描述
OSCI	1	振荡器输入
OSCO	2	振荡器输出
$\overline{INT}$	3	中断输出（开漏、低电平有效）
V_{SS}	4	地
SDA	5	串行数据输入与输出
SCL	6	串行时钟输入
CLKOUT	7	时钟输出，开漏
V_{DD}	8	供电

三、PCF8563功能描述

PCF8563有16个8位寄存器。所有16个8位寄存器设计成可寻址的8位并行寄存器，但不是所有位都有用。00H和01H用于控制/状态寄存器，02H ~ 08H用于时钟读数器（秒 ~ 年计数器），09H ~ 0CH用于报警寄存器（设置报警条件），0DH用于设置CLKOUT引脚的输出频率，地址0EH和0FH分别用于定时器控制寄存器和定时器倒计时控制寄存器。PCF8563的秒、分、时、日、月、年报警、时报警、日报警寄存器的编码格式为BCD码，星期和星期报警寄存器不使用BCD码。

当一个RTC的寄存器被读或写时，所有计数器的内容被锁存，因此在传送条件下，可以阻止对时钟/日历芯片的错读或错写。

四、PCF8563寄存器结构

PCF8563寄存器结构如表5.8所示。

表5.8　PCF8563寄存器结构

地址	寄存器名	Bit 7	Bit 6	Bit 5	Bit 4	Bit 3	Bit 2	Bit 1	Bit 0
00H	控制/状态寄存器1	TEST1	0	STOP	0	TESTC	0	0	0
01H	控制/状态寄存器2	0	0	0	TI/TP	AF	TF	AIE	TIE
02H	VL/秒	VL	00 ~ 59 BCD码格式数						
03H	分	—	00 ~ 59 BCD码格式数						
04H	时	—	—	00 ~ 23 BCD码格式数					
05H	日	—	—	01 ~ 31 BCD码格式数					
06H	星期	—	—	—	—	—	0 ~ 6		
07H	月/世纪	C	—	—	01 ~ 12 BCD码格式数				
08H	年	00 ~ 99 BCD码格式数							
09H	分报警	AE	00 ~ 59 BCD码格式数						
0AH	时报警	AE	—	00 ~ 23 BCD码格式数					
0BH	日期报警	AE	—	01 ~ 31 BCD码格式数					
0CH	星期报警	AE	—	—	—	—	0 ~ 6		
0DH	时钟输出寄存器	FE	—	—	—	—	—	FD1	FD0
0EH	定时器控制寄存器	TE	—	—	—	—	—	TD1	TD0
0FH	定时器倒计时控制寄存器	倒计时寄存器的值							

（1）控制/状态寄存器1。

控制/状态寄存器1（地址00H）的位描述如表5.9所示。

表5.9　控制/状态寄存器1的位描述

Bit	符号	值	描述
7	TEST1	0	普通模式
		1	EXT_CLK测试模式
6	—	0	未使用
5	STOP	0	RTC时钟运行
		1	所有的RTC分频链触发都异步设为逻辑0，RTC时钟停止，但CLKOUT在32.768kHz仍然可用
4	—	0	未使用
3	TESTC	0	电源复位功能失效（普通模式时设为逻辑0）
		1	电源复位功能有效
2	—	0	未使用
1	—	0	未使用
0	—	0	未使用

（2）控制/状态寄存器2。

控制/状态寄存器2（地址01H）的位描述如表5.10所示，INT操作如表5.11所示。

表5.10　控制/状态寄存器2的位描述

Bit	符号	值	描述
7 ~ 5	—	000	未使用
4	TI/TP	0	当TF有效时INT有效（取决于TIE的状态）
		1	INT脉冲有效，参见表5.11（取决于TIE的状态），若AF和AIE都有效，则INT一直有效

续表

Bit	符号	值	描述
3	AF	0	读出0表示报警标志无效，写入0清除报警标志
		1	读出1表示报警标志有效，写入1维持原有报警标志
2	TF	0	读出0表示定时器标志无效，写入0清除定时器标志
		1	读出1表示定时器标志有效，写入1维持原有定时器标志
1	AIE	0	禁用报警中断
		1	启用报警中断
0	TIE	0	禁用定时器中断
		1	启用定时器中断

表5.11　INT操作（Bit TI/TP=1）

源时钟（Hz）	INT周期	
	n=1	n >1
4096	1/8192	1/4096
64	1/128	1/64
1	1/64	1/64
1/60	1/64	1/64

注：n为倒计时定时器的数值，当n为0时定时器停止工作。

（3）时间和日期寄存器。

大部分寄存器使用BCD码格式进行编码以简化应用程序。

- VL/秒寄存器（地址02H）的位描述如表5.12所示。

表5.12　VL/秒寄存器的位描述

Bit	符号	值	位值	描述
7	VL	0	—	保证准确的时钟/日历数据
		1	—	不保证准确的时钟/日历数据
6～4	秒	0～5	十位	BCD码格式的秒数值
3～0	秒	0～6	个位	

- 分寄存器（地址03H）的位描述如表5.13所示。

表5.13　分寄存器的位描述

Bit	符号	值	位值	描述
7	—	—	—	未使用
6～4	分	0～5	十位	BCD码格式的分钟数值
3～0	分	0～6	个位	

- 时寄存器（地址04H）的位描述如表5.14所示。

表5.14　时寄存器的位描述

Bit	符号	值	位值	描述
7	—	—	—	未使用
6～4	时	0～2	十位	BCD码格式的小时数值
3～0	时	0～9	个位	

- 日寄存器（地址05H）的位描述如表5.15所示。

表5.15　日寄存器的位描述

Bit	符号	值	位值	描述
7 ~ 6	—	—	—	未使用
5 ~ 4	日	0 ~ 3	十位	BCD码格式的天数值
3 ~ 0	日	0 ~ 9	个位	

● 星期寄存器（地址06H）的位描述如表5.16所示。

表5.16　星期寄存器的位描述

Bit	符号	值	描述
7 ~ 3	—	—	未使用
2 ~ 0	星期	0 ~ 6	星期数值0 ~ 6，0为星期日，6为星期六

● 世纪/月寄存器（地址07H）的位描述如表5.17所示。

表5.17　月/世纪寄存器的位描述

Bit	符号	值	位值	描述
7	C	0	—	表示世纪为x
		1	—	表示世纪为x+1
6 ~ 5	—	—	—	未使用
4	月	0 ~ 1	十位	BCD码格式的月数值
3 ~ 0	月	0 ~ 9	个位	

注：当年寄存器溢出（从99变为0）时，Bit 7（C）会被取反。

● 年寄存器（地址08H）的位描述如表5.18所示。

表5.18　年寄存器的位描述

Bit	符号	值	位值	描述
7 ~ 4	年	0 ~ 9	十位	BCD码格式的年数值
3 ~ 0	年	0 ~ 9	个位	

（4）报警寄存器。

当一个或多个报警寄存器写入合法的分、时、日或星期的数值并且它们相应的AE（Alarm Enable）位为逻辑0，以及这些数值与当前的分、时、日或星期数值相等时，标志AF（Alarm Flag）被置位，可由软件清“0”。AF被清“0”后，只有在时间增量与报警条件再次相匹配时才可再被置位，报警寄存器在它们相应位AE位置位为逻辑1时将被忽略。

● 分报警寄存器（地址09H）的位描述如表5.19所示。

表5.19　分钟报警寄存器的位描述

Bit	符号	值	位值	描述
7	AE_M	0	—	允许分钟报警
		1	—	禁止分钟报警
6 ~ 4	分报警值	0 ~ 5	十位	BCD码格式的分钟报警数值
3 ~ 0	分报警值	0 ~ 9	个位	

● 时报警寄存器（地址0AH）的位描述如表5.20所示。

表5.20　小时报警寄存器的位描述

Bit	符号	值	位值	描述
7	AE_H	0	—	允许小时报警
		1	—	禁止小时报警

续表

Bit	符号	值	位值	描述
6	—	—	—	未使用
5 ~ 4	时报警值	0 ~ 2	十位	BCD码格式的小时报警数值
3 ~ 0	时报警值	0 ~ 9	个位	

● 日报警寄存器（地址0BH）的位描述如表5.21所示。

表5.21 日报警寄存器的位描述

Bit	符号	值	位值	描述
7	AE_D	0	—	允许天报警
		1	—	禁止天报警
6	—	—	—	未使用
5 ~ 4	日报警值	0 ~ 3	十位	BCD格式的天报警数值
3 ~ 0	日报警值	0 ~ 9	个位	

● 星期报警寄存器（地址0CH）的位描述如表5.22所示。

表5.22 星期报警寄存器的位描述

Bit	符号	值	描述
7	AE_W	0	允许周报警
		1	禁止周报警
6 ~ 3	—	—	未使用
2 ~ 0	周报警值	0 ~ 6	周报警数值

（5）时钟输出寄存器。

引脚CLKOUT可以输出可编程的方波信号，时钟输出寄存器（地址0DH）决定其输出频率。CLKOUT可以输出32.768kHz（默认）、1024Hz、32Hz、1Hz的方波信号，CLKOUT为开漏输出引脚，禁用时为高阻抗状态。时钟输出寄存器（地址0DH）的位描述如表5.23所示。

表5.23 时钟输出寄存器的位描述

Bit	符号	值	描述
7	FE	0	禁用CLKOUT引脚输出，且将该引脚设置为高阻抗状态
		1	启用CLKOUT引脚
6 ~ 2	—	—	未使用
1 ~ 0	FD[1 : 0]		CLKOUT引脚输出频率
		00	32.768 kHz
		01	1024 Hz
		10	32 Hz
		11	1 Hz

（6）定时功能。

定时器控制寄存器（地址0EH）控制着8位倒计时控制寄存器（地址为0FH）。定时器控制寄存器可配置4种时钟频率（4096Hz、64Hz、1Hz、1/60Hz）给定时器，并且可以使用或禁用定时器功能。定时器倒计时控制寄存器从软件设定的8位二进制数值开始倒计时，每次倒计时结束时将TF置位。TF只能软件清“0”。TF用于产生中断（INT）信号，在每个倒计时周期产生一个脉冲作为中断信号。TI/IP控制中断产生条件，当读取定时器寄存器时，返回当前倒计时的数值。

● 定时器控制寄存器（地址0EH）的位描述如表5.24所示。

表5.24 定时器控制寄存器的位描述

Bit	符号	值	描述
7	TE	0	禁用定时器
		1	启用定时器
6 ~ 2	—	—	未使用
1 ~ 0	TD[1 : 0]		定时器时钟频率
		00	4.096kHz
		01	64 Hz
		10	1 Hz
		11	1 /60Hz

● 定时器倒计时控制寄存器（地址0FH）的位描述如表5.25所示。

表5.25 定时器倒计时控制寄存器的位描述

Bit	符号	值	描述
7 ~ 0	定时器时值	00H ~ FFH	倒计时周期=*n*/时钟源频率，单位为秒，*n*为倒计时数值

5.3 LCD

LCD是一种通用性较强的显示器，能够显示较为丰富的信息，它可作为智能仪表的信息显示界面，具有低压、微功耗、显示清晰等特点。本节介绍单片机与LCD显示器接口技术。

5.3.1 LCD显示器介绍

一、LCD原理及分类

LCD显示器的原理是利用液晶的物理特性，通过电压对其显示区域进行控制，有电的地方主要显示黑色，这样可显示出图形。LCD显示器具有体积小、厚度薄、适用于大规模集成电路直接驱动、易于实现全彩色显示等特点，目前已经被广泛应用于便携式计算器、数字录（摄）像机、PDA移动通信等。

LCD显示器的分类方法有很多种，通常可按照其显示方式分为段式、点字符式、点阵式等。除了黑白显示外，LCD显示器还有多灰度和彩色显示等类型。如果根据驱动方式来分，可分为静态驱动（Static）、单纯矩阵驱动（Simple Matrix）和主动矩阵驱动（Active Matrix）3种。

二、LCD显示器线段显示

点阵式LCD由M×N个显示单元组成，假设LCD显示屏有64行，每行有128列，每8列对应1字节的8位，即每行由16字节，共128（16×8）个点组成，屏上64×16个显示单元与显示随机存储器（Random Access Memory，RAM）区的1024字节相对应，每一字节的内容和显示屏上相应位置的亮暗对应。

三、LCD显示器字符显示

用LCD显示器显示一个字符比较复杂，因为一个字符由6×8或8×8点阵组成，既要找到和显示屏上某几个位置对应的显示RAM区的8字节，还要使每个字节的位为1，其他的位为0。为1的区域点亮，为0的区域不亮，这样就能显示某个字符。

四、LCD显示器汉字显示

汉字的显示一般采用图形方式，事先从PC中通过汉字点阵码提取专用软件来提取要显示的汉字的点阵码，每个汉字占32字节，分左、右两部分，各占16个字节。左边为1,3,5…，右边为2,4,6…，根据在LCD显示器上开始显示的行列号及每行的列数可找出显示RAM的对应地址，设置光标，送上要显示的汉字的第1个字节，光标位置加1，接着送第2个字节，换行、按列对齐，再送第3个字节…，直到32个字节送完，即可在LCD显示器上显示一个完整的汉字。

5.3.2 HD44780概述

一、一般字符型LCD显示器引脚定义

市面上的字符型LCD显示器绝大多数是基于HD44780液晶芯片的研发生产，其控制原理类似，因此HD44780写的控制程序可以很方便地应用于市面上大部分的字符型LCD显示器。字符型LCD显示器通常有14条引脚线或16条引脚线，多出来的2条引脚线是背光电源线V_{CC}（15脚）和地线GND（16脚），16脚的控制原理与14脚的完全一样，其引脚定义如表5.26所示。

表5.26 16个引脚字符型LCD的引脚定义

引脚编号	引脚名称	输入/输出（I/O）	引脚描述
1	GND	—	电源负端（0V）
2	V_{DD}	—	电源正端（5V）
3	V0	—	LCD驱动电压输入端
4	RS	I	指令/数据选择信号
5	R/W	I	读/写选择信号
6	E	I	使能信号
7	DB0	I/O	数据0
8	DB1	I/O	数据1
9	DB2	I/O	数据2
10	DB3	I/O	数据3
11	DB4	I/O	数据4
12	DB5	I/O	数据5
13	DB6	I/O	数据6
14	DB7	I/O	数据7
15	BL1	—	LCD背光电源（5V）
16	BL2	—	LCD背光电源（0V）

二、LCM内部结构

字符型液晶显示模块主要由 LCD 显示屏（LCD Panel）、控制器（Controller）、驱动器（Driver）和偏压产生电路构成。控制器主要由指令寄存器（IR）、数据寄存器（DR）、忙标志（BF）、地址计数器（AC）、显示数据寄存器（DDRAM）、字符发生器 ROM（CGROM）、字符发生器 RAM（CGRAM）以及时序发生电路等组成。

三、指令寄存器和数据寄存器

用户可以通过使能信号（E）、指令/数据选择信号（RS）、读/写选择信号（R/W）组合选择指定的寄存器，并进行相应的操作。E、RS、R/W组合功能如表5.27所示。

表5.27 E、RS、R/W组合功能

E	RS	R/W	功能说明
H	L	L	将 DB0 ~ DB7的指令代码写入指令寄存器
↓	L	H	分别将忙标志 BF 和地址计数器（AC）内容读到DB7和DB6 ~ DB0
H	H	L	将 DB0 ~ DB7 的数据写入数据寄存器，模块进行内部操作自动将数据写到 DDRAM或CGRAM 中
↓	H	H	将数据寄存器内的数据读到 DB0 ~ DB7，模块进行内部操作自动将DDRAM或 CGRAM中的数据送入数据寄存器

注：H表示高电平，L表示低电平，↓表示由高电平至低电平。

四、忙标志

BF为1时，表明模块正在进行内部操作，此时不接受任何外部指令和数据；BF为0时，液晶显示器可以接收单片机送来的数据或指令。当RS=0、R/W=1 及E为高电平时，BF输出到DB7。

五、地址计数器

AC是DDRAM或CGRAM的地址指针。随着 IR 中指令码的写入，指令码携带的地址信息自动送入AC，并做出AC选择 DDRAM的地址指针或CGRAM 的地址指针。AC具有自动加1或减1的功能。当DR与DDRAM或CGRAM之间完成一次数据传送后，AC自动会加1或减1。当 RS=0、R/W=1且E为高电平时，AC的内容送到DB6 ~ DB0。

六、显示数据寄存器

DDRAM 存储显示字符的字符码，其容量的大小决定模块最多可显示的字符数目。HD44780内置的 DDRAM共80个字节，而LCD1602的显示屏幕只有“16字×2行”大小，所以并不是所有写入DDRAM的字符都能在屏幕上显示出来，只有写在00H ~ 0FH、40H ~ 4FH的字符才可以显示出来，而对于该范围外的字符，可以利用“光标或显示移动指令”使字符慢慢移动到可见的显示范围内，这样，用户能看到字符的移动效果。DDRAM地址和屏幕的对应关系如表5.28所示。

表5.28 DDRAM地址和屏幕的对应关系

第1行	00	01	02	03	04	05	06	07	08	09	0A	0B	0C	0D	0E	0F	10	……	27
第2行	40	41	42	43	44	45	46	47	48	49	4A	4B	4C	4D	4E	4F	50	……	67

七、CGROM和CGRAM与字符的对应关系

LCD模块上固化了字模存储器，这就是CGROM和CGRAM。HD44780内置了192个常用字符的字模，存于字符产生器（Character Generator ROM），另外还有8个允许用户自定义的字符产生RAM（Character Generator RAM)。图5.8所示为CGROM中字符码与字符字模的关系，说明了CGROM与字符的对应关系。

字符代码0x00 ~ 0x0F代表的为用户自定义的字符图形RAM，0x20 ~ 0x7F为标准的ASCII，0xA0 ~ 0xFF为日文字符和希腊文字符，其余字符码（0x10 ~ 0x1F及0x80 ~ 0x9F）没有定义。要在屏幕上显示已存在于CGROM中的字符，只需在DDRAM中写入它的字符代码就可以了；若要显示CGROM中没有的字符，如摄氏温度的符号，就需要先在CGRAM中定义摄氏温度符号的字模，再在DDRAM中写入这个自定义字符的字符代码。

八、HD44780的指令集

HD44780共有11条指令，如表5.29所示。下面介绍各种指令的功能及编码。

图5.8　CGROM中字符码与字符字模的关系

表5.29　HD44780 指令

指令功能	指令编码										执行时间
	RS	R/W	DB7	DB6	DB5	DB4	DB3	DB2	DB1	DB0	
清屏	0	0	0	0	0	0	0	0	0	1	1.64ms
光标归位	0	0	0	0	0	0	0	0	1	X	1.64ms
进入模式设置	0	0	0	0	0	0	0	1	I/D	S	40μs
显示开关控制	0	0	0	0	0	0	1	D	C	B	40μs
设定显示屏或光标移动方向	0	0	0	0	0	1	S/C	R/L	X	X	40μs
功能设定	0	0	0	0	1	DL	N	F	X	X	40μs
设定CGRAM地址	0	0	0	1	CGRAM的6位地址						40μs
设定DDRAM地址	0	0	1	CGRAM的7位地址							40μs
读取忙碌信号或AC地址	0	1	FB	7位AC内容							40μs
数据写入DDRAM或CGRAM	1	0	要写入的数据D7 ~ D0								40μs
从CGRAM或DDRAM读出数据	1	1	要读出的数据D7 ~ D0								40μs

注：X为任意值。

（1）清屏。

● 清除液晶显示屏的字符，即将DDRAM的内容全部填入空格字符（ASCII为20H）。

- 光标归位，即将光标撤回液晶显示屏的左上方。
- 将AC的值设为0。

（2）光标归位。

- 把光标撤回到显示屏的左上方。
- 把AC的值设置为0。
- 保持DDRAM的内容不变。

（3）进入模式设置。

设定每次输入1位数据后光标的移位方向，并且设定每次写入的一个字符是否移动。其参数设置如表5.30所示。

表5.30　进入模式设置指令参数设置

位名称	操作及功能	
I/D	0为写入新数据后光标左移	1为写入新数据后光标右移
S	0为写入新数据后显示屏上字符不移动	1为写入新数据后显示屏上字符整体右移1个字符

（4）显示开关控制。

控制显示器开/关、光标显示/关闭及光标是否闪烁。其参数设置如表5.31所示。

表5.31　显示开关控制指令参数设置

位名称	操作及功能	
D	0为显示功能关	1为显示功能开
C	0为无光标	1为有光标
B	0为光标闪烁	1为光标不闪烁

（5）设定显示屏或光标移动方向。

使光标移位或使整个显示屏移位。其参数设置如表5.32所示。

表5.32　设定显示屏或光标移动方向参数设置

位名称		操作及功能
S/C	R/L	
0	0	光标左移1格，且AC值减1
0	1	光标右移1格，且AC值加1
1	0	显示器上字符全部左移1格，但光标不动
1	1	显示器上字符全部右移1格，但光标不动

（6）功能设定。

设定数据总线位数、显示的行数及字型。其参数设置如表5.33所示。

表5.33　功能设定参数设置

位名称	操作及功能	
DL	0为数据总线为4位	1为数据总线为8位
N	0为显示1行	1为显示2行
F	0为5×7点阵/字符	1为5×10点阵/字符

（7）设定CGRAM地址。

设定下一个要存入数据的CGRAM的地址。

（8）设定DDRAM地址。

设定下一个要存入数据的DDRAM的地址。

（9）读取忙碌信号或AC地址。

- 读取忙碌信号BF的内容，BF=1表示液晶显示器忙碌，暂时无法接收单片机送来的数据或指令；当BF=0时，液晶显示器可以接收单片机送来的数据或指令。
- 读取AC地址的内容。

（10）数据写入DDRAM或CGRAM。

- 将字符码写入DDRAM，以使液晶显示屏显示出与之对应的字符。
- 将使用者自己设计的图形存入CGRAM。

（11）从CGRAM或DDRAM读出数据。

读取CGRAM或DDRAM 中的内容。

5.4 数字电子时钟硬件设计

数字电子时钟是基于AT89S51单片机及外围接口构成的时钟系统，利用PCF8563的极低功耗的多功能时钟/日历芯片实现时钟、日历、报警、定时器功能。数字电子时钟采用1602LCD作为显示设备，显示日历、时间及其他信息。其硬件架构如图5.9所示，下面介绍各模块的功能。

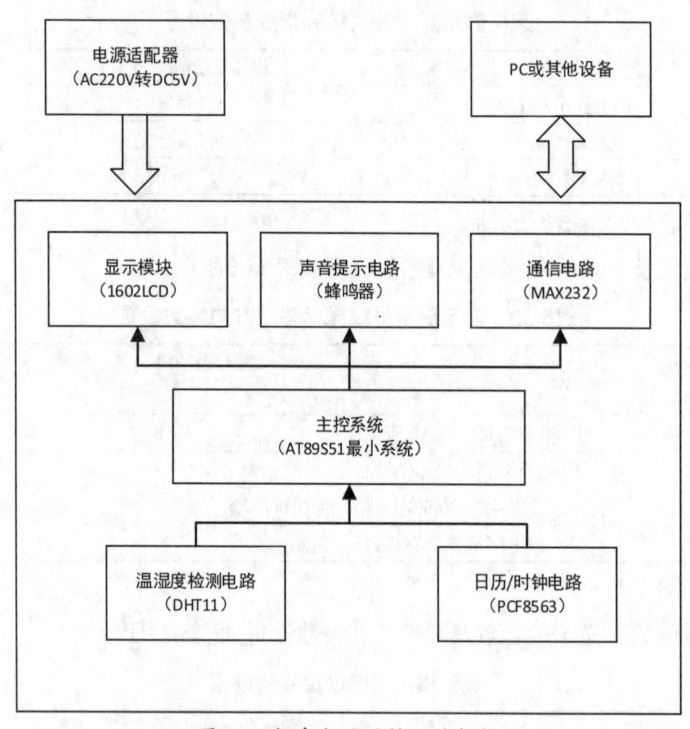

图5.9 数字电子时钟硬件架构

5.4.1 主控系统

主控系统由AT89S51单片机及其外围电路构成，采用12MHz晶振。主要负责数字电子时钟的各功能模块的管理与支配，其原理图如图5.10所示。

按键KEY1、KEY2、KEY3为系统控制与设置按键，用户通过这3个按键与系统交互，实现时间、日历设置及定时、闹钟等功能。

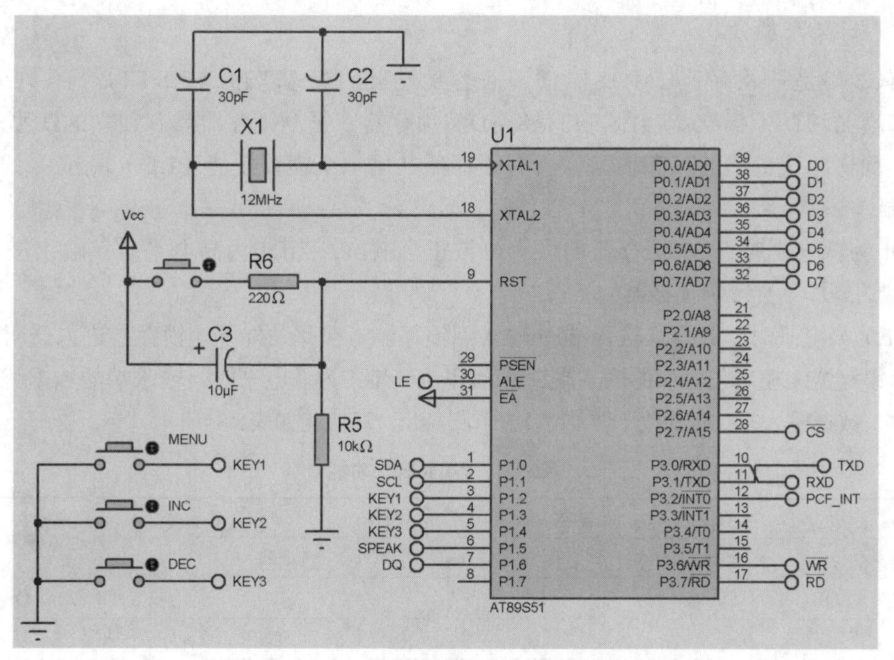

图5.10　数字电子时钟主控系统原理图

5.4.2　显示模块

显示模块由1602LCD、74H373、74HC00构成，用于显示时间、日历、倒计时及其他信息，其原理图如图5.11所示。

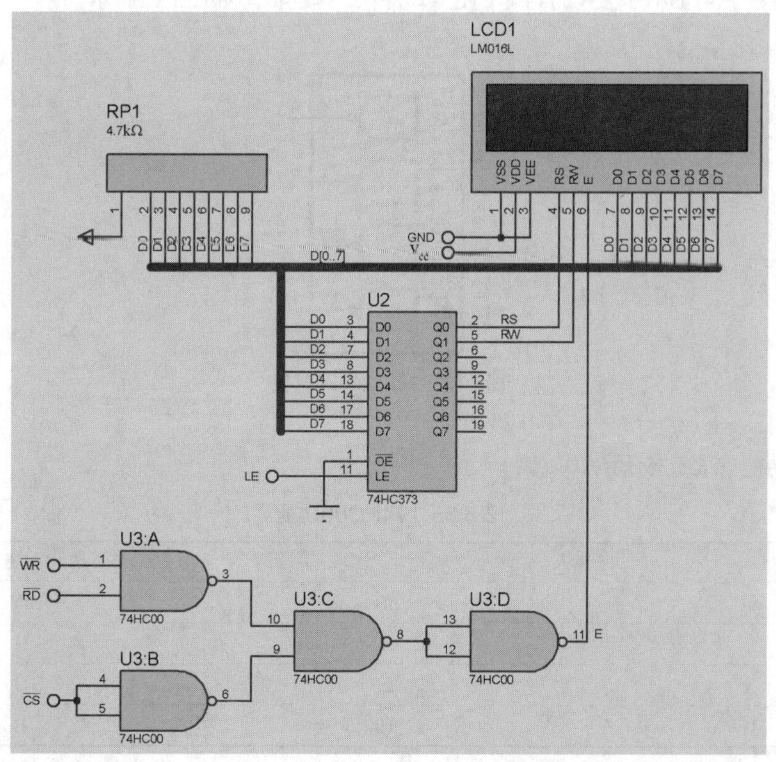

图5.11　数字电子时钟显示模块原理图

一、74HC373简介

74HC373是一款高速CMOS器件，兼容低功耗肖特基TTL（LSTTL）系列元器件。74HC373遵循JEDEC标准。74HC373是8路D型锁存器，每个锁存器具有独立的D 型输入，以及适用于面向总线应用的三态输出。所有锁存器共用一个锁存使能（LE）端和一个输出使能（$\overline{OE}$）端。

当$\overline{OE}$为低电平时，8个锁存器的内容可被正常输出；当$\overline{OE}$为高电平时，输出进入高阻状态。$\overline{OE}$端的操作不会影响锁存器的状态。

当LE为高电平时，数据从输入端Dn输入到锁存器。在此条件下，锁存器进入透明模式，也就是说，锁存器的输出与对应的输入端D变化相同。当LE为低电平时，输入端的数据就被锁存在锁存器中，数据输入端D的变化不再影响输出端输出。其功能如表5.34所示。

表5.34　74HC373功能

输入			输出
输出控制		数据	
$\overline{OE}$	LE	D	Q
L	H	L	L
L	H	H	H
L	L	X	Q_0
H	X	X	Z

注：H表示高电平，L表示低电平，X表示任意电平，Z表示高阻状态，Q_0表示建立稳态输入条件之前的输出电平。

二、74HC00简介

74HC00是一款4通道两输入的与非门逻辑芯片，其逻辑图如图5.12所示。

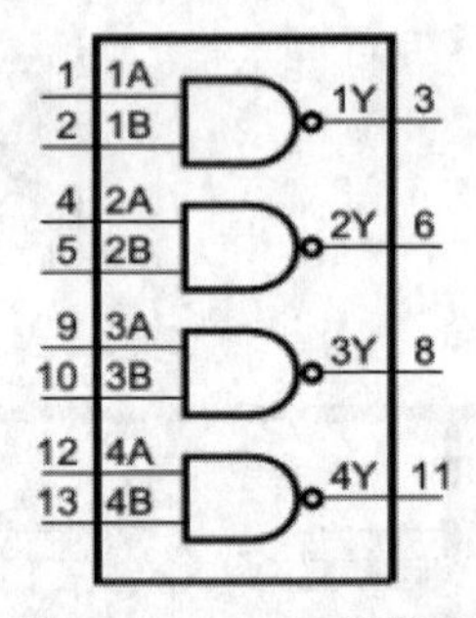

图5.12　74HC00逻辑图

74HC00功能如表5.35所示。

表5.35　74HC00功能

输入		输出
nA	nB	nY
L	X	H
X	L	H
H	H	L

注：H表示高电平，L表示低电平，X表示任意电平。

5.4.3 声音提示电路

声音提示电路由蜂鸣器构成，系统开机、按键按下、抢答成功和异常时都可以用该电路发出提示声。当三极管Q5基极输入高电平时，Q5导通，蜂鸣器发声；否则Q5截止，蜂鸣器不发声。图5.13所示为其原理图。

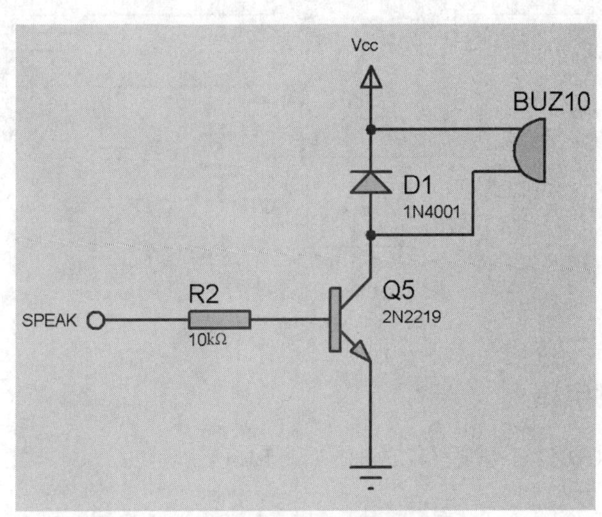

图5.13 声音提示电路原理图

5.4.4 日历/时钟电路

时钟电路由PCF8563、32768Hz晶振构成，其原理图如图5.14所示。

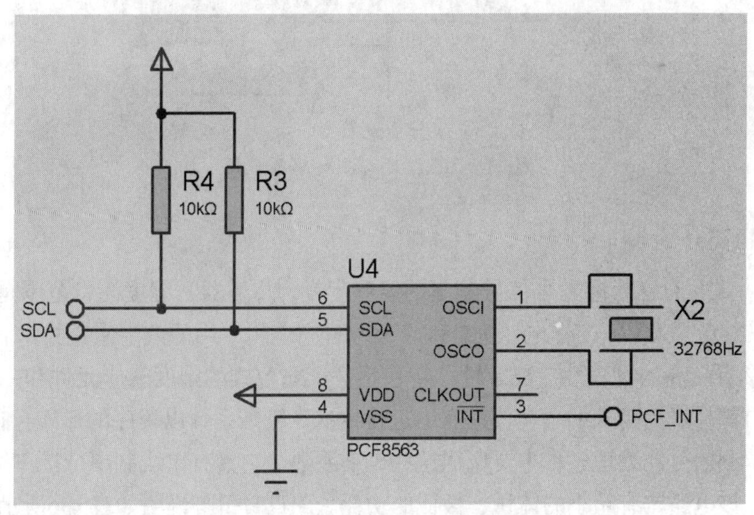

图5.14 日历/时钟电路原理图

5.4.5 通信电路

通信电路主要由MAX232构成，RS232相关知识的介绍详见第4章相关内容。通信电路原理图如图5.15所示。

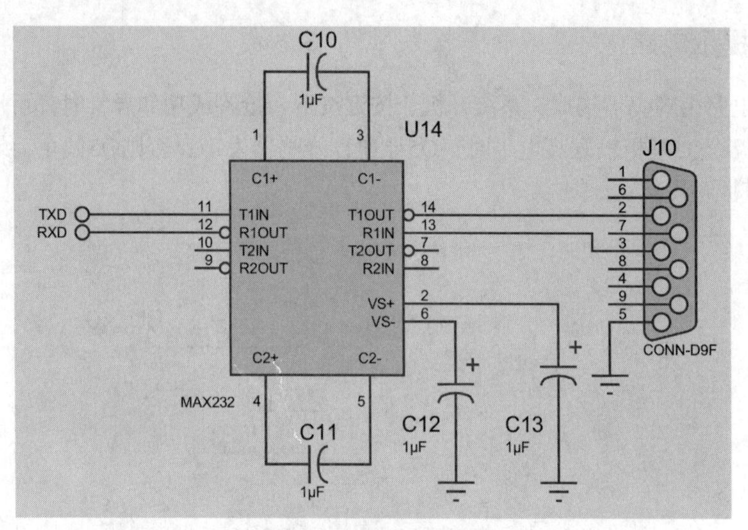

图5.15　通信电路原理图

5.4.6　温湿度检测电路

温湿度检测电路由DHT11构成，其原理图如图5.16所示。

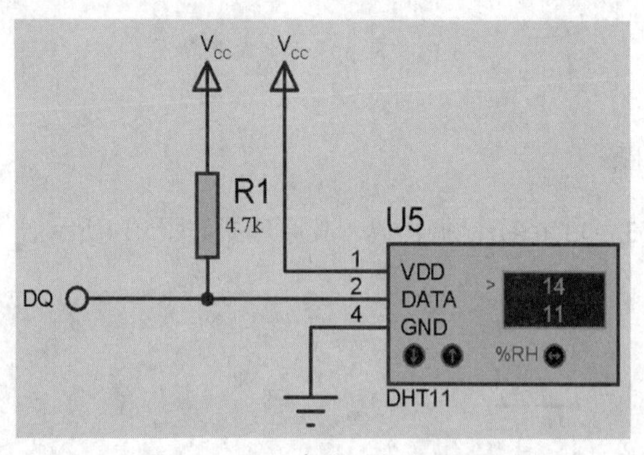

图5.16　温湿度检测电路原理图

一、DHT11简介

DHT11是一款含有已校准数字信号输出的温湿度复合传感器，湿度测量范围是5%～95%，温度测量范围为-20℃～60℃，工作电压为3.3V～5.5V。它应用专用的数字采集技术和温湿度传感技术，确保产品具有较高的可靠性、稳定性。它包括一个电容式的湿度感应元件和一个NTC 测温元件。每个DHT11都在极为精确的湿度校准室中进行校准。校准系数以程序的形式存在OTP内存中，传感器内部在检测信号的处理过程中要调用这些校准系数。它具有单线制串行接口，使系统集成变得简易、快捷。该电路具有超小的体积、极低的功耗。DHT11引脚说明如表5.36所示。

表5.36　DHT11引脚说明

引脚	符号	说明
1	VDD	供电DC3.3～5.5V
2	DATA	单总线串行数据线
3	NC	空脚
4	GND	接地，电源负极

二、DHT11通信说明

DHT11器件采用简化的单总线通信。单总线，即只有一根数据线，系统中的数据交换、控制均由单总线完成。设备（主机或从机）通过一个漏极开路或三态端口连至该数据线，以允许设备在不发送数据时能够释放总线，而让其他设备使用总线。使用单总线通常要求外接一个4.7kΩ的上拉电阻，这样，当总线闲置时，其状态为高电平。由于它们是主从结构，只有主机呼叫从机时，从机才能应答，因此主机访问器件都必须严格遵循单总线序列，如果序列混乱，器件将不应答主机。

三、传送数据位定义

DATA引脚用于微处理器与DHT11之间的通信和同步，采用单总线数据格式，一次传送40位数据，高位在前。

数据格式为：8bit湿度整数数据+8bit湿度小数数据+8bit温度整数数据+8bit温度小数数据+8bit校验位。其中湿度小数部分为0。

校验位数据定义为：8bit湿度整数数据+8bit湿度小数数据+8bit温度整数数据+8bit温度小数数据所得结果的末位。

四、总线格式

DHT11单总线格式定义如表5.37所示。

表5.37 DHT11单总线格式定义

名称	单总线格式定义
起始信号	微处理器把数据总线（SDA）至少拉低18ms（最大不超过 30ms），通知传感器准备数据
应答信号	传感器把SDA拉低83μs，再拉高87μs以应答主机的起始信号
数据格式	收到主机起始信号后，传感器一次性从SDA传出40位数据，高位在前

DHT11单总线信号特性如表5.38所示。

表5.38 DHT11单总线信号特性

名称	最小值	典型值	最大值	单位
主机起始信号拉低的时间	18	20	30	ms
主机释放总线时间	10	13	35	μs
应答低电平时间	78	83	88	μs
应答高电平时间	80	87	92	μs
信号“0”“1”低电平持续时间	50	54	58	μs
信号“0”高电平持续时间	23	24	27	μs
信号“1”高电平持续时间	68	71	74	μs
传感器释放总线时间	52	54	56	μs

五、外设读取步骤

可通过下述几个步骤完成对DHT11数据的读取。

（1）上电等待。

DHT11 上电后要等待1s来跳过不稳定状态，在此期间不能发送任何指令。DHT11跳过1s后检测环境温湿度数据，并记录数据，同时DHT11的DATA数据线由上拉电阻拉高一直保持高电平；此时DHT11的DATA 引脚处于输入状态，时刻检测外部信号。

（2）向DHT11发送起始信号。

微处理器的I/O口设置为输出且输出为低电平，低电平保持时间不能小于18ms（但不超过

30ms），然后微处理器的I/O口设置为输入状态。由于上拉电阻，微处理器的I/O 口即DHT11的DATA数据线也变为高电平，等待DHT11作出应答信号，发送起始信号如图5.17所示。

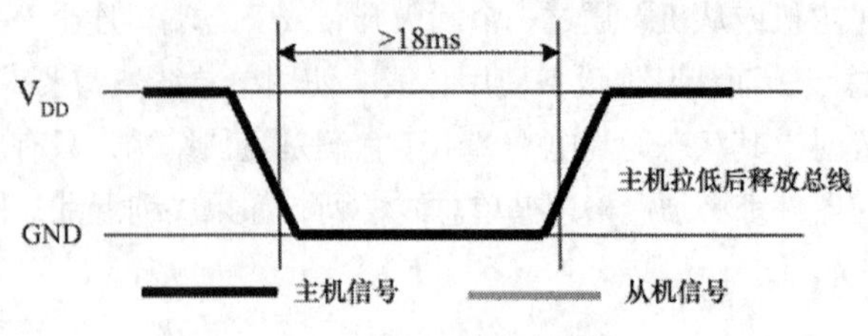

图5.17　发送起始信号

（3）DHT11应答起始信号。

在DHT11的DATA引脚检测到外部信号有低电平时，等待外部信号低电平结束，延迟后DHT11的 DATA引脚处于输出状态，输出83μs的低电平作为应答信号，紧接着输出87μs的高电平通知外设准备接收数据，微处理器的I/O口此时处于输入状态，检测到I/O口有低电平（DHT11的应答信号）后，等待接收87μs的高电平后的数据，响应起始信号如图5.18所示。

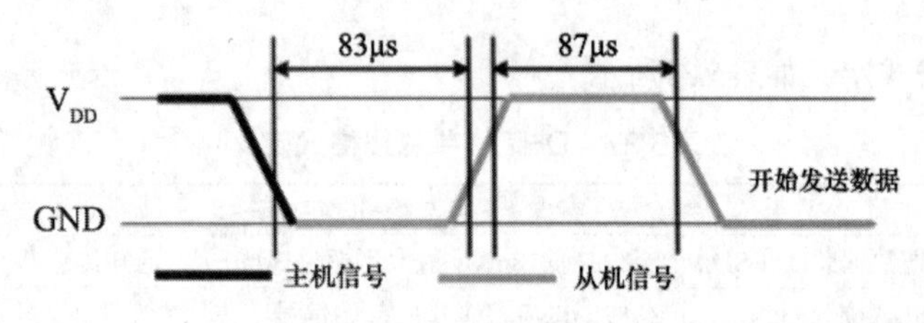

图5.18　响应起始信号

（4）DHT11发送数据。

由 DHT11的DATA引脚输出40位数据，微处理器根据I/O口电平的变化接收40位数据，位数据“0”的格式为：54μs的低电平和23 ~ 27μs的高电平。位数据“1”的格式为：54 μs的低电平加68μs ~ 74μs的高电平。位数据“0”“1”信号如图5.19所示。

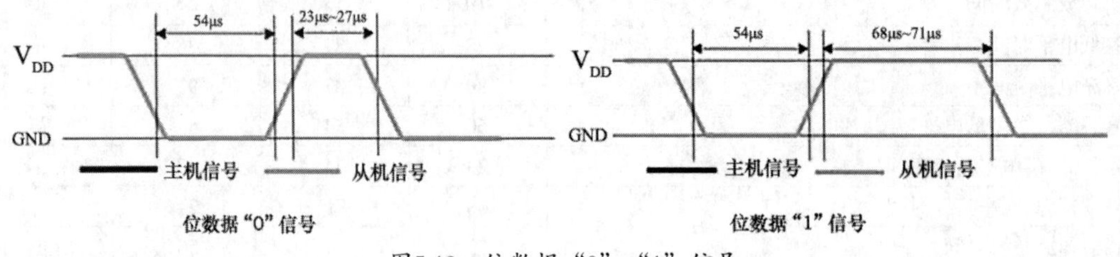

图5.19　位数据“0”“1”信号

（5）DHT11发送停止信号。

DHT11的DATA引脚输出40位数据后，输出54μs的低电平后转为输入状态，由上拉电阻拉至高电平。

5.5　数字电子时钟软件设计

数字电子时钟软件是基于上述硬件进行设计的。数字电子时钟通过软件来控制与使用主控芯片及外围器件，以发挥作用。本设计用于实现数字电子时钟的基础功能，其主要包含时间、日历、闹钟、倒计时、温湿度检测等。

5.5.1 软件架构

数字电子时钟系统软件主要包含单片机外围器件的驱动及接口、单片机内部资源初始化、应用程序。应用程序通过调用外围器件接口、单片机内部资源接口实现抢答等功能。数字电子时钟软件架构如图5.20所示。下面依次介绍每个软件模块的功能及处理流程。

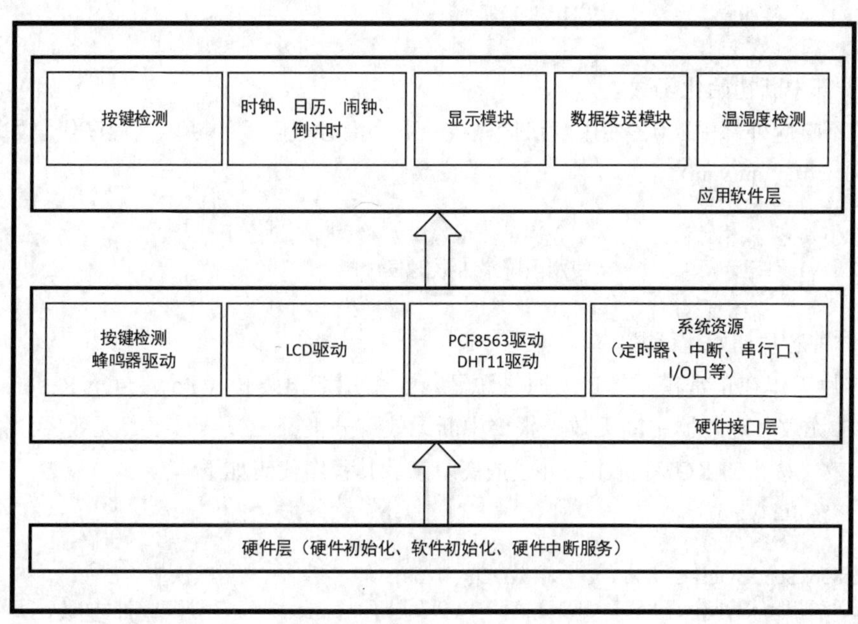

图5.20　数字电子时钟软件架构

5.5.2 系统初始化

系统初始化程序包含I/O口配置、定时器初始化、串行口初始化、外部中断配置、外设初始化、参数初始化等。其主要功能是给系统软件提供最佳的运行环境，以保证其能正确地运行。

（1）定时器0初始化函数。

初始化定时器0使其工作在16位定时模式（工作方式1）；GATE位为0，定时器/计数器的工作与引脚INT0、INT1无关；TH0和TL0的初值为分别为 (65536−1000)/256、(65536−1000)%256；允许定时器0中断并启动定时器0。其程序代码如下。

```
void Timer0Initialize(void)
{
      TMOD |= 0x01;//T0定时模式，工作方式1
      TH0 = (65536 - 1000)/256;
      TL0 = (65536 - 1000)%256;
      //配置中断开关
      ET0 = 1;
      TR0 = 1;
}
```

（2）串行口初始化函数。

初始化串行口使其工作在工作方式1，10位异步接收且波特率由定时器1控制；波特率设置为9600（晶振频率为12MHz）。其程序代码如下。

```
void SerialInit(void)
{
	SCON  = 0x50;			//串行口工作在模式1
	TMOD &= 0x0F;			//清除定时器1模式位
	TMOD |= 0x20;			//设定定时器1为8位自动重装方式
	TL1 = 0xFD;				//设定定时初值
	TH1 = 0xFD;				//设定定时器重装值
	ET1 = 0;				//定时器1不使用中断
	TR1  = 1;				//启用定时器1
}
```

（3）外部中断初始化函数。

单片机不响应外部中断0，使用默认优先级、下降沿方式触发中断。其程序代码如下。

```
void ExInterruptInit(void)
{
	EX0 = 0;				//不允许单片机响应外部中断0
	IT0 = 1;				//使用下降沿方式触发中断
}
```

（4）时钟芯片初始化函数。

设定芯片工作在正常模式、RTC时钟源运行、禁用上电复位（Power-On Reset，POR）功能、INT脉冲无效、定时器中断无效、报警中断无效、分报警无效、时报警无效、日报警无效、星期报警无效、禁止CLKOUT输出，并设成高阻态。其程序代码如下。

```
void Pcf8563Init(void)
{
	Pcf8563SendByte(PCF8563_CON1_ADDR, 0x00);			//默认值
	Pcf8563SendByte(PCF8563_CON2_ADDR, 0x00);			/*INT脉冲无效，定时器中断无
效，报警中断无效*/
	Pcf8563SendByte(PCF8563_MIN_ALARM_ADDR, 0x80);		//AE = 1，相应的报警条件无效
	Pcf8563SendByte(PCF8563_HOUR_ALARM_ADDR, 0x80);		//AE = 1，相应的报警条件无效
	Pcf8563SendByte(PCF8563_DAY_ALARM_ADDR, 0x80);		//AE = 1，相应的报警条件无效
	Pcf8563SendByte(PCF8563_WEEK_ALARM_ADDR, 0x80);		//AE = 1，相应的报警条件无效
	Pcf8563SendByte(PCF8563_CLKOUT_ADDR, 0x00);	/*CLKOUT输出被禁止并设成高阻态*/
}
```

（5）LCD初始化函数。

设定LCD为8位数据、两行显示、7×5点阵、无光标、无闪烁、启用显示、清屏，完成一个字符码传送后，AC自动加1。其程序代码如下。

```
void LcdInit(void)
{
	LcdWriteCommand(0x38);	// 8位数据，2行显示，7×5点阵
	LcdWriteCommand(0x0c);	//无光标，无闪烁，启用显示
	LcdWriteCommand(0x01);	//清屏
	LcdWriteCommand(0x06);	//自增模式
}
```

5.5.3 硬件中断服务

硬件中断服务主要包含定时器0服务、外部中断0服务，下面依次介绍。

（1）定时器0服务。

定时器0用于精确定时和按键检测等。其程序代码如下。

```
void Timer0InterruptSrv(void) interrupt 1 using 1
{
        static unsigned char _10milliTimer = 0;
        TH0 = (65536-1000)/256;                         //1ms初值
        TL0 = (65536-1000)%256;                         //1ms初值
        //10ms计时
        if(_10milliTimer++ >= 10)
        {
                _10milliTimer = 0;
                //菜单按键检测
                if(0 == MenuKey && 0 == gKey.MFlag)//菜单按键I/O为低电平且按键处理标记为0
                {
                        TurnOnBeep();                   //声音提示按键按下
                        gKey.MenuTime++;                //记录按键按下时间
                        if(gKey.MenuTime >= 200)
                                gKey.MenuTime = 200;
                }
                else
                {
                        TurnOffBeep();
                        if(gKey.MenuTime)
                                gKey.MFlag = 1;         //置标记为1表示有按键需要处理
                }
                ……//此处省略功能加和功能减按键代码，其形式与菜单键检测一致
        }
}
```

（2）外部中断0服务。

外部中断0用于时钟芯片中断输入。其程序代码如下。

```
void ExInterruptSrv(void) interrupt 0 using 0
{
//根据实际场景编写相应代码
}
```

5.5.4 I²C总线驱动

I²C总线驱动包含发送起始信号、发送停止信号、检测器件应答信号、主设备应答信号、主设备非应答信号、发送字节、接收字节、读字节、写字节、连续写入、连续读入。下面依次介绍。

（1）发送起始信号。

当SCL为高电平时，SDA由高到低的变化（下降沿），即为I²C总线的起始信号。

```
void Start(void)
{
        SDA = 1;
        DelayUs();                      //5μs延时
        SCL = 1;
        DelayUs;                        //5μs延时
        SDA = 0;
        DelayUs;                        //5μs延时
}
```

（2）发送停止信号。

当SCL为高电平时，SDA由低到高变化（上升沿），即为I²C总线的停止信号。

```
void I2CStop(void)
{
        SDA = 0;
        DelayUs(5);        //5μs延时
        SCL = 1;
        DelayUs(5);        //5μs延时
        SDA = 1;
        DelayUs(5);        //5μs延时
}
```

（3）检测器件应答信号。

等待器件应答信号，如果延时一段时间后，器件仍然没有应答，则放弃等待应答信号。此时可适当增添标志位，如返回成功或失败标志等。

```
void I2CSubAck(void)//应答
{
        uchar  Idex =0;
        SCL = 1;
        DelayUs(5);        //5μs延时
        //条件判断，SDA=1，则没有应答。如果Idex≥50，则放弃等待
        while((SDA==1)&&(Idex<250))
        {
             Idex++;
        }
        SCL=0;
        DelayUs(5);        //5μs延时
}
```

（4）主设备应答信号。

主设备对总线的应答信号。连续读取数据时使用。

```
void I2CMainAck(void)
{
      SDA = 0;
      DelayUs(5);
      SCL =1;
      DelayUs(5);
      SCL = 0;
      DelayUs(5);
      SDA = 1;
}
```

（5）主设备非应答信号。

主设备对总线的非应答信号。读取单个数据时使用。

```
void I2CMainNoAck(void)
{
      SDA = 1;
      DelayUs(5);
      SCL =1;
      DelayUs(5);
      SCL = 0;
      DelayUs(5);
      SDA = 0;
}
```

(6）发送字节。

向I^2C总线发送字节。

```
void I2CSendByte(uchar  Byte)
{
    uchar  Index;
    SCL=0;
    for(Index=0; Index<8; Index++)                    //开始读数据
     {
         if(Byte & 0x80)
             SDA=1;
         else
             SDA=0;
         SCL=1;
         DelayUs(5);                                  //5μs延时
         SCL=0;
         DelayUs(5);                                  //5μs延时
       Byte <<= 1;                                    //向左移出1位
     }
}
```

(7）接收字节。

从I^2C总线接收字节。

```
uchar  I2CReceiveByte(void)
{
    uchar  Index;
    uchar  ReadData;
    for(Index=0; Index<8; Index++)
     {
         SCL = 1;
         DelayUs(5);                                  //5μs延时
         ReadData = (ReadData << 1)| SDA;             //向左移入1位
         SCL=0;
         DelayUs(5);                                  //5μs延时
     }
     rcturn ReadData;
  }
```

(8）读字节。

读字节函数的功能是从器件读取一个字节数据，参数WriteAddress为从器件的写地址，参数ReadAddress为从器件的读地址、参数RegAddress为欲读取的从器件的寄存器地址。

```
uchar I2CReadByte(uchar WriteAddress, uchar RegAddress, uchar ReadAddress)
{
    uchar  Read_Data;
    I2CStart();
    //发送器件地址（写）
    I2CSendByte(WriteAddress);
    I2CSubAck();                                      //应答
    //发要读取的数据地址
    I2CSendByte(RegAddress);
    I2CSubAck();                                      //应答
    I2CStart();
    //发送器件地址（读）
```

```
    I2CSendByte(ReadAddress);
    I2CSubAck();                                    //应答
    Read_Data = I2CReceiveByte();
    I2CMainNoAck();
    I2CStop();
    return Read_Data;                               //返回读到的数据
}
```

（9）写字节。

写字节函数的功能是向从器件写一个字节数据。参数WriteAddress为从器件的写地址，参数RegAddress为欲写的从器件的寄存器地址，参数WData为要写入的数据。

```
void I2CWriteByte(uchar WriteAddress, uchar RegAddress, uchar WData)//写一个数据
{
    2CStart();
    //发送器件地址（写）
    I2CSendByte(WriteAddress);
    I2CSubAck();                                    //应答
    //发送要写入的存储空间的地址
    I2CSendByte(RegAddress);
    I2CSubAck();                                    //应答
    //发送要写入的数据
    I2CSendByte(WData);
    I2CSubAck();                                    //应答
    I2CStop();
}
```

（10）连续写入。

为了提高写入效率，可以连续写入一批数据。参数WriteAddress为从器件的写入地址，参数Reg为欲写入从器件的起始寄存器地址，参数Buff为欲写入的数据起始地址，参数Len为欲写入数据的长度。

```
void I2CWriteBytes(uchar WriteAddress, uchar Reg, uchar *Buff, uchar Len)
{
    uchar Index;
    if(NULL == Buff)
        return;
    I2CStart();
    I2CSendByte(WriteAddress);
    I2CSubAck();                                    //应答
    I2CSendByte(Reg);
    I2CSubAck();                                    //应答
    for(Index = 0; Index < Len; Index ++)
    {
        I2CSendByte(Buff [Index]);
        I2CSubAck();                                //应答
    }
    I2CStop();
}
```

（11）连续读入。

顺序读取由当前地址读取或随机地址读取发起。单片机接收到一个数据字节，它以一个确认信号作出响应。只要从设备接收到一个确认信号，它将继续增加数据字节地址，并连续地根据时钟信号输出数据字节。当单片机不响应时，顺序读取操作终止。参数WriteAddress为从器件的

写入地址，参数Reg为欲读取的从器件的起始寄存器地址，参数Buff为保存读取的数据的起始地址，参数Len为欲读取的数据长度。

```
void I2CReadBytes(uchar WriteAddress, uchar Reg, uchar ReadAddress, uchar *Buff, uchar Len)
{
        uchar Index = 0;
        if(NULL == Buff)
            return;
        I2CStart();
        I2CSendByte(WriteAddress);
        I2CSubAck();                                                    //应答
        I2CSendByte(Reg);
        I2CSubAck();                                                    //应答
        I2CStart();
        I2CSendByte(ReadAddress);
        I2CSubAck();                                                    //应答
        for(Index = 0; Index < (Len-1); Index ++)
        {
            Buff [Index] = I2CReceiveByte();
            I2CMainAck();
        }
        Buff [Len-1] = I2CReceiveByte();
        I2CMainNoAck();
        I2CStop();
}
```

5.5.5 基于单总线的温湿度接口

温湿度传感器DHT11使用的是单总线接口，其包含起始信号、检测从器件应答、接收数据。下面依次介绍。

（1）起始信号。

单片机向DHT11发送起始信号，以通知DHT11做好通信准备。总线空闲状态为高电平，主机把总线拉至低电平等待DHT11应答，主机把总线拉至低电平的时间必须大于18ms，才能保证DHT11能检测到起始信号。主机发送起始信号后，输出高电平且总线由上拉电阻拉至高电平。其程序代码如下。

```
void Dht11StartSignal(void)
{
        ClsDHT11DQ();
        DelayMs(20);
        SetDHT11DQ();
        Delay10Us();
        Delay10Us();
        Delay10Us();
}
```

（2）检测从器件应答。

DHT11接收到主机的起始信号后，等待主机起始信号结束，然后发送80μs低电平应答信号；主机发送起始信号结束后延时等待20～40μs后，读取DHT11的应答信号。其程序代码如下。

```
uchar Dht11CheckResponse(void)
{
```

```
        uchar Count = 0;
        while(ReadDHT11DQ() && Count++ < 200);
        //判断是否超时
        if(Count >= 200)
                return 0;
        while(!ReadDHT11DQ());
        Delay10Us();
        Delay10Us();
        Delay10Us();
        return 1;
}
```

（3）接收数据。

DHT11发送应答信号后，把总线拉至高电平80μs，准备发送数据。每1位数据都以50μs低电平时隙开始，依据高电平的长短确定数据位是“0”还是“1”。当最后1位数据传送完毕后，DHT11把总线拉至低电平50μs，随后总线由上拉电阻拉至高电平进入空闲状态。其程序代码如下。

```
uchar Dht11ReadData(uchar RDht[5])
{
        uchar BitPos;
        uchar Index;
        uchar Time;
        for(Index = 0; Index < 5; Index++)
        {
                RDht[Index] = 0;
                for(BitPos = 0; BitPos < 8; BitPos++)
                {
                        Time = 1;
                        while(!ReadDHT11DQ() && Time++);
                        if(Time >= 40)//超时判断
                                break;
                        Delay10Us();
                        Delay10Us();
                        Delay10Us();
                        //延时30μs如果还为高电平，说明该位数据为"1"否则为"0"
                        if(ReadDHT11DQ())
                        {
                                RDht[Index] |= 1 << (7 - BitPos);
                                Time = 1;
                                while(ReadDHT11DQ() && Time++);
                                if(Time >= 40)
                                        break;
                        }
                }
        }
        if(Time >= 8)
                return 0;
        return 1;
}
```

5.5.6 硬件接口

硬件接口主要包含时钟芯片、LCD等驱动及功能接口。下面依次介绍。

一、时钟芯片驱动接口

时钟芯片驱动接口主要包含单字节读取、单字节写入、多字节读取、多字节写入接口。其程序代码如下。

```
//单字节读取
uchar Pcf8563ReadByte(uchar Addr)
{
    return I2CReadByte(PCF8563_WRITE_ADDR, Addr, PCF8563_READ_ADDR);
}
//单字节写入
void Pcf8563SendByte(uchar Addr, uchar Byte)
{
     I2CWriteByte(PCF8563_WRITE_ADDR, Addr, Byte);
}
//多字节读取
void Pcf8563ReadBytes(uchar Addr, char *Buff, uchar Size)
{
    I2CReadBytes(PCF8563_WRITE_ADDR, Addr, PCF8563_READ_ADDR, Buff, Size);
}
//多字节写入
void Pcf8563WriteBytes(uchar Addr, uchar *Buff, uint Size)
{
     I2CWriteBytes(PCF8563_WRITE_ADDR, Addr, Buff, Size);
}
```

二、时钟芯片功能接口

时钟芯片功能接口主要包含设定时间、读取时间、设定定时器、设定按小时报警、设定按天报警接口。

（1）设定时间，其程序代码如下。

```
uchar Pcf8563SetTime(tsTime *dateTime)
{
    uchar time[7];
    tsTime ReadTime;
    if(NULL == dateTime)
        rcturn FALSE;
    time[0] = BinToBcd(dateTime->second);
    time[1] = BinToBcd(dateTime->minute);
    time[2] = BinToBcd(dateTime->hour);
    time[3] = BinToBcd(dateTime->day);
    time[4] = BinToBcd(dateTime->week);
    time[5] = BinToBcd(dateTime->month);
    time[6] = BinToBcd(dateTime->year);
    Pcf8563WriteBytes(PCF8563_SEC_ADDR, time, 7);
    Pcf8563ReadTime(&ReadTime);
    if ((ReadTime.minute == dateTime->minute) && (ReadTime.hour == dateTime->hour)
     && (ReadTime.day == dateTime->day) && (ReadTime.month == dateTime->month)
     && (ReadTime.year == dateTime->year))
    {
        return TRUE;
    }
    else
```

```
    {
        return FALSE;
    }
}
```

（2）读取时间，其程序代码如下。

```
tsTime *Pcf8563ReadTime(tsTime *dateTime)
{
    uchar time[7] = {0};
    tsTime Time;
    Pcf8563ReadBytes(PCF8563_SEC_ADDR, time, 7);
    Time.second = BcdToBin(time[0] & 0x7F);
    Time.minute = BcdToBin(time[1] & 0x7F);
    Time.hour = BcdToBin(time[2] & 0x3F);
    Time.day = BcdToBin(time[3] & 0x3F);
    Time.week = BcdToBin(time[4] & 0x07);
    Time.month = BcdToBin(time[5] & 0x1F);
    Time.year = BcdToBin(time[6]);
    Time.timezone = 0;
    if (dateTime)
    {
        dateTime->day = Time.day;
        dateTime->year = Time.year;
        dateTime->month = Time.month;
        dateTime->hour = Time.hour;
        dateTime->minute = Time.minute;
        dateTime->second = Time.second;
        dateTime->timezone = Time.timezone;
    }
    return &Time;
}
```

（3）设定定时器、设定按小时报警、设定按天报警，其程序代码如下。

```
//1. 设定定时器
uchar Pcf8563SetTimer(uchar Timer)
{
    Pcf8563SendByte(PCF8563_CON2_ADDR, 0x11);/*INT脉冲有效，定时器中断有效，报警中断无效*/
    Pcf8563SendByte(PCF8563_TIME_ADDR, 0x83); /*定时器有效，定时器时钟频率为1/60Hz*/
    Pcf8563SendByte(PCF8563_TIMECOUNT_ADDR, Timer);
    return TRUE;
}
//2. 设定按小时报警
uchar Pcf8563SetAlarmByHour(uchar Hour)
{
    tsTime now;
    uchar t;
    Pcf8563ReadTime(&now);
    t = (uchar) now.hour + Hour;
    t %= 24;
    Pcf8563SendByte(PCF8563_CON2_ADDR, 0x02); /*INT脉冲有效，定时器中断无效，报警中断有效*/
    Pcf8563SendByte(PCF8563_HOUR_ALARM_ADDR, BinToBcd(t));
    return TRUE;
}
```

```
//3.设定按天报警
uchar Pcf8563SetAlarmByDay(uchar Day)
{
    uchar Sday;
    if(Day > 31)
    {
        Sday = 31;
    }
    else if(Day < 1)
    {
        Sday = 1;
    }
    Pcf8563SendByte(PCF8563_CON2_ADDR, 0x02);
    Pcf8563SendByte(PCF8563_DAY_ALARM_ADDR, BinToBcd(Sday));
    return TRUE;
}
```

三、LCD驱动接口

LCD驱动接口包含忙检测、写命令、写数据接口。其程序代码如下。

```
// 1.忙检测
void LcdCheckBusy(void)
{
    uchar dt;
    do
    {
        dt = LCD_RC;
        DelayMs(1);
    } while(dt & 0x80);
}
//2. 写命令
void LcdWriteCommand(uchar Com)
{
    LcdCheckBusy();
    LCD_WC = Com;
    DelayMs(1);
}
// 3. 写数据
void LcdWriteData(uchar Data)
{
    LcdCheckBusy();
    LCD_WD = Data;
    DelayMs(1);
}
```

四、LCD功能接口

LCD功能接口包含发送字符串至LCD、发送字符至LCD。其程序代码如下。

```
// 1. 发送字符串至LCD
void LcdSendStr(uchar Address, uchar *Str)
{
    LcdWriteCommand(Address);
    while(*Str > 0)
    {
```

```
            LcdWriteData(*Str++);
            DelayMs(100);
        }
    }
//2. 发送字符至LCD
void LcdSendByte(uchar Address,uchar Byte)
{
    LcdWriteCommand(Address);
    LcdWriteData(Byte);
}
```

5.5.7 外部通信接口

外部通信包含发送数据和接收数据，本设计只使用了发送接口，读者可根据所学知识补充数据接收接口，并使用接收接口来实现外部设备或PC机设置数字电子时钟的参数等功能。接收接口的程序代码详见第4章相关内容。

5.5.8 应用程序

应用程序包含时间显示、显示时间设置模式、通过按键设置时间或日期、按键处理、温湿度读取、main函数等。下面依次介绍。

一、时间显示

使用LCD显示时间和日期。其程序代码如下。

```
void LcdShowTime(tsTime Time)
{
    LcdSendByte(0x80|LCD_YEAR_POS, Time.year /10 + '0');
    LcdSendByte(0x80|LCD_YEAR_POS+1, Time.year %10 + '0');
    LcdSendByte(0x80|LCD_MONTH_POS, Time.month/10 + '0');
    LcdSendByte(0x80|LCD_MONTH_POS + 1, Time.month%10 + '0');
    LcdSendByte(0x80|LCD_DAY_POS, Time.day/10 + '0');
    LcdSendByte(0x80|LCD_DAY_POS + 1, Time.day%10 + '0');
    LcdSendByte(0x80|(0x40+LCD_HOUR_POS), Time.hour/10 + '0');
    LcdSendByte(0x80|(0x40+LCD_HOUR_POS + 1), Time.hour%10 + '0');
    LcdSendByte(0x80|(0x40+LCD_MIN_POS), Time.minute/10 + '0');
    LcdSendByte(0x80|(0x40+LCD_MIN_POS + 1), Time.minute%10 + '0');
    LcdSendByte(0x80|(0x40+LCD_SECOND_POS), Time.second/10 + '0');
    LcdSendByte(0x80|(0x40+LCD_SECOND_POS + 1), Time.second%10 + '0');
}
```

二、显示时间设置模式

使用LCD显示设置时间和日期模式。其程序代码如下。

```
void LcdShowSetTimeMode(tsTime Time, uchar Type)
{
    uchar Cursor;
    switch(Type)
    {
        case TIME_SET_TYPE_SECOND:
        default:
            LcdSendByte(0x80|(0x40+LCD_SECOND_POS), Time.second/10 + '0');
            LcdSendByte(0x80|(0x40+LCD_SECOND_POS + 1), Time.second%10 + '0');
```

```
            Cursor = 0x80|(0x40+LCD_SECOND_POS + 1);
            break;
    ……//省略其他项，其代码形式与秒设置类型一致
    }
    LcdWriteCommand(Cursor);
}
```

三、通过按键设置时间或日期

通过“增”和“减”两个按键来设置时间或日期，其程序代码如下。

```
//1.通过"增"按键来设置时间或日期
void SetTimeByIncKey(void)
{
        tsTime *Time = &gTime.Time;
        if(TIME_SET_MODE != gTime.SetFlag)
                return;
        switch(gTime.SetType)
        {
                case TIME_SET_TYPE_SECOND:
                        if(++(Time->second) >= 60)
                                Time->second = 0;
                        break;
                ……//省略其他项，其代码形式与秒设置一致
        }
        Pcf8563SetTime(Time);
        LcdShowSetTimeMode(*Time, gTime.SetType);
}
//2.通过"减"按键来设置时间或日期
void SetTimeByDecKey(void)
{
        tsTime *Time = &gTime.Time;
        if(TIME_SET_MODE != gTime.SetFlag)
                return;
        switch(gTime.SetType)
        {
                case TIME_SET_TYPE_SECOND:
                        if(--(Time->second) <= 0)
                                Time->second = 59;
                        break;
                ……//省略其他项，其代码形式与秒设置一致
        }
        Pcf8563SetTime(Time);
        LcdShowSetTimeMode(*Time, gTime.SetType);
}
```

四、按键处理

按键包含主菜单和功能加、功能减，可通过它们设置参数、显示模式等功能。本代码实现了按键的软件防抖动以及短按和长按的识别，其程序代码如下。

（1）按键处理函数。

```
void KeyProcess(void)
{
        if(gKey.MFlag)  //是否有按键按下
```

```
    {
        //超过1.5s为长按
        if(gKey.MenuTime > 150)
        {
            MenuKeyLongPressFunction();     //菜单键长按功能函数
        }
        //超过10ms小于1.5s为短按
        else if(gKey.MenuTime > 1)
        {
            MenuKeyShortPressFunction();    //菜单键短按功能函数
        }
        gKey.MFlag = 0;
        gKey.MenuTime = 0;
    }
    ……//省略自增、自减按键处理代码，其代码形式和主菜单一致
}
```

（2）菜单键长按功能函数，长按菜单键后进入或退出时间日期设置模式。

```
void MenuKeyLongPressFunction(void)
{
    if(TIME_SET_MODE != gTime.SetFlag)
    {
        LcdWriteCommand(0x0F);
        LcdShowSetTimeMode(gTime.Time, TIME_SET_TYPE_SECOND);
        gTime.SetType = TIME_SET_TYPE_SECOND;
        gTime.SetFlag = TIME_SET_MODE;
    }
    else
    {
        LcdWriteCommand(0x0C);
        gTime.SetFlag = !TIME_SET_MODE;
    }
}
```

（3）菜单键短按功能函数，在时间日期设置模式时短按即可进入下一项要设置的模式。

```
void MenuKeyShortPressFunction(void)
{
   if(++gTime.SetType > TIME_SET_TYPE_YEAR)
       gTime.SetType = TIME_SET_TYPE_SECOND;

   LcdShowSetTimeMode(gTime.Time, gTime.SetType);
}
```

（4）自增和自减函数，用于设置具体内容。

```
//1. 增按键功能函数
void IncKeyPressFunction(void)
{
    SetTimeByIncKey();
}
//2. 减按键功能函数
void DecKeyPressFunction(void)
{
    SetTimeByDecKey();
}
```

五、温湿度读取

温湿度读取时先备份系统中断，然后关闭系统中断，以避免读数时被中断源打断，退出时恢复备份的中断状态，其流程图如图5.21所示。

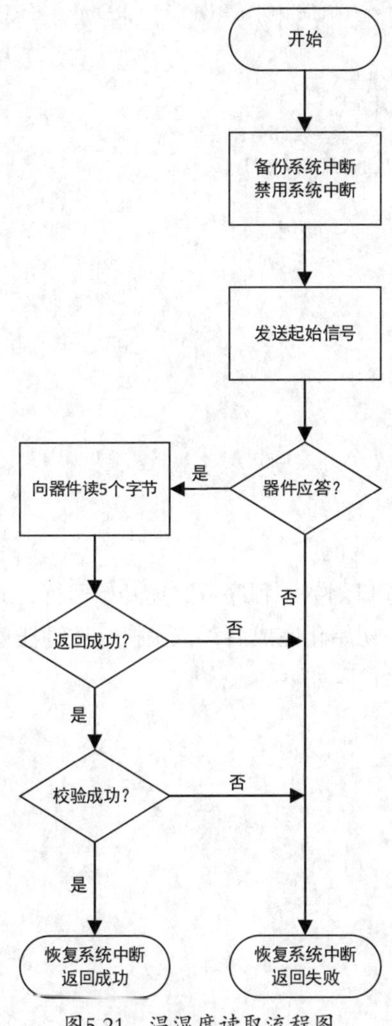

图5.21　温湿度读取流程图

参数Temp用于保存温度值：Temp[0]保存整数部分，最高位为1表示为负温度，否则为正温度；Temp[1]保存小数部分。参数Humid用于保存湿度。其程序代码如下。

```
uchar ReadHumiture(uchar Temp[2], uchar *Humid)
{
    uchar RDht[5];
    uchar Ret = 0;
    bit TempEa = ReadSysAllInterrupt();
    DisableSysAllIntrrupt();
    Dht11StartSignal();
    if (!Dht11CheckResponse())
    {
        SetFlagToSysAllInterrupt(TempEa);
        return 0;
    }
```

```
    else
    {
        Ret = Dht11ReadData(RDht);
        SetFlagToSysAllInterrupt(TempEa);
        //数据读取成功并检验累加和是否正确
        if (Ret && RDht[4] == ((RDht[0] + RDht[1] + RDht[2] + RDht[3]) & 0xFF))
        {
            Temp[0] = RDht[2];
            Temp[1] = RDht[3];
            //将符号位衔接到整数部分的最高位
            Temp[2] |= (RDht[3] & 0x80);
            if(Humid)
                *Humid = RDht[0];
            Ret = 1;
        }
        else
        {
            Ret = 0;
        }
    }
    return Ret;
}
```

六、main函数

main函数是8051单片机的入口函数，程序从这里开始运行，main函数依次对各硬件进行初始化并读取时钟芯片的时间。程序初始化完成后，依次执行按键任务、读取时间设置、读取时间、显示时间、读取温湿度，其程序代码如下。

```
void main(void)
{
    unsigned int Index = 0;
    uchar Temp[2];
    uchar Humid;
    gTime.SetFlag = 0;
    gTime.Time.year = 19;
    gTime.Time.month = 12;
    gTime.Time.day = 1;
    gTime.Time.hour = 11;
    gTime.Time.minute = 19;
    //定时器初始化
    Timer0Initialize();
    SerialInit();
    ExInterruptInit();
    EnExintrrupt0();
    EnSysAllIntrrupt();
    TurnOffBeep();
    //时钟芯片初始化
    Pcf8563Init();
    Pcf8563ReadTime(&gTime.Time);
    //LCD初始化
    LcdInit();
    LcdShowTime(gTime.Time);
    LcdSendStr(0x80|0x00,"20  -  -   %  ");
    LcdSendStr(0x80|0x40,"  :  :        \xdf\x43");
    SendStringToUart("Start\r\n");
    while(1)
```

```
        {
            KeyProcess();
            //获取时间设置状态
            if(GetTimSetState())   //设置模式下，以下代码不执行
                continue;
            //读取时间
            Pcf8563ReadTime(&gTime.Time);
            //显示时间
            LcdShowTime(gTime.Time);
            //读取温湿度
            if(0 == ReadHumiture(Temp, &Humid))
            {
                SendStringToUart("ReadHumiture err\r\n");
            }
            else
            {
                LcdShowHumiture(Temp, Humid);
            }
        }
    }
```

5.5.9 相关数据结构定义

宏定义和硬件I/O口定义包含硬件端口定义及硬件功能控制宏定义等，数据结构主要包含抢答参数结构、控制按键检测结构。下面依次介绍。

一、宏定义

宏定义主要包含数码管数据口、数码管控制口、74LS373控制、外部中断0控制、系统中断总开关、答题模块状态、蜂鸣器开关等。其程序代码如下。

```
#define FALSE                                   0
#define TRUE                                    1
//操作中断相关的定义
#define EnExintrrupt0()                         EX0 = 1
#define DisExintrrupt0()                        EX0 = 0
#define EnSysAllIntrrupt()                      EA = 1
#define DisableSysAllIntrrupt()                 EA = 0
#define ReadSysAllInterrupt()                   EA
#define SetFlagToSysAllInterrupt(Flag)          EA = Flag
//蜂鸣器相关定义
#define TurnOnBeep()                            BeepPin = 1
#define TurnOffBeep()                           BeepPin = 0
//DHT11温湿度传感器接口定义
#define SetDHT11DQ()                            DHT11_DQ = 1
#define ClsDHT11DQ()                            DHT11_DQ = 0
#define ReadDHT11DQ()                           DHT11_DQ
//LCD相关的操作定义
//LCD第1行显示格式 ("2018-11-27 Wed%");
//LCD第2行显示格式 ("14:32:21      \xdf\x43");
#define LCD_TEMP_START_POS                      9
#define LCD_HUMID_START_POS                     12
#define LCD_YEAR_POS                            2
#define LCD_MONTH_POS                           5
#define LCD_DAY_POS                             8
#define LCD_HOUR_POS                            0
```

```
#define LCD_MIN_POS                                 3
#define LCD_SECOND_POS                              6
//设定时间或日期相关定义
#define TIME_SET_TYPE_YEAR                          5
#define TIME_SET_TYPE_MONTH                         4
#define TIME_SET_TYPE_DAY                           3
#define TIME_SET_TYPE_HOUR                          2
#define TIME_SET_TYPE_MINUTE                        1
#define TIME_SET_TYPE_SECOND                        0
//设定时间或日期模式定义
#define TIME_SET_MODE                               1
#define GetTimSetState()                    (TIME_SET_MODE == gTime.SetFlag)
//十进制转BCD码、BCD码转十进制定义
#define BinToBcd(val)                       (uchar)((((val)/10)*16) + ((val)%10))
#define BcdToBin(val)                       (uchar)((((val)/16)*10) + ((val)&0x0F))
//定时芯片相关定义
#define PCF8563_WRITE_ADDR                          0xA2  //写器件地址
#define PCF8563_READ_ADDR                           0xA3  //读器件地址，其实就是写地址+1
//PCF8563寄存器地址
#define PCF8563_CON1_ADDR                           0x00  //状态寄存器1
#define PCF8563_CON2_ADDR                           0x01  //状态寄存器2
#define PCF8563_SEC_ADDR                            0x02  //秒
#define PCF8563_MIN_ADDR                            0x03  //分
#define PCF8563_HOUR_ADDR                           0x04  //时
#define PCF8563_DAY_ADDR                            0x05  //日
#define PCF8563_WEEK_ADDR                           0x06  //周
#define PCF8563_MONTH_ADDR                          0x07  //月
#define PCF8563_YEAR_ADDR                           0x08  //年
#define PCF8563_MIN_ALARM_ADDR                      0x09  //分报警
#define PCF8563_HOUR_ALARM_ADDR                     0x0A  //时报警
#define PCF8563_DAY_ALARM_ADDR                      0x0B
#define PCF8563_WEEK_ALARM_ADDR                     0x0C
#define PCF8563_CLKOUT_ADDR                         0x0D  //CLK频率寄存器
#define PCF8563_TIME_ADDR                           0x0E  //倒计时定时器寄存器
#define PCF8563_TIMECOUNT_ADDR                      0x0F  //定时器倒计时计数值
```

二、硬件I/O口定义

硬件I/O口定义了主菜单、功能加、功能减、蜂鸣器等I/O口。其程序代码如下。

```
sbit MenuKey = P1^2;                                //定义按键MENU
sbit IncKey = P1^3;                                 //定义按键INC
sbit DecKey = P1^4;                                 //定义按键DEC
sbit BeepPin = P1^5;                                //定义蜂鸣器引脚
sbit  SDA = P1^0;                                   //I²C数据线引脚
sbit  SCL = P1^1;                                   //I²C时钟线引脚
sbit  DHT11_DQ = P1^6;                              //DHT11数据线
char xdata LCD_WC     _at_  0x7ffc;                 //LCD写命令地址
char xdata LCD_WD     _at_  0x7ffd;                 //LCD写数据地址
char xdata LCD_RC     _at_  0x7ffe;                 //LCD读命令地址
```

三、时钟数据结构定义

（1）时钟数据结构定义了年、月、日、星期、时、分、秒、时区。其程序代码如下。

```
typedef struct
{
```

```
        char year;
        char month;
        char day;
        char week;
        char hour;
        char minute;
        char second;
        char timezone;
}tsTime;
```

（2）时钟管理结构定义了时钟数据结构、设置类别、设置时钟模式标志。其程序代码如下。

```
typedef struct  _TimeManage
{
        tsTime Time;                                    //时钟数据结构
        uchar SetType:3;                                //设置类别
        uchar SetFlag:1;                                //设置时钟模式标志
}stTimeManage;
```

四、控制键相关数据结构定义

控制键相关数据结构用于记录3个按键按下时间的变量及3个按键是否需要处理的标记。其程序代码如下。

```
typedef struct  _ tsKey
{
        unsigned char MenuTime;                         //记录M按键的时间
        unsigned char IncTime;                          //记录I按键的时间
        unsigned char DecTime;                          //记录D按键的时间
        unsigned char MFlag:1;                          //记录M按键是否处理
        unsigned char IFlag:1;                          //记录I按键是否处理
        unsigned char DFlag:1;                          //记录D按键是否处理
}tsKey;
```

5.6　小结

本章围绕数字电子时钟的实现功能的器件及通信接口进行讲解，介绍了单总线的原理与读/写时隙和I²C的特性及其工作原理与基本操作。数字电子时钟使用LCD作为显示设备，LCD可显示更多更复杂的信息及效果，例如设置时钟或日期时的数字闪烁可以增强用户体验和产品的易操作性。本章所讲解的数字电子时钟在硬件功能上包含了温湿度检测的传感器及具有闹钟、定时器功能的时钟芯片。在软件上实现了基本的时钟与日期、温湿度显示功能，还实现了时间和日期设置功能。读者可在此基本上完成闹钟、秒表、整点提示等功能。

5.7　习题

（1）在5.4节所述的硬件上编程实现闹钟、秒表功能。

（2）在5.4节所述的硬件上增加5.1.2小节的DS18B20芯片，设计相应电路并编程实现基于DS18B20芯片的温度测量功能。

（3）参考5.4.5小节硬件电路编程实现通过PC端发送相应字符串设置时间、日期的功能。

第6章　多功能数字频率计

本章以多功能数字频率计的设计为主题，讲解信号处理的基本方法和原理，以及使用单片机对信号进行采集的基本思路与方法。频率是在生活及生产领域中使用得较多的量，传统的频率计只能测量频率值或周期值，并且测量的频率值存在量程窄、精度低、准确度差等缺点。本章讲解的多功能数字频率计使用AT89S51单片机作为主控芯片，具有自动切换量程功能，支持测量三角波、矩形波、正弦波等多种波形信号的频率、周期、占空比、脉宽等，并使用液晶显示屏显示测量结果。

6.1　多功能数字频率计硬件设计

多功能数字频率计是基于AT89S51单片机及外围接口构成的信号检测系统，使用LM324作为信号反向比例放大器和电压比较器，74LS14作为反相施密特触发器，共同构成信号的放大、整形电路。二进制计数器74LS161和多路复用数据选择器74LS153构成信号分频电路。多功能数字频率计采用1602LCD作为显示模块，用于显示频率、占空比、脉宽及其他信息。多功能数字频率计硬件架构如图6.1所示。

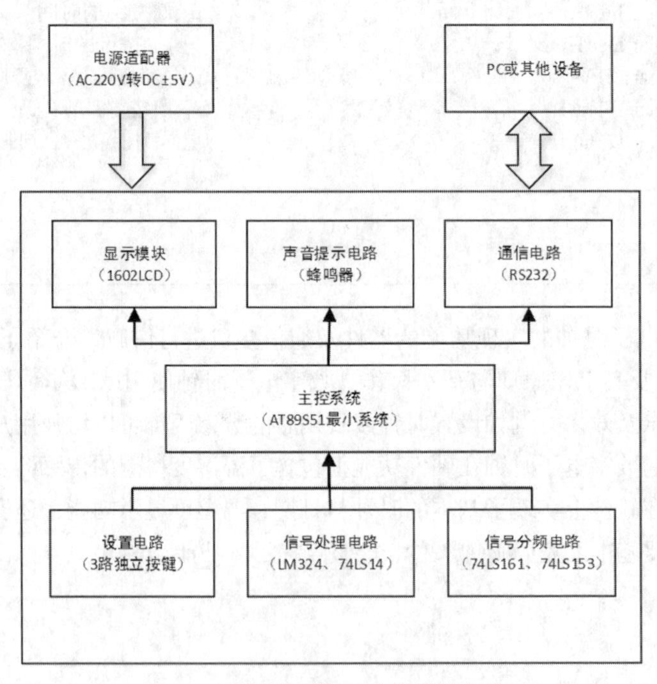

图6.1　多功能数字频率计硬件架构

6.1.1　主控系统

主控系统由AT89S51单片机及外围电路构成，采用12MHz晶振，主要负责多功能数字频率计的各功能模块的实现与管理，其原理图如图6.2所示。

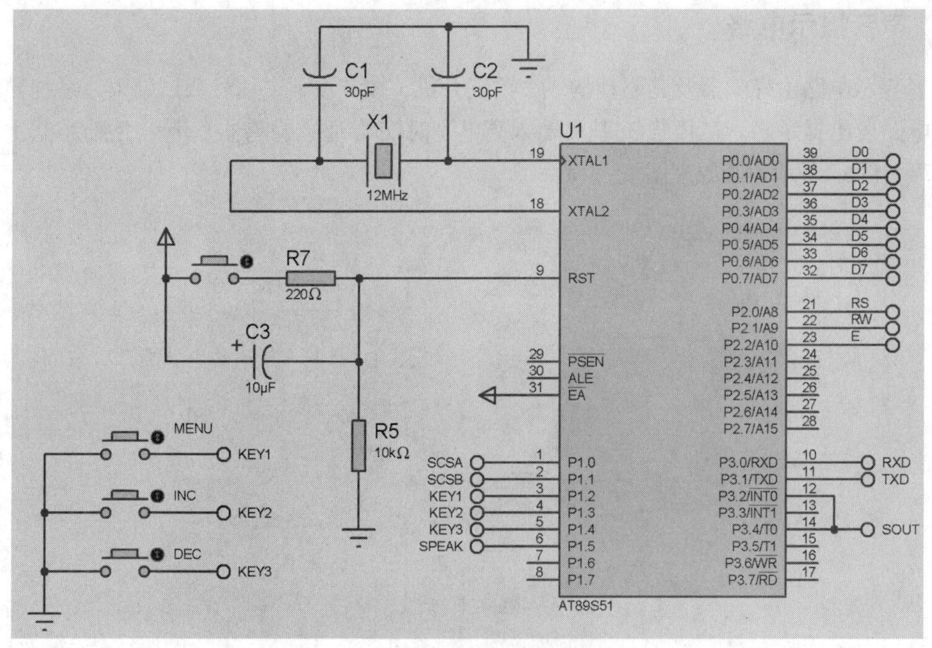

图6.2　主控系统原理图

6.1.2　设置电路

如图6.2所示，按键KEY1、KEY2、KEY3为系统控制与设置按键，用户通过这3个按键与系统交互，实现模式切换、系统设置，以及保存测试结果、翻看测试结果等功能。

6.1.3　显示模块

显示模块由1602LCD及外围电路构成，用于显示频率、周期、占空比、脉宽及其他信息，其原理图如图6.3所示。

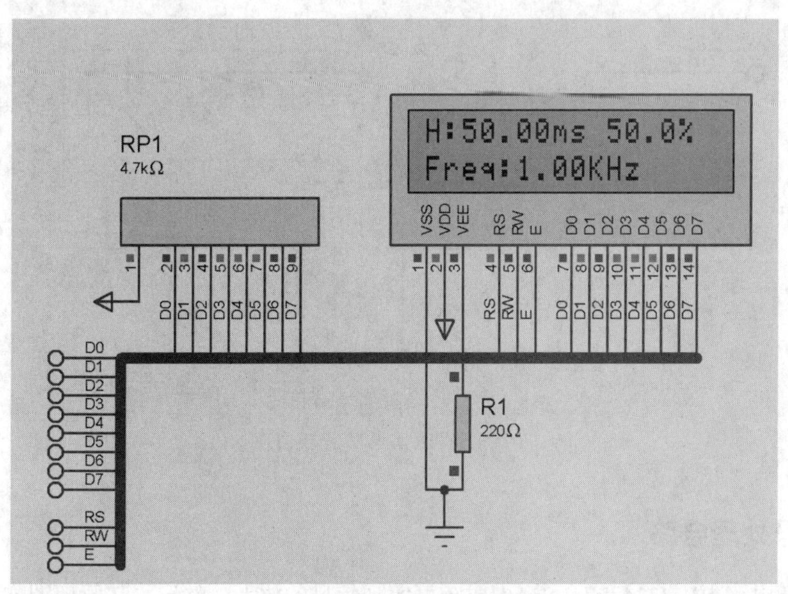

图6.3　显示模块原理图

6.1.4 声音提示电路

声音提示电路由蜂鸣器及其驱动构成。系统开机、按键按下、信号测试结束、系统异常都可以用该电路发出提示声。三极管Q5基极输入高电平时Q5导通，蜂鸣器发声；否则Q5截止，蜂鸣器不发声。图6.4所示为其原理图。

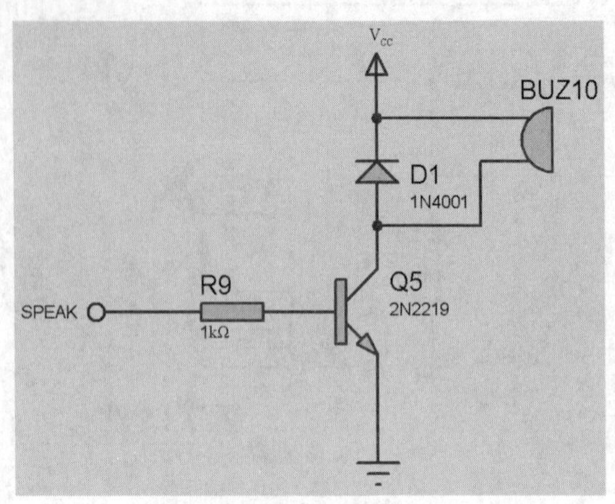

图6.4 声音提示电路原理图

6.1.5 通信电路

通信电路由MAX232构成，MAX232相关介绍详见第4章的内容，其原理图如图6.5所示。

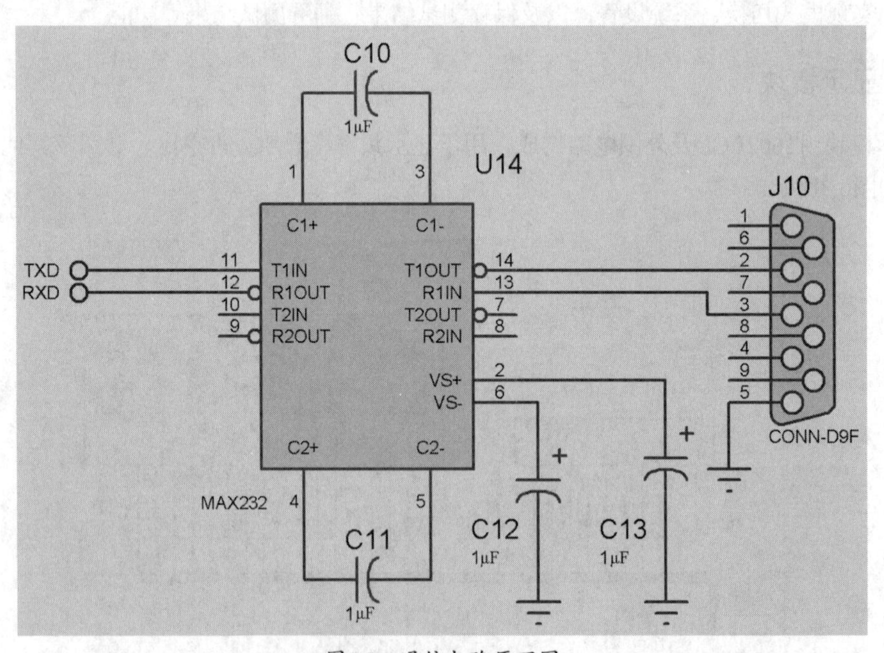

图6.5 通信电路原理图

6.1.6 信号处理电路

信号处理电路由LM324和74LS14构成，可实现信号的放大、整形。其原理图如图6.6所示。

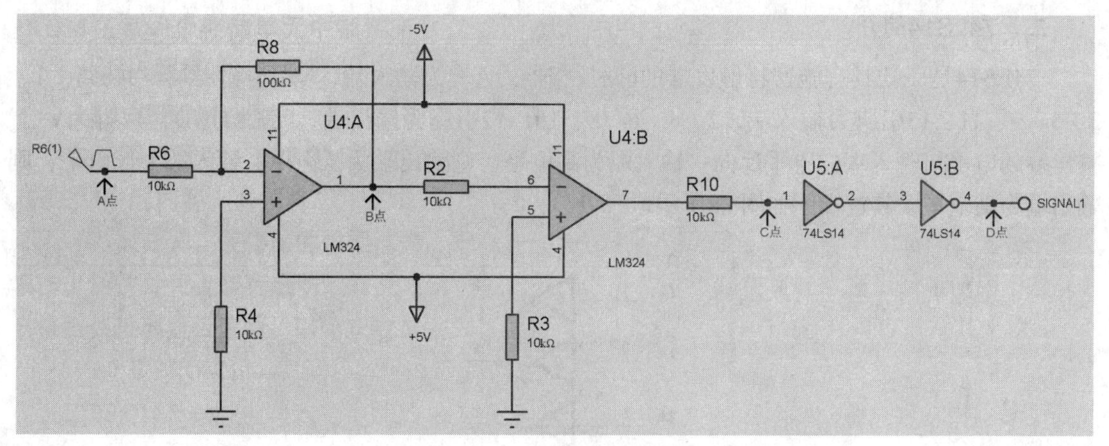

图6.6　信号处理电路原理图

一、LM324简介

LM324由4个独立的高增益频率补偿运算放大器组成，支持单电源、双电源和宽电压。单电源电压范围是3V ~ 32V，双电源电压范围是±1.5V至±16V。LM324工作原理为：输入信号加到T1、T4 基极，进行差分放大；T8、T9用于复合放大构成中间级；输出级由 T10 ~ T13组成。其中 T12为保护管，当输出电流过大时，R 上压降增大使 T12饱和导通，T12集电极电位下降，接近$1/2V_{CC}$，使推挽管T10、T11和T13截止，从而起到保护作用。电容器C为相位补偿电容。LM324内部电路图如图6.7所示。

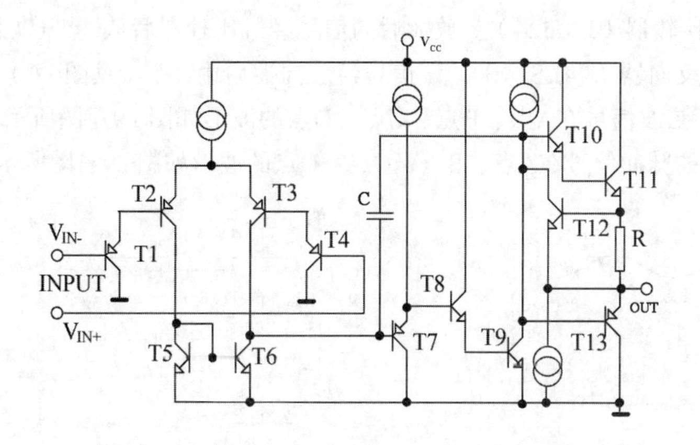

图6.7　LM324内部电路图

LM324引脚（SOIC14）说明如表6.1所示。

表6.1　LM324引脚说明

引脚	符号	说明	引脚	符号	说明
1	OUT1	输出1	8	OUT3	输出3
2	IN1−	反向输入1	9	IN3−	反向输入3
3	IN1+	正向输入1	10	IN3+	正向输入3
4	Vcc	电源	11	GND	地
5	IN2+	正向输入2	12	IN4+	正向输入4
6	IN2−	反向输入2	13	IN4−	反向输入4
7	OUT2	输出2	14	OUT4	输出4

二、74LS14简介

74LS14是一款具有施密特触发器的6路反相器。A端为输入端，Y端为输出端，共6路。1、3、5、9、11、13引脚为输入端，2、4、6、8、10、12引脚为输出端，7脚为GND，14脚为V_{cc}。输出端的电平与输入端的电平反向：输入端为高电平，则输出端为低电平；输入端为低电平，则输出端为高电平。其逻辑图如图6.8所示。

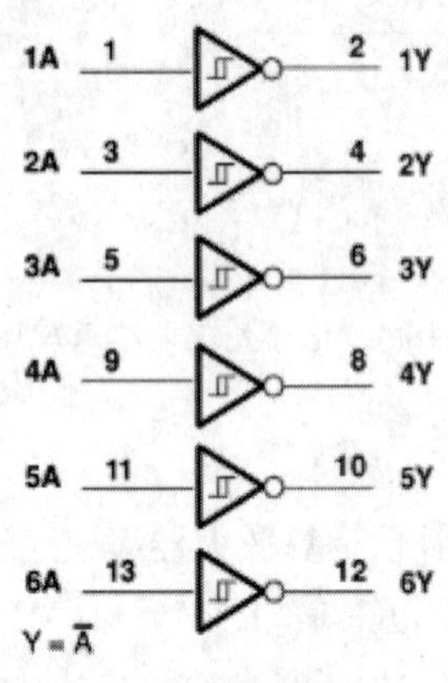

图6.8　74LS14逻辑图

三、信号处理流程

信号由A点（见图6.6）输入，经运算放大器（LM324）放大后，从B点（见图6.6）输出，放大后的信号输入比较器（LM324）。放大后的信号经过比较器后从C点（见图6.6）输入，并将比较后的信号送至反向器（74LS14），该信号经反向器后由D点（见图6.6）输出。输入频率为1kHz且模为1V的正弦波信号在A点、B点、C点、D点的波形如图6.9左图所示。输入频率为1kHz且其高电平为1V时的脉冲信号在A点、B点、C点、D点的波形如图6.9右图所示。

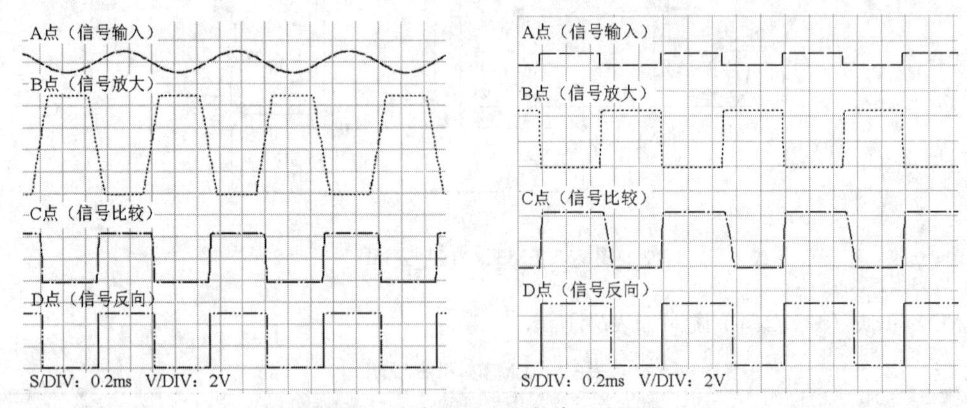

图6.9　信号处理流程各节点波形图

6.1.7　信号分频电路

信号分频电路由二进制加法器74LS161和多路复用数据选择器74LS153构成。信号从74LS161的CLK引脚输入后在其Q0、Q1、Q2、Q3分别进行了2分频、4分频、8分频、16分频，本电路舍弃2分频，只使用了4分频、8分频、16分频。分频前的信号及分频后的信号由74LS153的地址译码引脚A、B进行选择，选择后的信号由74LS153的1Y引脚输出至单片机的计数器0的输入引脚（P3.4引脚）进行信号的频率、占空比、脉宽测量。信号分频电路原理图如图6.10所示。

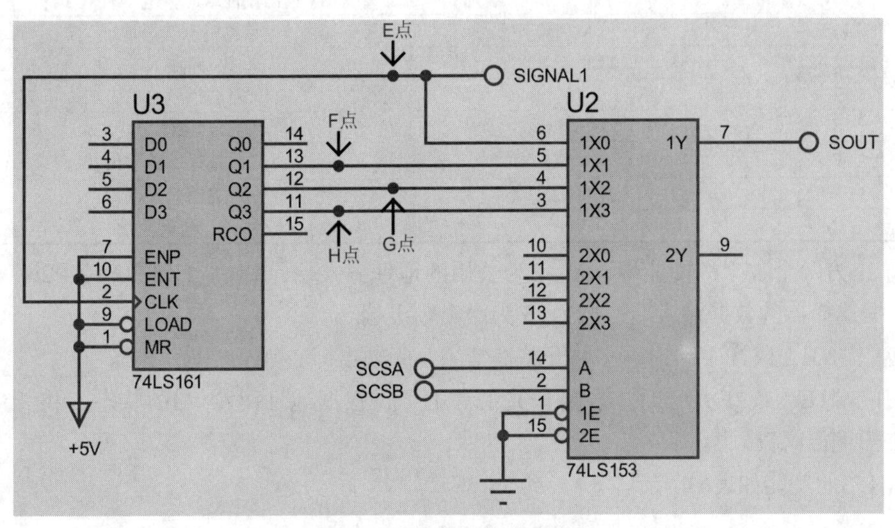

图6.10　信号分频电路原理图

一、74LS161简介

74LS161是一款4位二进制可预置的同步加法计数器。74LS161引脚说明如表6.2所示。

表6.2　74LS161引脚说明

输入						输出	
$\overline{MR}$	$\overline{LOAD}$	ENP	ENT	CLK	D3～D0	Q3～Q1	RCO
L	X	X	X	X	X	0000	L
H	L	X	X	↑	D3～D0	D3～D0	（1）
H	H	H	H	↑	X	计数	（1）
H	H	L	X	X	X	保持	（1）
H	H	X	L	X	X	保持	L

注：H表示高电平，L表示低电平，X表示任意电平，↑表示上升沿，（1）表示当Q0、Q1、Q2、Q3、ENT均为高电平时RCO输出高电平，否则输出低电平。

- 异步清零功能：当$\overline{MR}$为0时，无论有无CLK时钟脉冲信号和其他信号输入，计数器都被清“0”，即Q3～Q1都为0。
- 同步并行置数功能：当$\overline{MR}$为1，$\overline{LOAD}$为0，在输入CLK时钟脉冲信号上升沿的作用下，并行输入的数据D3～D0被置入计数器，即Q3～Q1等于D3～D0。
- 计数功能：当$\overline{MR}$和$\overline{LOAD}$为1且ENP和ENT也为1，CLK端输入计数脉冲信号时，计数器进行二进制加法计数。
- 保持功能：当$\overline{MR}$和$\overline{LOAD}$为1且ENP和ENT不全为1时，计数器保持原来状态不变。

二、74LS153简介

74LS153是一款双4选1数据选择器。这种单片数据选择器/复工器的每一部分都有倒相器和驱动器，以使与或非门可以完全互补，使用二进制译码数据进行选择。两个4线部分各有一个选通输入。74LS153引脚说明如表6.3所示。

表6.3　74LS153引脚说明

引脚	符号	说明
1、15	$\overline{1E}$、$\overline{2E}$	输出使能端（低电平有效）
14、2	A、B	数据输入选择地址
6、5、4、3	1X0 ~ 1X3	第1路输入端
7	1Y	第1路选择后的输出端
8	GND	地
9	2Y	第2路选择后的输出端
10、11、12、13	2X0 ~ 2X3	第2路输入端
16	Vcc	电源

$\overline{1E}$、$\overline{2E}$为两个独立的使能端，A、B为公用的地址输入端，1X0 ~ 1X3和2X0 ~ 2X3分别为两个4选1数据选择器的数据输入端；1Y、2Y为两个输出端。

当使能端$\overline{1E}$（或$\overline{2E}$）=1时，多路开关被禁用，无输出即Y=0。

当使能端$\overline{1E}$（或$\overline{2E}$）=0时，多路开关正常工作，根据地址码A、B的状态，将相应的数据X0 ~ X3送到输出端Y。

74LS153的功能如表6.4所示。

表6.4　74LS153的功能

信号选择		信号输入源				输出使能	输出
A	B	*n*X0	*n*X1	*n*X2	*n*X3	*n*E	*n*Y
X	X	X	X	X	X	H	L
L	L	L	X	X	X	L	L
L	L	H	X	X	X	L	H
H	L	X	L	X	X	L	L
H	L	X	H	X	X	L	H
L	H	X	X	L	X	L	L
L	H	X	X	H	X	L	H
H	H	X	X	X	L	L	L
H	H	X	X	X	H	L	H

注：*n*取值1或2，H表示高电平，L表示低电平，X表示任意电平。

三、信号分频

信号经过图6.10所示的74LS161的CLK（E点）后，到达F点、G点、H点的波形如图6.11所示，由图可知F点处的波形是对输入信号的4分频处的波形，G点处的波形是对输入信号的8分频处的波形，H点处的波形是对输入信号的16分频处的波形。

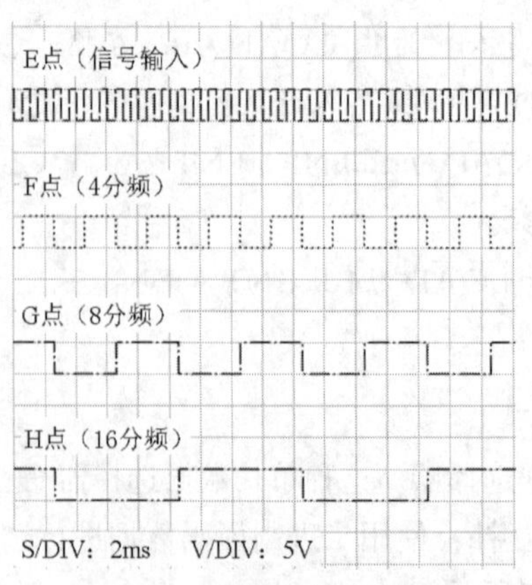

图6.11　信号分频波形图

6.2 多功能数字频率计软件设计

多功能数字频率计软件是基于上述硬件进行设计的。多功能数字频率计通过软件来控制与使用主控芯片及外围器件，以发挥作用。本设计用于实现多功能数字频率计的基础功能，其主要包含自动选择量程（自动分频信号）、测量、频率、占空比、脉宽等。

6.2.1 软件架构

多功能数字频率计软件主要包含单片机及外围器件的驱动、单片机内部资源初始化、应用程序。应用程序通过调用外围器件接口和单片机内部资源接口实现频率测量等功能。软件架构如图6.12所示。下面依次介绍每个软件模块的功能及处理流程。

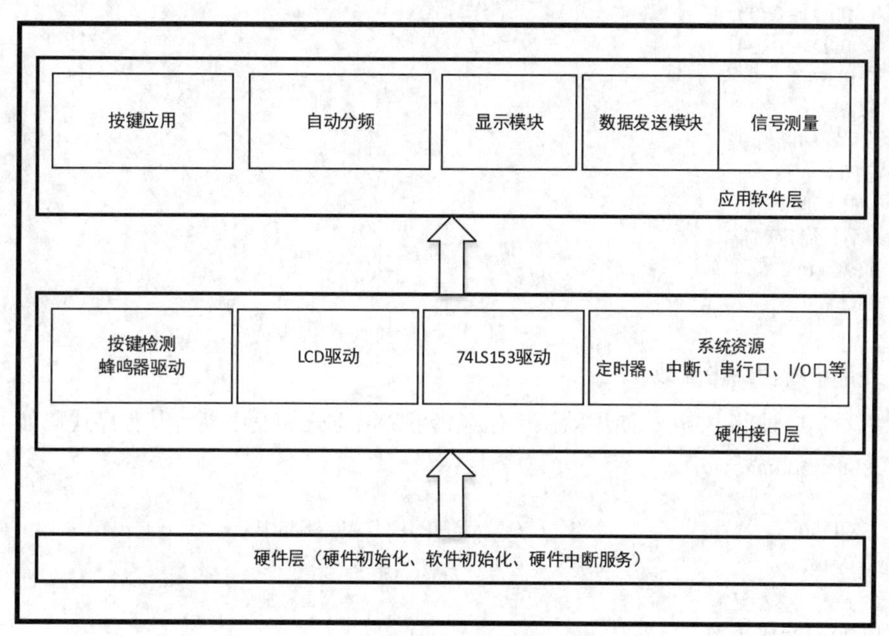

图6.12　多功能数字频率计软件架构

6.2.2 系统初始化

系统初始化函数包含串行口初始化函数、定时器0初始化函数、外部中断初始化函数、LCD初始化函数等。其主要功能是给系统软件提供最佳的运行环境，以保证其能正确地运行。

一、串行口初始化函数

初始串行口工作在工作方式1，10位异步接收且波特率由定时器1控制；波特率设置为9600（晶振频率为12MHz）。其程序代码如下。

```
void SerialInit(void)
{
        SCON  = 0x50;                    //串行口工作在工作方式1
        TMOD &= 0x0F;                    //清除定时器1模式位
        TMOD |= 0x20;                    //设定定时器1为8位自动重装方式
        TL1 = 0xFD;                      //设定定时初值
        TH1 = 0xFD;                      //设定定时器重装值
```

```
    ET1 = 0;                         //定时器1不使用中断
    TR1 = 1;                         //启用定时器1
}
```

二、定时器0初始化函数

初始化定时器0使其工作在工作方式3，TL0、TH0为两个独立的8位加法计数器。TL0使用定时器/计数器0的状态控制位C/T、GATE、TR0及引脚INT0，它的工作情况与工作方式0、工作方式1类似，仅计数范围为1～256，定时范围为1～256μs（当*f*osc=12MHz时）。TH0只能作为非门控方式的定时器，它借用了定时器/计数器1的控制位TR1、TF1，允许这两个独立的8位加法计数器申请中断，不开启定时器。其程序代码如下。

```
void TimerInitialize (void)
{
    TMOD |= 0x03;                    //工作方式3
    TMOD |= 0x04;                    //计数
    TH0 = 6;
    TL0 = 6;
    //配置中断开关
    ET0 = 1;
    ET1 = 1;
    //不开启定时器
    TR0 = 0;
    TR1 = 0;
}
```

三、外部中断初始化函数

单片机不响应外部中断0，使用默认优先级、下降沿方式触发中断。其程序代码如下。

```
void ExInterruptInit(void)
{
    EX0 = 0;                         //不允许单片机响应外部中断0
    IT0 = 1;                         //使用下降沿方式触发中断
}
```

四、LCD初始化函数

设定LCD为8位数据、2行显示、7×5点阵、无光标、无闪烁、启用显示、清屏，完成一个字符码传送后，游标右移，AC自动加1。其程序代码如下。

```
void LcdInit(void)
{
    LcdWriteCommand(0x38);           // 8位数据，2行显示，7×5点阵
    LcdWriteCommand(0x0c);           //无光标，无闪烁，启用显示
    LcdWriteCommand(0x01);           //清屏
    LcdWriteCommand(0x06);           //自增模式
}
```

6.2.3 硬件中断服务

硬件中断服务主要包含定时器0服务、定时器1服务（定时器0工作在工作方式3时的TH0计数溢出后的中断服务）、外部中断0服务。下面依次介绍。

一、定时器0服务

定时器0用于对输入P3.4口的脉冲进行计数。其程序代码如下。

```
void Timer0InterruptSrv(void) interrupt 1 using 1
{
	TL0 = 6;
	gFreqMeasure.fHigh++;				//每加1表示已经计数满250个
}
```

二、定时器1服务

定时器1用于精准定时。其程序代码如下。

```
void Timer0InterruptSrv(void) interrupt 1 using 1
{
	//250μs初值
	TH0 = 6;
	TF1 = 0;
	gFreqMeasure.Time++;
	//高电平时间统计
	if(SIGNAL_PIN)
	{
		gFreqMeasure.HighTime++;
	}
	//1s时间到达
	if(gFreqMeasure.Time >= 4000)
	{
		StopFreqMeasure();
	}
}
```

三、外部中断0服务

外部中断0可检测到是否有脉冲信号输入，读者可根据具体产品需求进行相关功能设计。其程序代码如下。

```
void ExInterruptSrv(void) interrupt 0 using 0
{
	//根据实际应用编写相应代码
}
```

6.2.4 硬件接口

硬件接口主要包含信号选择芯片、串行口发送、LCD等驱动及功能接口。下面依次介绍。

一、数据选择芯片驱动接口

根据输入参数选择不同分频后的信号源，使用数据选择芯片驱动接口。其程序代码如下。

```
void DivFrequency(uchar Div)
{
	//16分频
	if(Div >= 16)
	{
		SIGNAL_CSA = 1;
		SIGNAL_CSB = 1;
	}
	//8分频
	else if(Div >= 8)
	{
		SIGNAL_CSA = 0;
```

```
        SIGNAL_CSB = 1;
    }
    //4分频
    else if(Div >= 4)
    {
        SIGNAL_CSA = 1;
        SIGNAL_CSB = 0;
    }
    //不分频
    else
    {
        SIGNAL_CSA = 0;
        SIGNAL_CSB = 0;
    }
}
```

二、串行口发送接口

通过串行口发送数据至外部设备或PC，其程序代码如下。

```
void SendDataToUart(unsigned char *pData, unsigned int Len)
{
    unsigned char Index = 0;
    bit TempEa = ReadSysAllInterrupt();
    if(0 == pData || Len == 0)
        return;
    DisableSysAllIntrrupt();                    //暂时停止其他中断
    ES = 0;                                     //关闭ES中断
    TI = 0;
    //发送数据
    while(Index < Len)
    {
        SBUF = pData[Index];
        while(!TI);
        TI=0;
        Index++;
    }
    SetFlagToSysAllInterrupt(TempEa);           //恢复中断
}
```

三、LCD驱动接口

LCD驱动接口的代码与第5章所讲述的接口代码不一样，这是因为LCD驱动电路已经发生了改变，所以其驱动代码也要做相应修改。它包含忙检测、写命令、写数据接口等代码。其程序代码如下。

```
// 1. LCD忙检测
void LcdCheckBusy(void)
{
    do
    {
        DATA_BUS = 0xff;
        LCD_EN = 0;
        LCD_RS = 0;
        LCD_RW = 1;
```

```
            LCD_EN = 1;
            _nop_();
        } while(DATA_BUS & 0x80);
        LCD_EN = 0;
}
//2. 写命令
void LcdWriteCommand(uchar Com)
{
        LcdCheckBusy();
        LCD_EN = 0;
        LCD_RS = 0;
        LCD_RW = 0;
        DATA_BUS = Com;
        LCD_EN = 1;
        _nop_();
        LCD_EN = 0;
        DelayMs(1);
}
// 3. 写数据
void LcdWriteData(uchar Data)
{
        LcdCheckBusy();
        LCD_EN = 0;
        LCD_RS = 1;
        LCD_RW = 0;
        DATA_BUS = Data;
        LCD_EN = 1;
        _nop_();
        LCD_EN = 0;
        DelayMs(1);
}
```

四、LCD功能接口

LCD功能接口包含发送字符串至LCD接口、发送字符至LCD接口。其程序代码请参考第4章相关内容。

6.2.5 外部通信和系统调试接口

外部通信包含发送数据和接收数据，本设计只使用了发送接口，读者可根据所学知识自行编写数据接收接口程序，并使用数据接收接口来实现通过外部设备或PC设置多功能数字频率计的参数等功能。接收接口的程序代码详见第4章相关内容。

发送字符串至外部设备，并定义系统调试接口。其程序代码如下。

```
#define DebugPrint      SendStringToUart                //定义系统调试接口
void SendStringToUart(unsigned char *String)
{
        if(NULL == String)
                return;
        SendDataToUart(String, MyStrlen(String));
}
//字符串长度计算接口
int MyStrlen(const char *str)
```

```
{
    int len;
    if (NULL == str)
        return 0;
    for(len=0; *str !='\0'; str++)
        len++;
    return len;
}
```

6.2.6 应用程序

应用程序包含信号测量开始、信号测量停止、自动分频、计算信号测量结果、频率测量任务等。

一、信号测量开始

信号测量开始，调用该接口后，系统运行信号测量功能代码。其程序代码如下。

```
#define StartFreqMeasure() {\
    gFreqMeasure.Flag = FREQ_MEASURE_FLAG_START;\
    gFreqMeasure.fHigh = 0;\
    gFreqMeasure.Time = 0;\
    gFreqMeasure.HighTime = 0;\
    TL0 = 6;\
    TH0 = 6;\
    TR1 = 1;\
    TR0 = 1;\
}
```

二、信号测量停止

信号测量停止后，系统停止执行信号测量相关的代码。其程序代码如下。

```
#define StopFreqMeasure() {\
    TR0 = 0;\
    TR1 = 0;\
    gFreqMeasure.Flag = FREQ_MEASURE_FLAG_STOP;\
    gFreqMeasure.fLow = TL0 - 6;\
}
```

三、自动分频

根据已经测量的结果和每个分频段所能测量的最大量程可选择最合适的分频段，以确保使被测信号结果的误差最小化，其流程图如图6.13所示。

自动分频程序代码如下。

```
void AutoDivFrequency(uint High, uchar Low, uchar *Div)
{
    uint Temp = High *(*Div);
    if(NULL == Div)
        return;
    //频率为0时，使用最大分频
    if(0 == High && 0 == Low)
    {
        *Div = 16;
    }
    //大于3.5MHz用16分频
    else if((Temp/4) >= 3500)
```

```
    {
        *Div = 16;
    }
    //大于1MHz且小于等于3.5MHz用8分频
    else if((Temp/4) >= 1000)
    {
        *Div = 8;
    }
    //大于4kHz且小于等于1MHz用4分频
    else if((Temp/4) >= 4)
    {
        *Div = 4;
    }
    //否则不分频
    else
    {
        *Div = 1;
    }
}
```

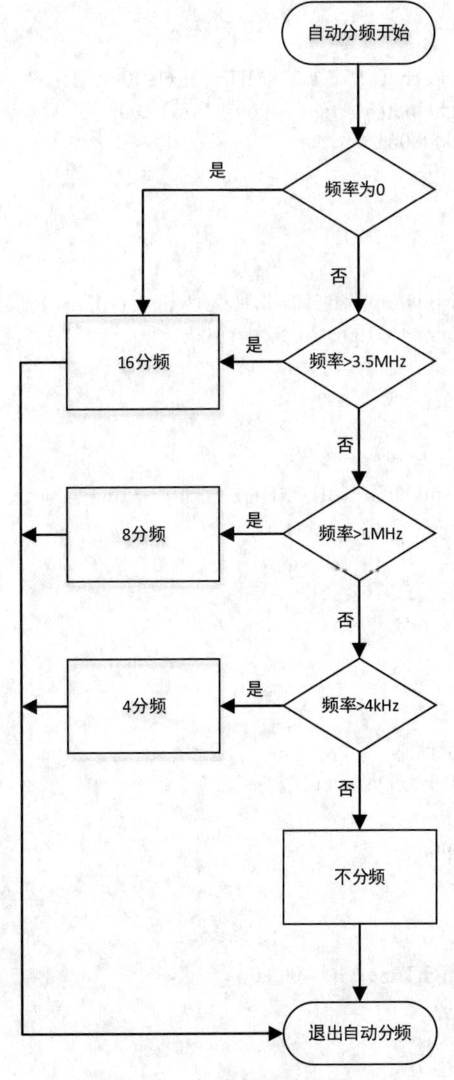

图6.13　自动分频流程图

四、计算信号测量结果

该接口将对被测信号的频率、占空比、脉宽进行计算，并将计算结果发送至LCD显示器，其程序代码如下。

```
void CalcFrequencyAndToLcd(tsFreqM Freq)
{
        unsigned char Displybuf[17];
        uint Pos;
        uchar index = 0;
        uint High = Freq.fHigh;
        uint Low = Freq.fLow;
        float HighTime = 0;
        float Ration;
        //频率计算
        High *= Freq.Div;
        High += (Low*Freq.Div)/250;          //在此基础上再除以4可换成1kHz
        Low = (Low*Freq.Div)%250;            //在此基础上再除以4可换成1kHz
        //如果频率大于1000kHz
        if(High >= 4000)
        {
                Pos = sprintf(Displybuf, "%d.%02dMHz", High/4000, (High%4000 + Low)/100);
                HighTime = High/4000 + (High%4000 + Low)/100;
                HighTime *= 1000000;
        }
        //频率大于1kHz
        else if(High >= 4)
        {
                Pos = sprintf(Displybuf, "%d.%02dKHz", High/4, (High%4 + Low)/100);
                HighTime = High/4 + (High%4 + Low)/100;
                HighTime *= 1000;
        }
        else
        {
                Pos = sprintf(Displybuf, "%dHz",(High * 250) + Low);
                HighTime = (High * 250) + Low;
        }
        //将本次不需要显示的位置填满空格
        for(; index < 17 - Pos; index++)
        {
                Displybuf[Pos + index] = ' ';
        }
        //测量的频率结果送至LCD
        LcdSendStr(0x80|0x40 + 5, Displybuf);
        //占空比计算
        Ration = Freq.HighTime;
        Ration *= 100.0;
        Ration /= Freq.Time;
        //计算高电平时间
        HighTime = (Ration/HighTime)*1000000.0;
        if(HighTime >= 1000.0)
        {
                HighTime /= 1000.0;
```

```
            Pos = sprintf(Displybuf, "H:%.2fms %.1f", HighTime, Ration);
        }
        else
        {
            Pos = sprintf(Displybuf, "H:%.2fus %.1f", HighTime, Ration);
        }
        //送至LCD
        Displybuf[Pos++] = '%';
        //将本次不需要显示的位置填满空格
        for(index = 0; index < 17 - Pos; index++)
        {
            Displybuf[Pos + index] = ' ';
        }
        //测量的占空比和脉宽送至LCD
        LcdSendStr(0x80|0x00, Displybuf);
}
```

五、频率测量任务

频率测量任务实现对信号的测量开始、计算等功能，其程序代码如下。

```
void FreqMeasureTask(void)
{
        //测量是否已经结束，如果结束将进行结果计算、自动分频等任务
        if(FREQ_MEASURE_FLAG_STOP == gFreqMeasure.Flag)
        {
            AutoDivFrequency(gFreqMeasure.fHigh, gFreqMeasure.fLow, &gFreqMeasure.Div);
            DivFrequency(gFreqMeasure.Div);
            CalcFrequencyAndToLcd(gFreqMeasure);
            StartFreqMeasure();
        }
}
```

六、main函数

main函数是8051单片机的入口函数，程序从这里开始运行。main函数依次执行对各硬件进行初始化、启动信号测量等任务。程序初始化完成后，依次执行按键任务、信号测量任务，其程序代码如下。

```
void main(void)
{
        gFreqMeasure.Flag = FREQ_MEASURE_FLAG_NONE;
        gFreqMeasure.Div = 1;
        DisableSysAllIntrrupt();
        SerialInit();                                   //串行口初始化
        TurnOffBeep();
        LcdInit();                                      //LCD初始化
        LcdSendStr(0x80|0x00,"Welcom to use");
        LcdSendStr(0x80|0x40,"Freq:");
        DebugPrint("Start\r\n");
        TimerInitialize();                              //定时器初始化
        EnSysAllIntrrupt();
        StartFreqMeasure();                             //启动信号测量任务
        while(1)
        {
```

```
        KeyProcess();
        FreqMeasureTask();
    }
}
```

6.2.7 相关数据结构定义

宏定义和硬件I/O口定义包含硬件端口定义及硬件功能控制宏定义等，数据结构主要包含频率测量数据结构、控制按键检测结构。下面依次介绍。

一、宏定义

宏定义主要包含数码管数据口、数码管控制口、74LS373控制、外部中断0控制、系统中断总开关、测量相关的状态、蜂鸣器开关等。其程序代码如下。

```
#define FALSE                                   0
#define TRUE                                    1
//操作中断相关的定义
#define EnExintrrupt0()                         EX0 = 1
#define DisExintrrupt0()                        EX0 = 0
#define EnSysAllIntrrupt()                      EA = 1
#define DisableSysAllIntrrupt()                 EA = 0
#define ReadSysAllInterrupt()                   EA
#define SetFlagToSysAllInterrupt(Flag)          EA = Flag
//蜂鸣器相关定义
#define TurnOnBeep()                            BeepPin = 1
#define TurnOffBeep()                           BeepPin = 0
//测量相关的状态
#define FREQ_MEASURE_FLAG_START                 1
#define FREQ_MEASURE_FLAG_STOP                  2
#define FREQ_MEASURE_FLAG_NONE                  0
```

二、硬件I/O口定义

硬件I/O口定义了主菜单、功能加、功能减、蜂鸣器、LCD等I/O口。其程序代码如下。

```
//按键及蜂鸣器定义
sbit  MenuKey = P1^2;                           //定义按键MENU
sbit  IncKey = P1^3;                            //定义按键INC
sbit  DecKey = P1^4;                            //定义按键DEC
sbit  BeepPin = P1^5;                           //定义蜂鸣器引脚
//LCD相关的I/O口
sbit    LCD_EN = P2^2;
sbit    LCD_RS = P2^0;
sbit    LCD_RW = P2^1;
#define DATA_BUS        P0                      //LCD数据口定义
//信号选择地址编码I/O口
sbit    SIGNAL_CSA = P1^0;
sbit    SIGNAL_CSB = P1^1;
//信号输入I/O口
sbit    SIGNAL_PIN  = P3^4;
```

三、频率测量数据结构定义

频率测量数据结构定义了测量时间、脉冲计数高位、脉冲计数低位、分频系数、当前状态、高电平时间。其程序代码如下。

```
typedef struct _FreqMeasure
{
        uint fHigh;                            //用于存储脉冲计数的高位，单位为250个脉冲
        uchar fLow;                            //用于存储脉冲计数的低位，单位为1个脉冲
        uint Time;                             //用于存储测量脉冲的时间，单位为250μs
        uchar Div;                             //用于记录分频系数
        uchar Flag:3;                          //用于记录测量状态
        uint HighTime:13;                      //用于记录高电平持续时间，单位为250μs
}tsFreqM;
```

四、控制按键相关数据结构定义

控制按键相关数据结构用于记录3个按键按下时间的变量及3个按键是否需要处理的标记。其程序代码请参见第5章相关内容。

6.3 小结

本章围绕多功能数字频率计的功能实现，讲解了信号处理的原理与采集电路，以及如何使用单片机对信号的脉宽、频率、占空比进行测量的工作原理与基本操作。多功能数字频率计以LCD显示器作为显示设备。LCD显示器能显示更多、更复杂的信息，可以带给用户更好的使用体验。本章仅围绕信号测量的核心问题进行了讲解和软件设计，读者可在此基础上对数字频率计的功能加以完善与丰富，如按键交互、功能设置、测量结果存储、翻看之前测量的结果及使用串行口与PC机进行通信等。

6.4 习题

（1）编程：将6.2.6小节中的通过按键自动分频改为手动分频。

（2）编程：将6.1节中设计的多功能数字频率计测量结果存储在内存中，最多存储5次测量结果。当测量结果超过5次时，自动覆盖最早存储的测量结果。

（3）在6.1.3小节硬件电路的基础上编程，实现信号测量完成后蜂鸣器响1s的提示声的功能。

（4）基于6.1.4小节的硬件电路编程，实现PC发送“#Read#”字符串至单片机，单片机在收到“#Read#”字符串后通过串行口发送已经存储的测量结果至PC。

第7章　手持GPS定位器

手持GPS定位器可用于测绘、航海、登山等场景。本章主要讲解手持GPS定位器的硬件、软件设计。通过讲解手持GPS定位器的原理及外围器件的运用，进而讲解用8051系列单片机扩展SRAM的方法；通过不同地址实现SRAM和LCD显示器共用数据总线的硬件设计方法；8051单片机使用SPI总线的Flash存储GPS信息，以及通过软件模拟SPI总线的方法；使用多路复用芯片硬件设计使得8051单片机既能利用串行口与GPS模块通信，也可以通过串行口和PC等外设进行通信。

7.1　AT89S51单片机存储器扩展基础

存储器是单片机的重要组成部分，是用来存储程序和各种数据信息的记忆元件。单片机的硬件资源是很有限的，而由单片机构成的实际测控系统的需求却是各式各样的。因此，单片机最小应用系统往往不能满足实际应用的要求，故在设计系统时要优先考虑系统扩展的问题。

7.1.1　存储器分类

存储器可分成内存储器和外存储器。内存储器在程序执行期间被微处理器频繁地使用，并且在一个指令周期是可直接访问的。外存储器要求微处理器从一个外存储装置（如磁盘）中读取信息。

一、RAM

存储单元的内容可按需随意取出或存入，这种存储器在断电时会丢失已存储的内容，故主要用于存储短时间内使用的数据。它的特点就是“易挥发”，即掉电后失去存储的内容。

RAM又分动态随机存储器（Dynamic Random Access Memory，DRAM）和静态随机存储器（Static Random Access Memory，SRAM），它们之间的不同在于生产工艺的不同。SRAM保存数据是靠晶体管锁存的，而DRAM保存数据是靠电容器充电来维持的，需要定时刷新数据，否则存储的数据将会丢失。SRAM工艺复杂，生产成本高，因此需要使用大容量的RAM时一般选用DRAM。又因为SRAM读写速度较快，所以小容量的RAM通常选用SRAM。

二、ROM

ROM在使用时只能执行读操作，掉电后ROM中存储的数据保持不变，因此多用于存放一次性写入的程序或数据、表格等。ROM按其内容写入方式，一般可分为3种：固定内容ROM、可一次编程的ROM、可擦除ROM。可擦除ROM又分为紫外线擦除电写入EPROM和电擦除电写入E^2PROM等类型。

（1）固定内容ROM。

固定内容ROM也称掩模ROM，它是采用掩模工艺制作的，其内容在出厂时已按要求固定，用户无法修改。由于固定内容ROM所存信息不能修改，断电后信息不消失，所以常用来存储固定的程序和数据。

（2）PROM。

PROM是可一次编程的ROM。这种存储器在出厂时未存入数据信息。存储单元可视为全“0”或全“1”，用户可按设计要求将需存入的数据一次性地写入，一旦写入就不能再更改。

PROM在每一个存储单元中都接有快速熔断丝，在用户写入数据前，各存储单元相当于存入“1”。写入数据时，对应该存“0”的单元，以足够大的脉冲电流将熔丝烧断即可。

（3）EPROM。

在使用过程中，EPROM的内容是不能擦除重写的，所以它仍属于只读存储器。要想改写EPROM中的内容，必须将芯片从电路板上拔下，将存储器上面的一块石英玻璃窗口对准紫外线灯光照射数分钟，使存储的数据消失。擦除时间为10min～30min，视型号不同而异。为便于擦除操作，器件外壳上装有透明的石英玻璃盖板，便于紫外线通过。在写好数据以后应使用不透明的纸将石英玻璃盖板遮蔽，以防止数据丢失。通常情况下，一片EPROM芯片可以改写几十次。

（4）E^2PROM。

E^2PROM是一种电写入电擦除的只读存储器，擦除时不需要紫外线，使用特殊的编程信号即可完成擦除操作。擦除操作实际上是对E^2PROM进行写“1”操作，将全部存储单元均写为“1”状态，编程时只要等相关部分写为“0”即可。通常E^2PROM存储的数据保存时间可达10年，每片芯片可擦写1000次以上。

（5）新型非易失性闪速存储器（Flash Memory）。

闪速存储器是比E^2PROM更高效的新一代存储器，其相对于E^2PROM最大的变化就是读写数据的巨大提升。特别是在擦除数据的时候，闪速存储器使用块擦除的方式，可以把一整块的数据一次性擦除。闪速存储器的存储单元也采用浮栅型MOS管。存储器中数据的擦除和写入是分开进行的，数据写入方式与EPROM相同，需要输入一个较高的电压，因此要为芯片提供两组电源。一个字的写入时间约为200μs，一般一片芯片可以擦除/写入100万次以上。

7.1.2 AT89S51单片机扩展系统

由单片机构成的硬件系统主要考虑I/O口线和存储器的扩展。存储器的扩展又分为程序存储器扩展和数据存储器扩展。按扩展的外部器件与单片机系统的接口方式可分为并行扩展和串行扩展。

一、单片机的三总线

总线（Bus）是单片机系统中各种功能部件之间传输信息的公共通信干线，它是由导线组成的传输线束。按照单片机系统所传输的信息种类，单片机系统的总线可以分为数据总线、地址总线和控制总线，分别用来传输数据、数据的地址和控制信号。总线是一种内部结构，它是微处理器、内存、输入/输出设备传递信息的公用通道。主机的各个部件通过总线相连接，外部设备通过相应的接口电路再与总线相连接，从而形成单片机硬件系统。51系列单片机三总线结构如图7.1所示。

（1）数据总线。

数据总线（Data Bus，DB）用于单片机与存储器或单片机与I/O口传送数据。数据总线是双向的，可以进行两个方向的数据传输。51单片机的P0口是一个多功能接口。当扩展外围器件时，P0口可作为数据总线，同时，也可作为低8位的地址总线。CPU先将低8位地址送至P0口，随后从P0口传送数据或接收数据。

（2）地址总线。

51单片机访问外部存储器或I/O口时，由P2口构成高8位地址A8～A15，P0口构成低8位地址A0～A7，因此8051单片机共有16根地址线。地址总线（Address Bus，AB）由单片机P0口提供低8位地址A0～A7，P2口提供高8位地址A8～A15。

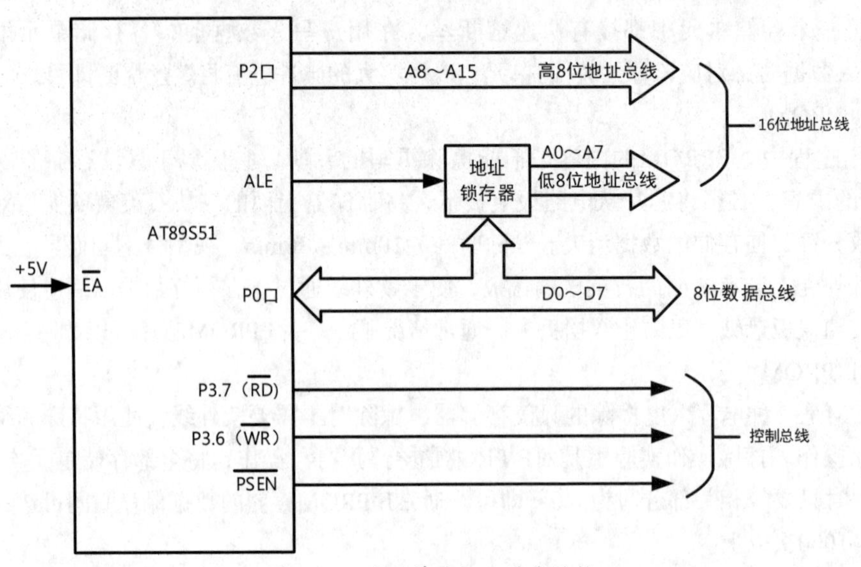

图7.1　51系列单片机三总线结构

（3）控制总线。

控制总线（Control Bus，CB）是单片机发出的控制片外ROM、RAM和I/O口读/写操作的一组控制线，51单片机除了地址线和数据线之外，还有系统的控制总线。51单片机控制信号包含$\overline{\text{PSEN}}$、$\overline{\text{RD}}$、$\overline{\text{WR}}$、ALE、EA。

- $\overline{\text{PSEN}}$为外扩程序存储器的读选通控制信号。
- $\overline{\text{RD}}$为外扩数据存储器和I/O口读选通控制信号。
- $\overline{\text{WR}}$为外扩数据存储器和I/O口写选通控制信号。
- ALE为P0口传送的低8位地址锁存控制信号。
- $\overline{\text{EA}}$为片内、片外程序存储器的选择控制信号。$\overline{\text{EA}}$=1时，单片机在片内存储器访问片内ROM，当超过片内存储器范围，自动访问片外ROM；$\overline{\text{EA}}$=0时，只能访问片外ROM。

51系列单片机三总线扩展结构如图7.2所示。

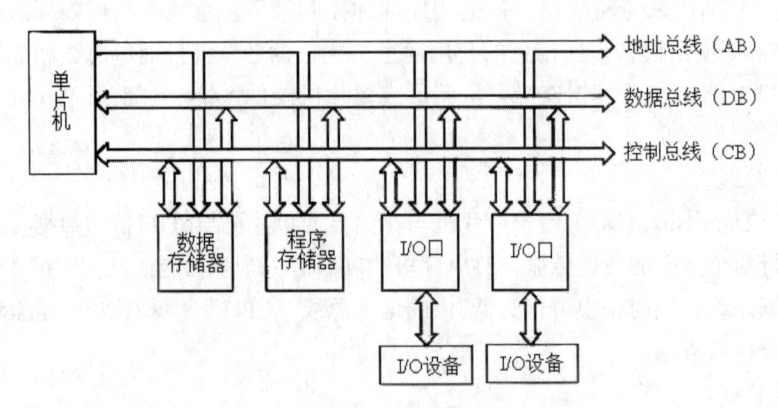

图7.2　51系列单片机三总线扩展结构

（4）P0口复用电路。

51单片机的P0口可作为数据总线和低8位的地址总线使用，当直接将P0口接到扩展芯片的数据总线和低8位的地址总线时，显然无法区分当前传输的内容是地址还是数据，因此需要分时利用P0口，把地址和数据区分开。P0口的地址/数据复用关系如图7.3所示。

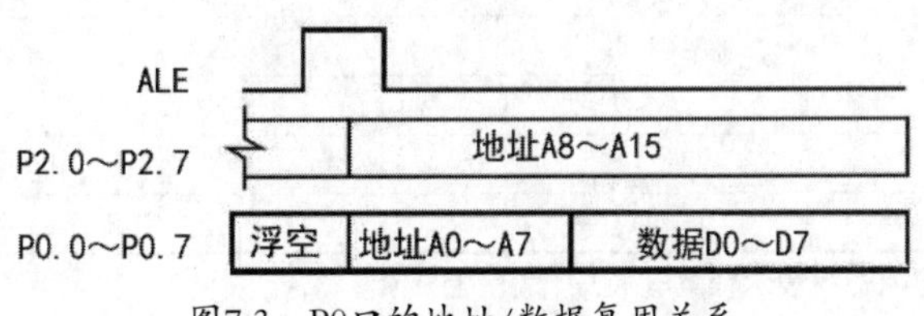

图7.3　P0口的地址/数据复用关系

ALE信号是51单片机提供的专用于数据/地址分离的引脚的信号。由图7.3可知，在每一个周期里，P2口一直都输出地址总线的高8位A8～A15；而P0口传输地址/数据的时间被分成两个“时间段”，第1个时间段内传输地址总线的低8位A0～A7，第2个时间段内传输数据D0～D7。使用锁存器可把低8位的地址信号和8位数据区分开，锁存器的控制信息由控制总线的ALE口控制。

二、常用的地址锁存器

（1）74LS273。

74LS273是8位数据/地址锁存器，它是一种带清除功能的8D触发器。74LS273内部结构如图7.4所示，其引脚如图7.5所示。

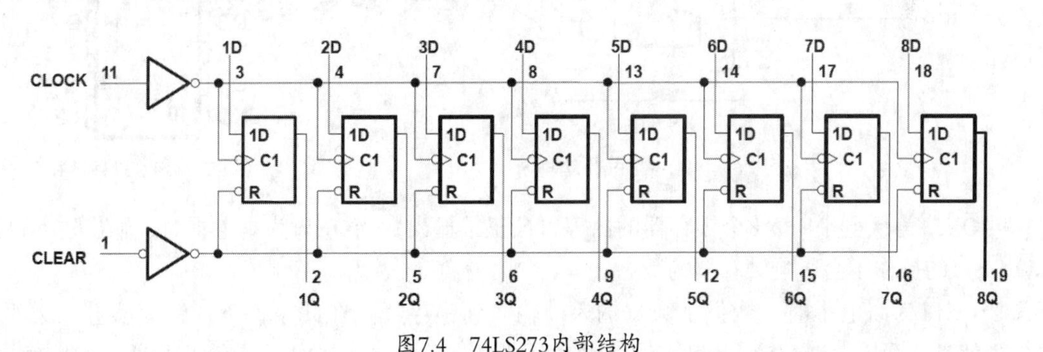

图7.4　74LS273内部结构

引脚	编号	编号	引脚
$\overline{CLR}$	1	20	V_{CC}
1Q	2	19	8Q
1D	3	18	8D
2D	4	17	7D
2Q	5	16	7Q
3Q	6	15	6Q
3D	7	14	6D
4D	8	13	5D
4Q	9	12	5Q
GND	10	11	CLK

图7.5　74LS273引脚

1D～8D为数据输入端，1Q～8Q为数据输出端。第1引脚$\overline{CLR}$是复位端，第11引脚CLK是时钟脉冲信号输入端。当$\overline{CLR}$引脚为低电平时，无论有无时钟脉冲信号及数据输入端（D端）是高或低电平，数据输出端（Q端）都为低电平。仅当$\overline{CLR}$引脚为高电平时，数据输入端的数据在时钟脉冲信号的上升期间被传输到数据输出端。其功能表如表7.1所示。

表7.1　74LS273功能表

输入			输出
$\overline{CLR}$	CLK	D	Q
L	X	X	L
H	↑	H	H
H	↑	L	L
H	L	X	Q0

注：H表示高电平，L表示低电平，X表示任意电平，↑表示上升沿。

（2）74LS373。

74LS373是一款带有三态输出门的8D触发器。74LS373内部结构如图7.6所示，其引脚如图7.7所示。每个触发器具有独立的D型输入，以及适用于面向总线的应用的三态输出。所有锁存器共用一个锁存使能端（LE）和一个输出使能端（$\overline{OE}$），1D～8D为数据输入端，1Q～8Q为数据输出端。

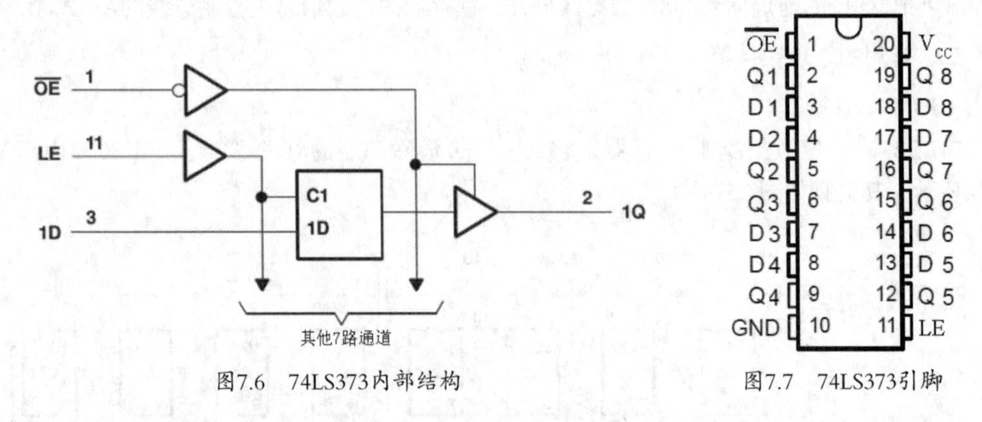

图7.6　74LS373内部结构　　　　图7.7　74LS373引脚

当$\overline{OE}$口为低电平时，8个锁存器的内容可被正常输出；当$\overline{OE}$口为高电平时，输出进入高阻态。$\overline{OE}$口的操作不会影响锁存器的状态。

当LE口为高电平时，数据从数据输入端输入到锁存器。在此条件下，锁存器进入透明模式，也就是说，锁存器的输出与对应的数据输入端的变化相同。当LE口为低电平时，数据输入端的数据就被锁存在锁存器中，数据输入端的变化不再影响数据输出端。其功能如表7.2所示。

表7.2　74LS373触发器功能

输入			输出
$\overline{OE}$	LE	D	Q
L	H	H	H
L	H	L	L
L	L	X	Q0
H	X	X	Z

注：H表示高电平，L表示低电平，X表示任意电平，Z表示高阻态。

三、地址译码方式

为了区分挂在总线上的所有存储器芯片或I/O外设，必须为它们分配唯一的访问地址。由译码电路为每个存储器芯片或I/O外设提供与地址信息有关的片选信号。当CPU访问存储器芯片或I/O外设时，出现在地址总线上的地址信号可划分为两部分：片内地址和片外地址。

片内地址线是直接与存储器或外设连接的地址线，其地址线根数与其存储器的容量有关，当芯片有n根地址线时，其存储器的容量为2^n；片外地址线是除片内地址线之外的地址线，可作为译码电路的片选地址线。常见的译码方法有线选法和译码法，译码法又包含全译码和部分译码。

（1）线选法。

线选法是指使用单片机片外地址线或某端口的I/O线直接与存储器芯片或I/O外设接口的片选地址的引脚线连接。线选法的优点是电路简单，不需要额外增加地址译码器硬件电路，因此采用它的系统体积小、成本低。其缺点是可寻址的芯片数目受到限制，适用于芯片较少而且片选线足够多的系统。另外，采用这种方法会使各芯片的地址空间不连续，每个存储单元的地址不唯一，这会给程序设计带来不便，只适用于外扩芯片数目不多的单片机系统的存储器扩展。51单片机系统使用线选法扩展RAM的电路原理图如图7.8所示，片内地址使用A0～A12，片外地址A13～A14。外部SRAM（6264）芯片的寻址范围为0x4000～0x5FFF或0xC000～0xDFFF。

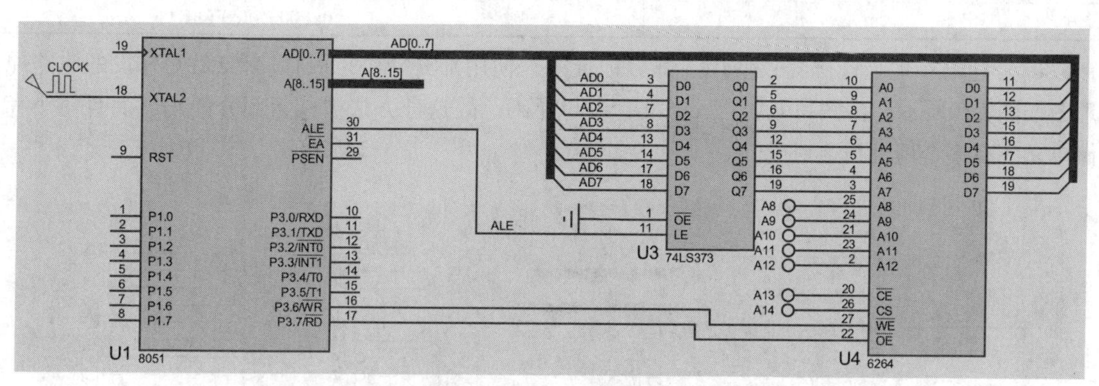

图7.8　使用线选法扩展RAM的电路原理图

（2）译码法。

译码法是使用地址译码芯片对系统的片外地址进行译码，以其译码输出作为存储器芯片或I/O外设的片选信号的方法。这种方法能够有效地利用存储器空间，适用于多芯片的存储器扩展。译码法分为全译码和部分译码两种。常用的译码器芯片有74LS138（3～8线译码器）、74LS139（双2～4线译码器）和74LS154（4～16线译码器）。

全译码：地址译码器使用了全部地址线。其特点是地址与存储单元一一对应，即对于存储器的每一个存储单元，只有唯一的地址与之对应，不存在地址重叠现象。使用全译码扩展存储器或I/O外设的电路原理图如图7.9所示，地址译码器74LS138把64KB存储器空间分成8个8KB的空间。

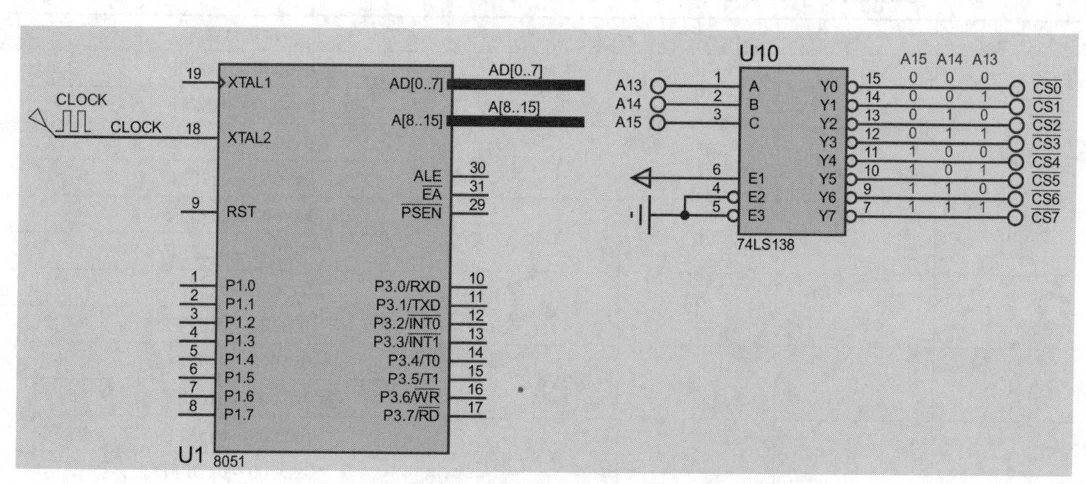

图7.9　使用全译码扩展存储器或I/O外设的电路原理图

使用全译码方式的74LS138芯片地址输入与其输出片选芯片所对应的地址范围如表7.3所示。

表7.3　使用全译码方式的74LS138芯片地址输入与其输出片选芯片所对应的地址范围

A15	A14	A13	Y	地址范围
0	0	0	Y0	0x0000 ~ 0x0FFF
0	0	1	Y1	0x1000 ~ 0x3FFF
0	1	0	Y2	0x4000 ~ 0x5FFF
0	1	1	Y3	0x6000 ~ 0x7FFF
1	0	0	Y4	0x8000 ~ 0x9FFF
1	0	1	Y5	0xA000 ~ 0xBFFF
1	1	0	Y6	0xC000 ~ 0xDFFF
1	1	1	Y7	0xE000 ~ 0xFFFF

部分译码：地址译码器仅使用了部分地址线。使用部分译码扩展存储器或I/O外设的电路原理图如图7.10所示。由图可知，因A15没有参与译码，故这种方法被称为部分译码，而且每个存储单元都有多个地址与之对应。

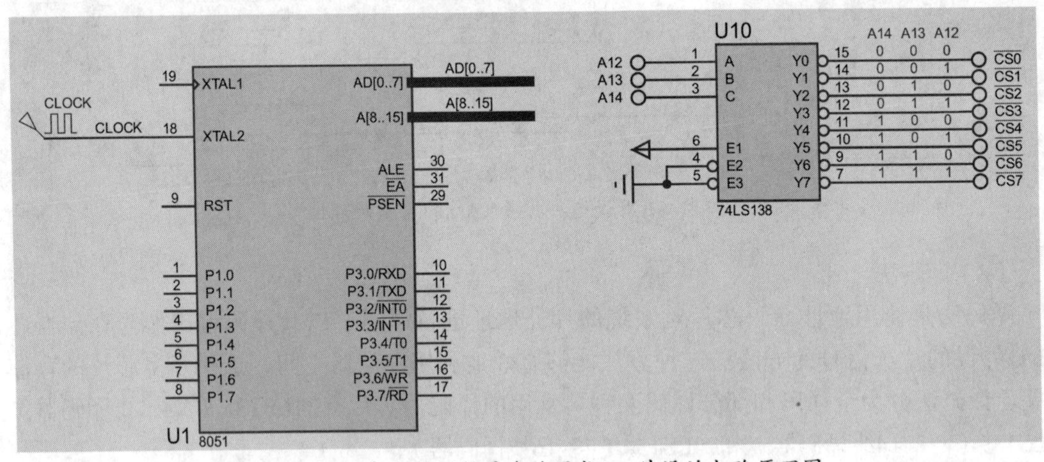

图7.10　使用部分译码扩展存储器或I/O外设的电路原理图

使用部分译码方式的74LS138芯片地址输入与其输出片选芯片所对应的地址范围如表7.4所示。

表7.4　使用部分译码方式的74LS138芯片地址输入与其输出片选芯片所对应的地址范围

A14	A13	A12	Y	地址范围
0	0	0	Y0	0x0000 ~ 0x0FFF
				0x8000 ~ 0x8FFF
0	0	1	Y1	0x1000 ~ 0x1FFF
				0x9000 ~ 0x9FFF
0	1	0	Y2	0xA000 ~ 0xAFFF
				0x2000 ~ 0x2FFF
0	1	1	Y3	0x3000 ~ 0x3FFF
				0xB000 ~ 0xBFFF
1	0	0	Y4	0x4000 ~ 0x4FFF
				0xC000 ~ 0xCFFF
1	0	1	Y5	0x5000 ~ 0x5FFF
				0xD000 ~ 0xDFFF

续表

A14	A13	A12	Y	地址范围
1	1	0	Y6	0x6000 ~ 0x6FFF
				0xE000 ~ 0xEFFF
1	1	1	Y7	0x7000 ~ 0x7FFF
				0xF000 ~ 0x7FFF

7.2 SPI总线

7.2.1 SPI总线的结构原理

SPI，是英语Serial Peripheral Interface的缩写，顾名思义就是串行外围设备通信接口，是Motorola首先在其MC68HCXX系列处理器上定义的。SPI主要应用于 E^2PROM、Flash、实时时钟、A/D转换器，还有数字信号处理器和数字信号解码器等。SPI总线是一种高速、全双工、同步的通信总线，并且在芯片的引脚上只占用4根线，节约了芯片的引脚，同时为PCB的布局节省空间、提供方便。正是因为这种简单、易用的特性，现在越来越多的芯片集成了这种通信接口，比如AT91RM9200。

SPI总线系统是一种同步串行外设接口总线系统，它可以使MCU与各种外围设备以串行方式进行通信以交换信息。操作外部Flash、RAM、网络控制器、LCD显示驱动器、A/D转换器和其他MCU等。SPI总线系统可直接与各个厂家生产的多种标准外围器件相连，其接口一般使用4根线：时钟信号线SCK、主机输入/从机输出数据线MISO、主机输出/从机输入数据线MOSI和低电平有效的从机选择线SS（有的SPI芯片带有中断信号线INT，有的SPI芯片没有主机输出/从机输入数据线MOSI）。

SPI的通信原理很简单，它以主从方式工作，这种方式通常有一个主设备和一个或多个从设备，需要至少4根线，事实上3根线也可以（用于单向传输时，为半双工方式），也是所有基于SPI的设备共有的，它们是SDI（数据输入线）、SDO（数据输出线）、SCK（串行时钟线）、$\overline{CS}$（片选线）。

（1）SDI：主设备数据输入，从设备数据输出。

（2）SDO：主设备数据输出，从设备数据输入。

（3）SCK：时钟信号，由主设备产生。

（4）$\overline{CS}$：从设备使能信号，由主设备控制。

其中$\overline{CS}$是否被选中，也就是说只有片选信号为预先规定的使能信号（高电位或低电位）时，对此芯片的操作才有效。这就使在同一总线上连接多个SPI设备成为可能。

7.2.2 SPI总线的数据传输

通信是通过数据交换完成的。这里先要知道SPI的协议是串行通信协议，也就是说数据是一位一位地传输的。这就是SCK存在的原因：由SCK提供时钟信号。SDI、SDO则基于此信号完成数据传输。数据输出通过 SDO，数据在时钟信号的上升沿或下降沿改变，在紧接着的下降沿或上升沿被读取，完成一位数据的传输。数据输入通过SDI，同数据输出原理。这样，在至少8次时钟信号的改变（上升沿和下降沿为一次），就可以完成8位数据的传输。

需要注意的是，SCK只由主设备控制，而从设备不能控制信号线。同样，在一个基于SPI的设备中，至少有一个主设备。这样传输的特点：与普通的串行通信方式不同，普通的串行通信方式一次连续传输至少8位数据，而SPI允许数据一位一位地传输，甚至允许暂停。因为SCK由主设备控制，当没有时钟信号跳变时，从设备不采集或传输数据。也就是说，主设备通过对SCK的控制可以完成对通信的控制。SPI还是一个数据交换协议：因为SPI的数据输入线和输出线独立，所以允许同时完成数据的输入和输出。不同的SPI设备的实现方式不尽相同，主要是数据改变和采集的时间不同，在时钟信号上升沿或下降沿采集有不同的定义，具体请参考相关器件的文档。

7.2.3 SPI总线的接口

在点对点的通信中，SPI不需要进行寻址操作，且为全双工通信，这显得简单、高效。在多个从设备的系统中，每个从设备需要独立的使能信号，硬件上比I^2C系统要稍微复杂一些。

一、SPI信号

（1）MOSI：主器件数据输出，从器件数据输入。

（2）MISO：主器件数据输入，从器件数据输出。

（3）SCK：时钟信号，由主器件产生。

（4）$\overline{SS}$：从器件使能信号，由主器件控制。

二、SPI的硬件连接

SPI在内部硬件上实际是两个简单的移位寄存器，传输的数据为8位，在主器件产生的从器件使能信号和移位脉冲信号下，按位传输，高位在前，低位在后。在SCK的下降沿数据改变，同时一位数据被存入移位寄存器。

三、SPI的性能特点

SPI主要由4个引脚构成：SPICLK、MOSI、MISO及$\overline{SS}$，其中SPICLK是整个SPI总线的公用时钟引脚，MOSI、MISO作为主器件或从器件的输入/输出的标志，MOSI代表主器件的输出、从器件的输入，MISO 代表主器件的输入、从器件的输出。$\overline{SS}$是从机的标志引脚，在两个互相通信的SPI总线的系统中，$\overline{SS}$引脚为电平低的是从器件，相反，$\overline{SS}$引脚为电平高的是主器件。在SPI通信系统中，必须有主机。SPI总线可以配置成“单主单从”“单主多从”“互为主从”。

SPI也有缺点：没有指定的流控制，没有应答机制确认是否接收到数据。

7.2.4 X25045概述

X25045是Xicor公司的产品，它将电压监控、看门狗定时器和E^2PROM组合在单个芯片之内。因其具有体积小、占用I/O口少等优点，已被广泛应用于工业控制、仪器仪表等领域，是一种理想的单片机外围芯片。

一、X25045的特点

X25045内含512×8bit的串行E^2PROM，可以直接与微控制器的I/O口串行连接。X25045内有一个位指令寄存器，该寄存器可以通过SI来访问。数据在SCK的上升沿由时钟同步输入，在整个工作期内，$\overline{CS}$必须是低电平且$\overline{WP}$必须是高电平。如果在看门狗定时器预置的超时时间内没有总线活动，那么X25045将提供复位信号输出。

X25045内部有一个“写使能”锁存器，在执行写操作之前该锁存器必须被置位，在写操作完成之后，该锁存器自动复位。

X25045还有一个状态寄存器，用来提供X25045状态信息以及设置块保护和看门狗的超时功能。

二、X25045的引脚排列

X25045有DIP/SOIC 8个引脚和TSSOP 14个引脚的封装，图7.11所示为X25045两种封装方式的引脚。

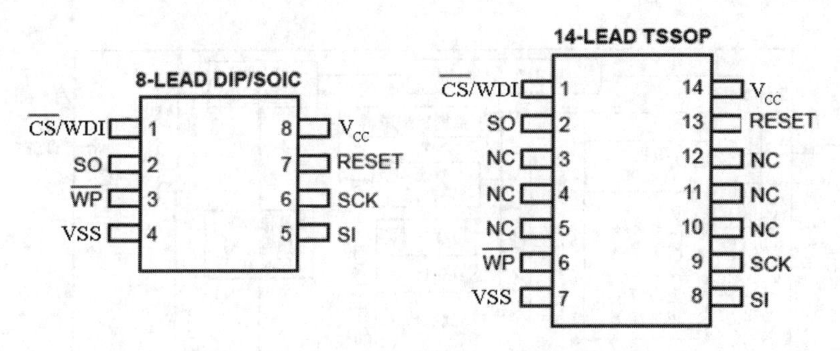

图7.11　X25045引脚

X25045引脚功能如表7.5所示。

表7.5　X25045引脚功能

引脚	名称	功能描述
1	$\overline{CS}$	芯片选择输入引脚。当$\overline{CS}$为高电平时，未选中芯片，并将SO置为高阻态，器件处于标准的功耗模式。当$\overline{CS}$是高电平时，将CS拉低可使器件处于选中状态，器件将工作在功耗状态，在上电后进行任何操作之前，$\overline{CS}$的电平必须有一个由高变低的过程。在看门狗定时器超时并产生复位信号之前，一个加在$\overline{CS}$引脚的由高到低的电平将复位看门狗定时器（“喂狗”操作）
2	SO	串行输出SO是一个推/拉串行数据输出引脚，在读数据时，数据在SCK的下降沿由这个引脚送出
3	$\overline{WP}$	写保护。当$\overline{WP}$引脚是低电平时，对X25045的写操作将被禁止，但是其他的功能正常；当引脚是高电平时，所有操作正常，包括写操作。如果在$\overline{CS}$是低电平的时候，$\overline{WP}$变为低电平，则会中断向X25045中写的操作，但是，如果此时内部的非易失性写周期已经初始化了，则$\overline{WP}$变为低电平不起作用
4	V_{SS}	地
5	SI	串行输入。SI是串行数据输入端，指令、地址、数据都通过这个引脚进行输入，在SCK的上升沿进行数据的输入，并且数据的高位MSB在前
6	SCK	串行时钟信号。串行时钟信号的上升沿通过SI引脚进行数据的输入，下降沿通过SO引脚进行数据的输出
7	RESET	复位输出。RESET是一个开漏型的输出引脚。只要V_{CC}下降到最小允许值，这个引脚就会输出高电平，一直到V_{CC}上的电压高于最小允许值之后200ms；同时它受看门狗定时器的控制，只要看门狗定时器处于激活状态，并且$\overline{CS}$/WDI引脚上电平保持为高或低超过了定时时间，就会产生复位信号。$\overline{CS}$/WDI引脚上的一个下降沿将复位看门狗定时器，由于这是一个开漏型的输出引脚，所以在使用时必须接上拉电阻
8	V_{CC}	正电源

三、X25045的内部结构

X25045的内部结构如图7.12所示。

四、X25045的指令格式

X25045包括一个8位指令寄存器。它可通过SI输入来访问，数据在SCK的上升沿由时钟同步输入。在整个工作周期内，$\overline{CS}$必须是低电平且$\overline{WP}$的输入必须是高电平。X25045监视总线如果在预置的时间周期内没有活动，那么它将提供RESET输出。表7.6所示为 X25045指令及操作描述。对于所有的指令，地址与数据都以MSB在前的方式传输。MSB（the Most Significant Bit）是指1个二进制数字中的最高有效位，例如，1个8位数据的MSB指的是bit7，1个16位数据的MSB指的是bit15。读和写指令的第3位都包含高地址位A8。A8为1时选择存储器的上半部分地址（100H ~ 1FFH），A8为0时选择存储器的下半部分地址（00H ~ FFH）。

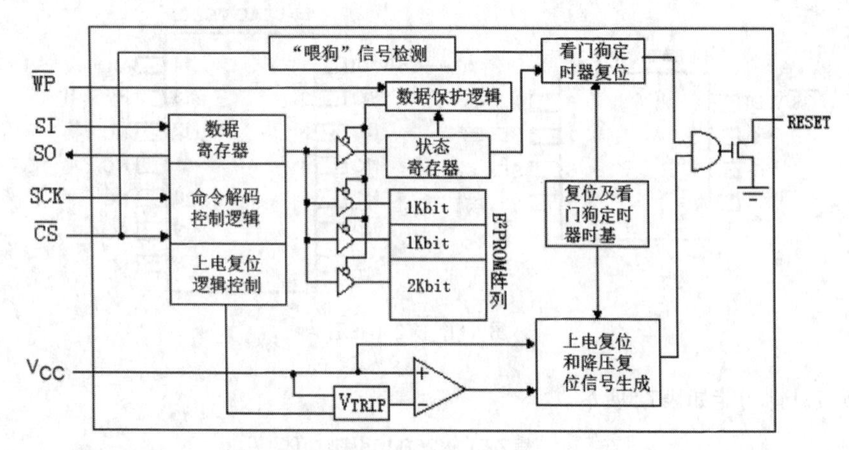

图7.12　X25045的内部结构

表7.6　X25045指令及操作码

指令名	指令格式	操作描述
WREN	0000 0110	设置写使能寄存器（允许写操作）
WRDl	0000 0100	复位写使能锁存器（禁止写操作）
RDSR	0000 0101	读状态寄存器
WRSR	0000 0001	写状态寄存器（块镇定位）
READ	0000 A8011	从开始所选地址的存储器阵列中读出数据
WRITE	0000 A8010	把数据写入开始于所选地址的存储器阵列（1 ~ 4字节）

状态寄存器：RDSR指令提供对状态寄存器的访问。状态寄存器的格式如表7.7所示。

表7.7　状态寄存器的格式

7	6	5	4	3	2	1	0
X	X	WD1	WD0	BL1	BL0	WEL	WIP

看门狗定时器（Watchdog Timer）WD0和WD1位可如表7.8所示那样设置看门狗的超时周期。这些非易失性的位由发出WRSR指令来设置。如果允许看门狗定时器工作，且$\overline{CS}$保持高电平或低电平的时间长于看门狗定时器超时周期，那么RESET也变为高电平。$\overline{CS}$引脚上的下降沿可复位看门狗定时器。

表7.8　X25045看门狗定时器设置

控制寄存器（位）		看门狗定时器超时周期
WD1	WD0	
0	0	1.4s
0	1	600ms
1	0	200ms
1	1	禁用

WIP是写入进程指示位，指示X25045是否正忙于写入操作。当其为1时，写入操作正在进行；为0时，没有写入操作正在进行。在写入期间，所有其他位都设置为1。WIP位是只读的。

WEL是写入允许位，该位为1时允许写入操作，该位为0时禁止写入操作。WEL位是只读的，可由WREN指令设置，WRDI指令复位或成功完成写入循环时清0。

块保护位（BL0和BL1）表示采用的保护范围。这些非易失性位是通过发出WRSR指令来设置的，允许用户选择表7.9所示的4种保护的地址空间中的一种并对监视计时器进行编程。X25045被分成4个1024位段。1个、2个或所有4个段都可能被锁定。也就是说，用户可以读取段，但无法在选定的段中更改（写入）数据。X25045块保护设置如表7.9所示。

表7.9　X25045块保护设置

BL1	BL0	保护的地址空间
0	0	不保护
0	1	180H-1FFH
1	0	100H-1FFH
1	1	000H-1FFH

五、X25045读时序

当从E^{2}PROM阵列读数据时，首先把$\overline{CS}$拉至低电平以选择芯片。8位的读指令被发送到X25045，其后是8位的字节地址。在发送了读操作码和字节地址之后，在所选定的地址存储器中存储的数据被移出到SO线上。主设备继续提供时钟脉冲信号可读出存储器下一地址的数据。在一个数据字节移出之后，存储器地址自动增量至下一地址。把$\overline{CS}$置为高电平可以终止读操作。X25045读时序图如图7.13所示。

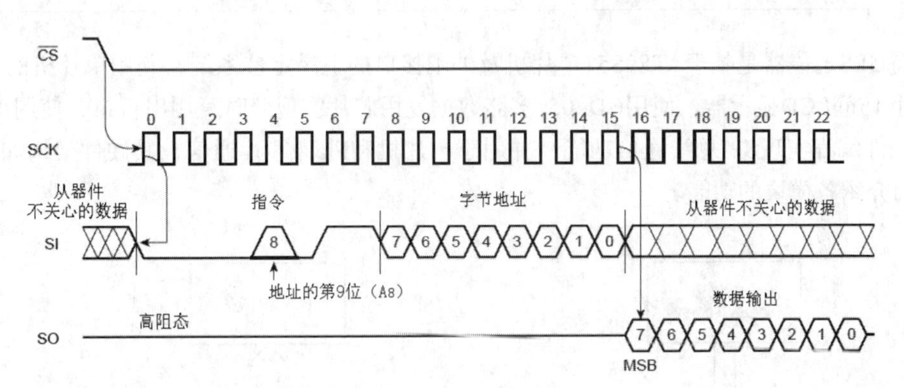

图7.13　X25045读时序图

六、X25045写时序

在把数据写入X25045之前，必须首先发出WREN指令，把“写使能”锁存器置位。X25045“写使能”锁存器时序图如图7.14所示。

由图7.14可知，$\overline{CS}$首先被拉至低电平，然后WREN指令由时钟同步送入X25045，在指令的所有8位被发送之后，必须接着使$\overline{CS}$变为高电平。如果在发出WREN指令之后不把$\overline{CS}$变为高电平而继续操作，那么写操作将会被忽略。

为了把数据写至E^{2}PROM阵列，要发出WRITE指令，后跟数据地址，接着跟要写的数据。在此操作期间，$\overline{CS}$必须变为低电平且保持为低电平。主机可以继续写多达4个字节的数据至X25045。唯一的限制是4个字节必须在同一页上。为了结束写操作（写字节或页），只能在第24、第32、第40或第48个时钟信号之后把$\overline{CS}$变为高电平。X25045写字节时序图如图7.15所示。

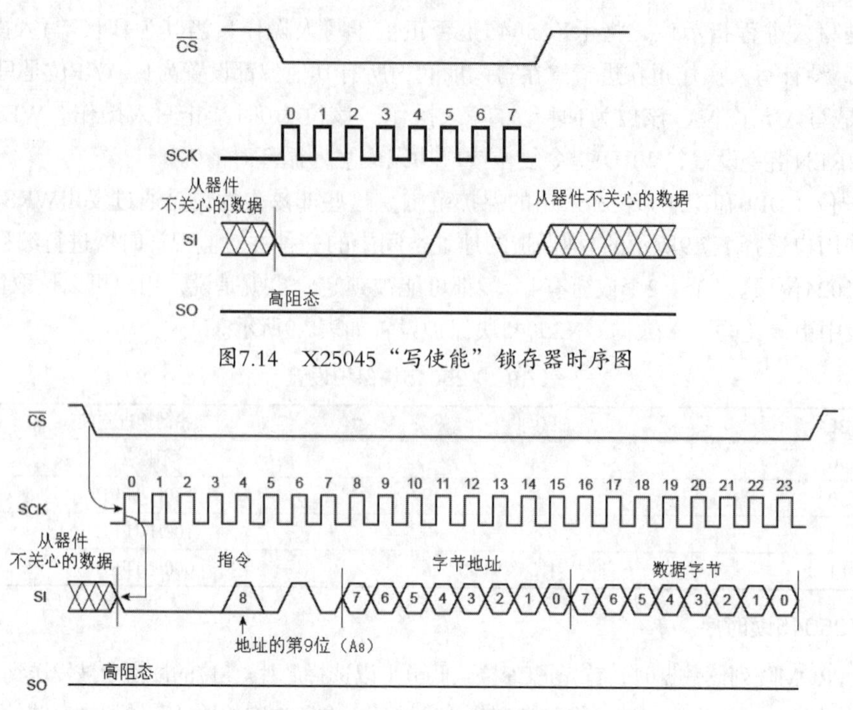

图7.14　X25045“写使能”锁存器时序图

图7.15　X25045写字节时序图

7.3　手持GPS定位器硬件设计

手持GPS定位器是基于AT89S51单片机及外围接口的卫星定位系统，利用单片机的三总线扩展RAM和访问LCD显示器。使用CD4052多路数据复用芯片实现分时复用串行口、使用单片机I/O口线及软件编程实现SPI总线通信功能，并用于单片机和Flash芯片通信。其硬件架构如图7.16所示，下面介绍各模块的功能。

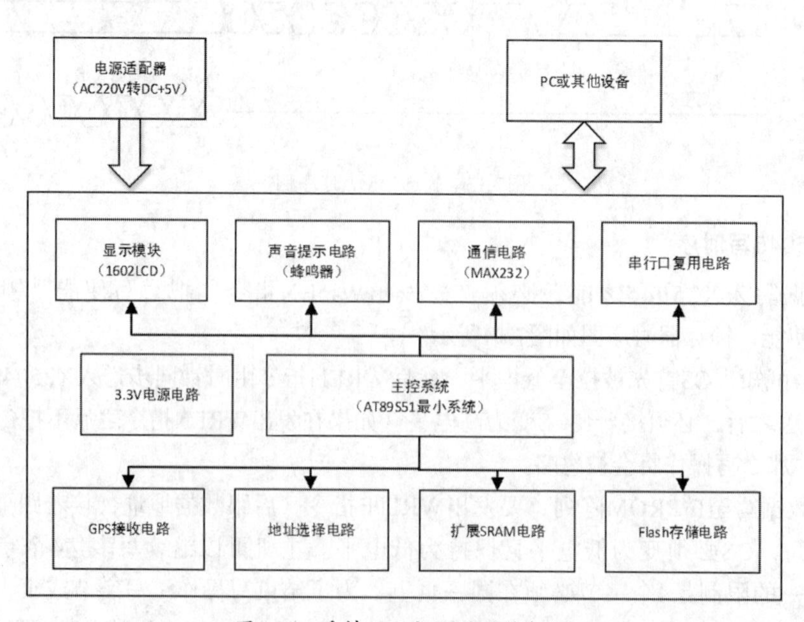

图7.16　手持GPS定位器硬件架构

7.3.1　主控系统

主控系统由AT89S51单片机及其外围电路构成，采用11.0592MHz晶振。主要负责手持GPS定位器的各功能模块的实现，其原理图如图7.17所示。

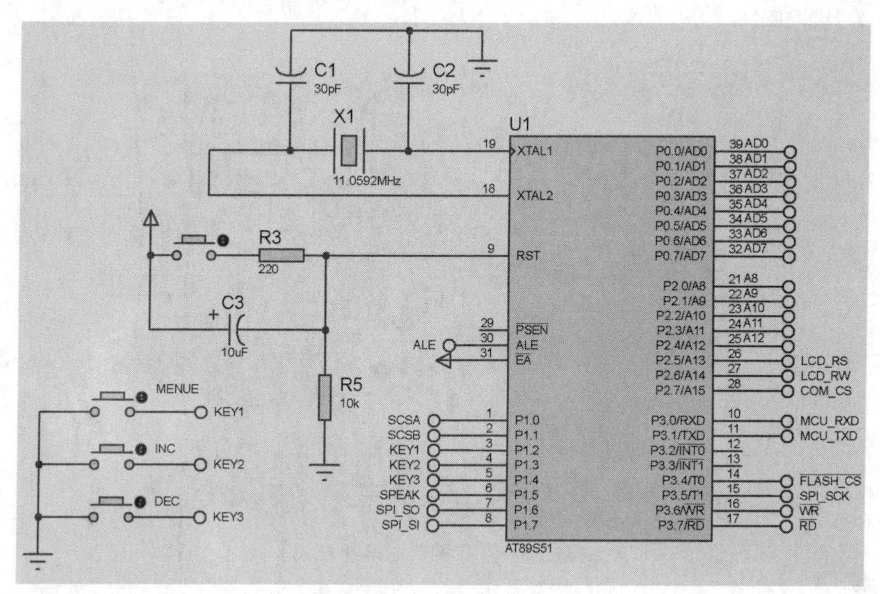

图7.17　主控系统原理图

按键KEY1、KEY2、KEY3为系统控制与设置按键，用户通过这3个按键与系统交互以实现模式切换、系统设置及保存测试结果、翻看测试结果等功能。

7.3.2　显示模块

显示模块由1602LCD及外围电路构成，用于显示开机信息、GPS经度和纬度、GPS时间、GPS速度、GPS航向及其他信息，其原理图如图7.18所示。

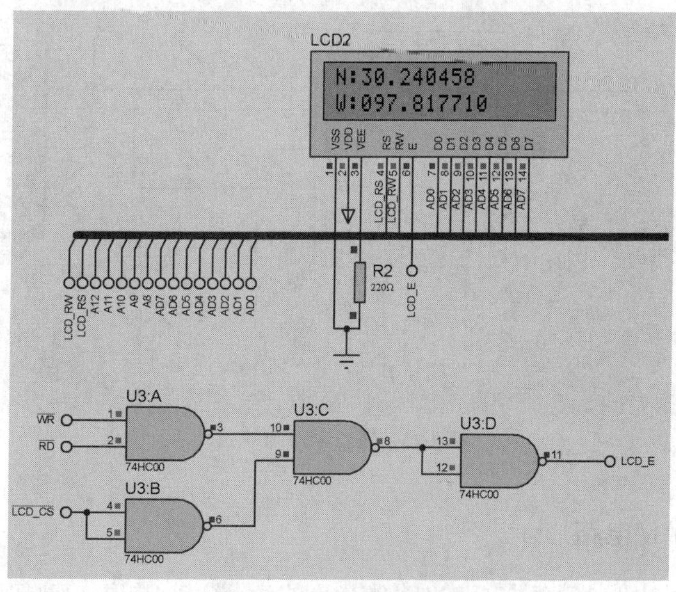

图7.18　显示模块原理图

7.3.3 声音提示电路

声音提示电路由蜂鸣器等构成，系统开机、按键按下、测试完成及异常时，都可以用该电路发出提示声。三极管Q5基极输入高电平时Q5导通，蜂鸣器发声；否则Q5截止，蜂鸣器不发声。图7.19所示为其原理图。

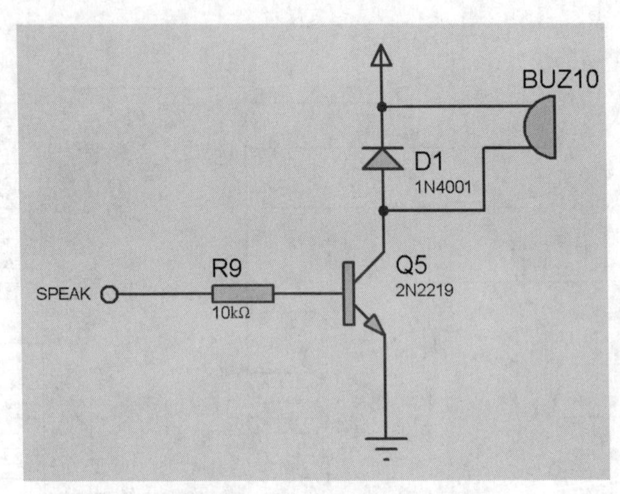

图7.19　声音提示电路原理图

7.3.4 通信电路

通信电路主要由MAX232构成，MAX232的介绍详见第4章相关内容，其原理图如图7.20所示。

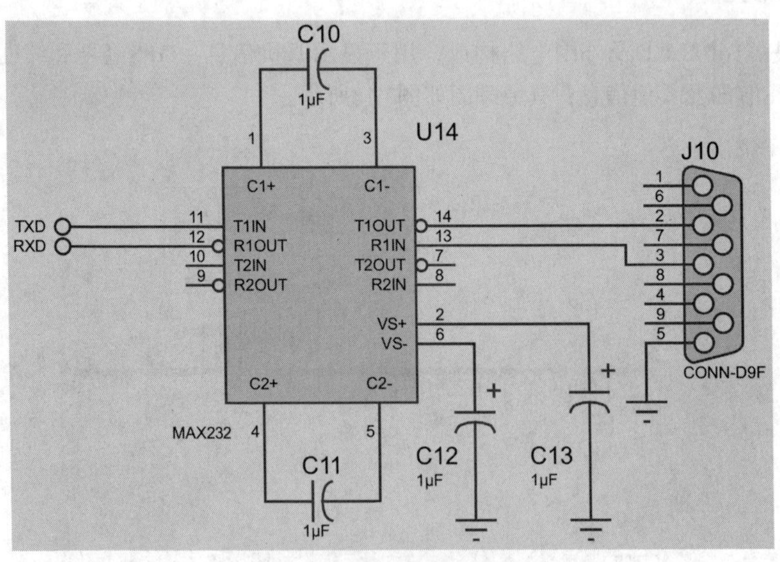

图7.20　通信电路原理图

7.3.5 扩展SRAM电路

扩展SRAM电路由地址锁存器74LS373及8Kbit×8的存储器6264构成。其原理图如图7.21所示。

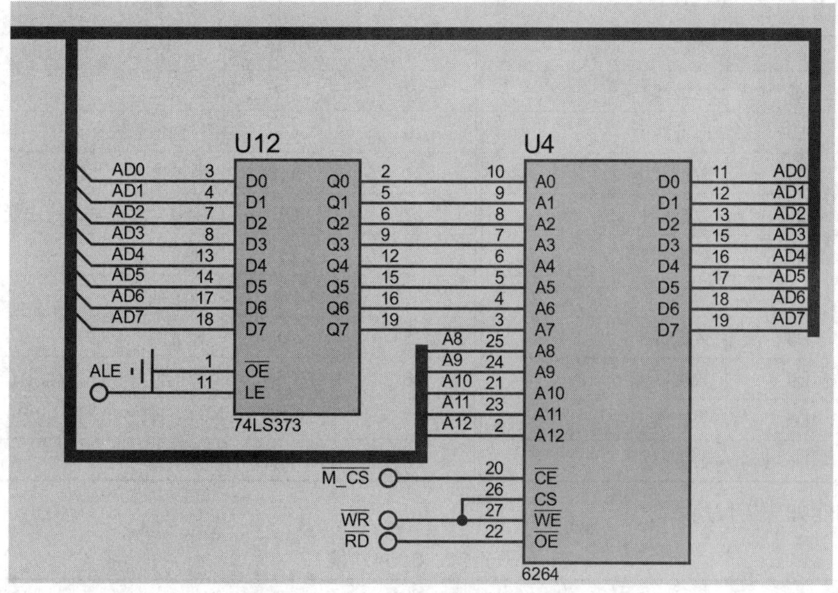

图7.21　扩展SRAM电路原理图

6264是一款容量为64Kbit（8KB），采用CMOS工艺制造的存储芯片。其操作方式由$\overline{OE}$、$\overline{WE}$、CS、$\overline{CE}$的共同决定。当$\overline{OE}$和$\overline{CE}$为低电平，且$\overline{WE}$和CS为高电平时，数据输出缓冲器选通，被选中单元的数据送到数据线D7～D0上。6264功能模块如图7.22所示。

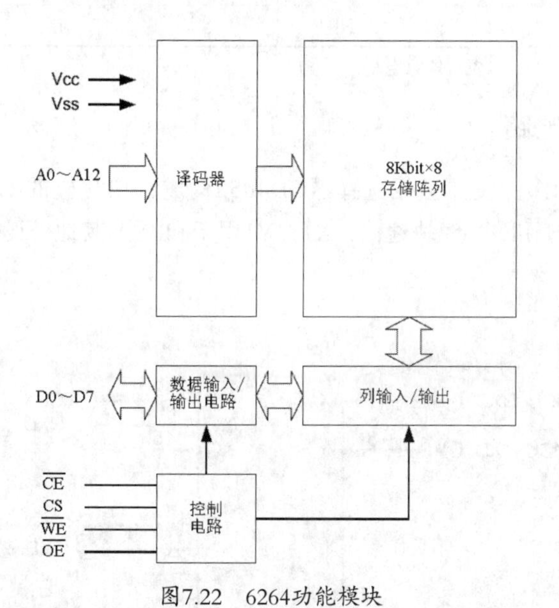

图7.22　6264功能模块

6264引脚说明如表7.10所示。

表7.10　6264引脚说明

引脚	符号	说明	引脚	符号	说明
1	NC	空脚	5	A5	地址线5
2	A12	地址线12	6	A4	地址线4
3	A7	地址线7	7	A3	地址线3
4	A6	地址线6	8	A2	地址线2

续表

引脚	符号	说明	引脚	符号	说明
9	A1	地址线1	19	D7	数据线7
10	A0	地址线0	20	$\overline{CE}$	片选信号，在读/写时应输入低电平
11	D0	数据线0	21	A10	地址线10
12	D1	数据线1	22	$\overline{OE}$	读取允许信号，输入低电平有效
13	DQ2	数据线2	23	A11	地址线11
14	GND	地	24	A9	地址线9
15	D3	数据线3	25	A8	地址线8
16	D4	数据线4	26	CS	片选信号，在读/写时应输入高电平
17	D5	数据线5	27	$\overline{WE}$	写允许信号，输入低电平有效
18	D6	数据线6	28	V_{CC}	+5V工作电压

6264功能如表7.11所示。

表7.11　6264功能

MODE	$\overline{CE}$	CS	$\overline{OE}$	$\overline{WE}$	I/O操作
待命	H	X	X	X	High-Z
	X	L	X	X	High-Z
不使能输出	L	H	H	H	High-Z
读	L	H	L	H	DOUT
写	L	H	X	L	DIN

注：H表示高电平，L表示低电平，X表示任意电平。

7.3.6　串行口复用电路

串行口复用电路由多路复用数据选择器CD4052构成，单片机的RX、TX分别与CD4052的X、Y连接，X0和Y0用于和GPS模块通信，X1、Y1用于和PC及其他外设通信。其原理图如图7.23所示。

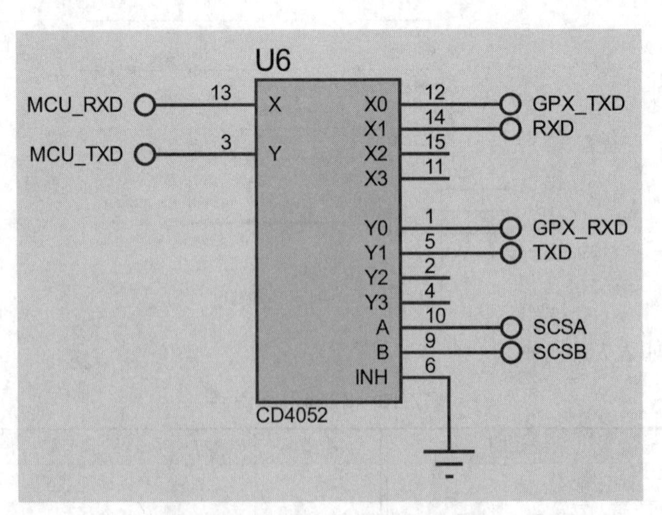

图7.23　串行口复用电路原理图

CD4052是一款双4选1的多路模拟选择开关。其功能如表7.12所示。

表7.12　CD4052功能

INH	B	A	选通
L	L	L	X0，Y0
L	L	H	X1，Y1
L	H	L	X2，Y2
L	H	H	X3，Y3
H	X	X	不选通任何通道

注：H表示高电平，L表示低电平，X表示任意电平。

7.3.7　地址选择电路

地址选择电路由3～8译码器74LS138构成，本设计只使用了74LS138的Y0和Y1，因此其输入端B和C均接地。其原理图如图7.24所示。

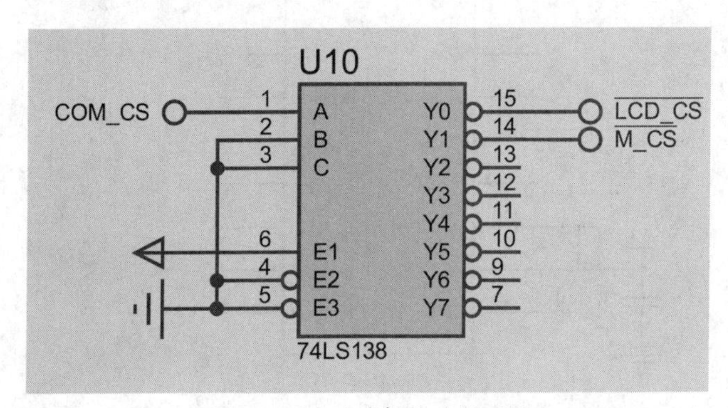

图7.24　地址选择电路原理图

7.3.8　Flash存储电路

Flash存储电路由容量为64Mbit（8MB）的W25Q64构成，它支持SPI总线对其进行访问。其原理图如图7.25所示。

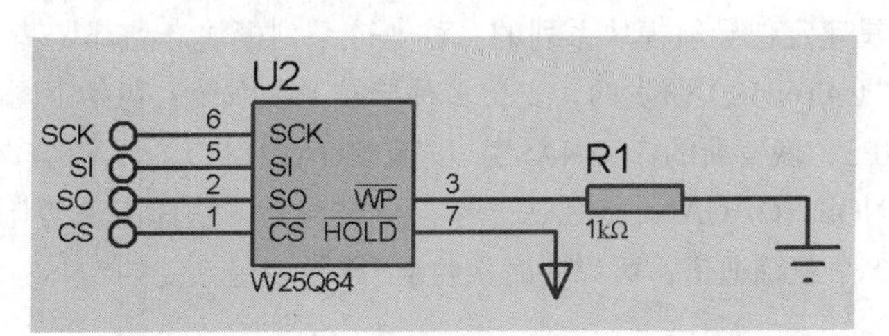

图7.25　Flash存储电路原理图

W25Q64是一款64Mbit的串行闪速存储器，可为存储空间有限的系统提供一个存储解决方案。其支持2.7V～3.6V供电。W25Q64引脚（SOIC-8Pin）说明如表7.13所示。

表7.13　W25Q64引脚说明

引脚	符号	说明	引脚	符号	说明
1	$\overline{CS}$	芯片选择输入	5	SI	数据输入
2	SO	数据输出	6	SCK	串行时钟信号输入
3	$\overline{WP}$	写保护输入	7	$\overline{HOLD}$	保持或复位
4	GND	地	8	V_{CC}	电源

7.3.9 GPS模块电路

GPS模块选用杭州中科微电子有限公司的ATGM332D-5N-3X，它支持北斗导航卫星系统和GPS。其电路原理图如图7.26所示。

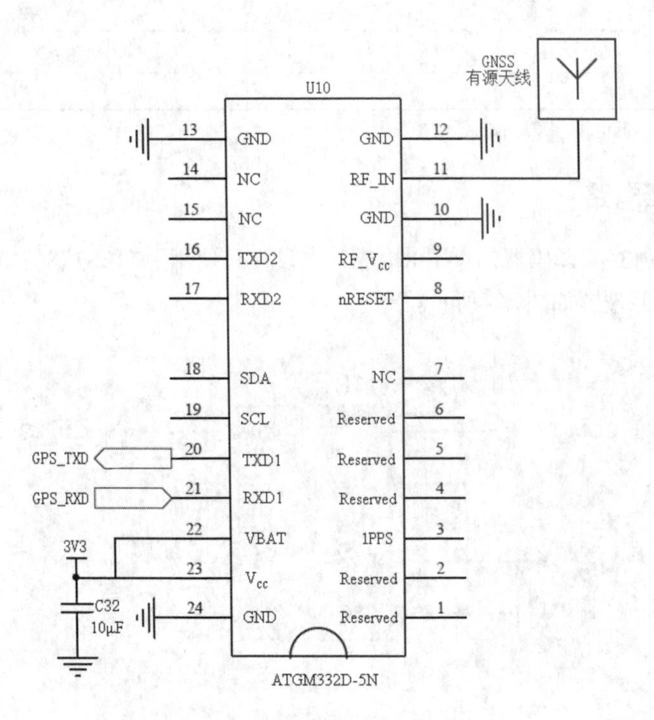

图7.26 GPS模块电路原理图

一、ATGM332D-5N系列模块简介

ATGM332D-5N系列模块是长宽高为16.0mm×12.2mm×2.4mm的高性能北斗导航卫星系统（BeiDou Navigation Satellite System，BDS）/全球导航卫星系统（Global Navigation Satellite System，GNSS）全星座定位导航模块系列的总称。该系列模块产品都是基于中科微第四代低功耗GNSS SOC单芯片（AT6558）研发的，支持多种导航卫星系统，包括中国的BDS（北斗导航卫星系统）、美国的GPS、俄罗斯的GLONASS、欧盟的GALILEO、日本的QZSS 及卫星增强系统SBAS（WAAS、EGNOS、GAGAN、MSAS）等。AT6558是一款真正意义上的六合一多模导航卫星定位芯片，包含32 个跟踪通道，可以同时接收6个导航卫星系统的GNSS 信号，并且实现联合定位、导航与精确授时。

ATGM332D-5N 系列模块具有高灵敏度、低功耗、低成本等优点，适用于车载导航系统、手持定位设备、可穿戴设备等，可以直接替换Ublox NEO 系列模块。ATGM332D-5N引脚说明如表7.14所示。

表7.14 ATGM332D-5N引脚说明

引脚	符号	说明	引脚	符号	说明
1	NC	空脚	6	NC	空脚
2	RESERVED	保留	7	NC	空脚
3	1PPS	秒脉冲信号输出	8	nRESET	模块复位输入，低电平有效
4	RESERVED	保留	9	RF_V_{CC}	输出电源
5	NC	空脚	10	GND	地

续表

引脚	符号	说明	引脚	符号	说明
11	RF_IN	天线信号输入	18	SDA	I^2C数据接口
12	GND	地	19	SCL	I^2C时钟接口
13	GND	地	20	TXD1	导航数据输出
14	NC	空脚	21	RXD1	交互命令输入
15	NC	空脚	22	VBAT	RTC及SRAM后备电源
16	TXD2	辅助串行口数据输出，可用于代码升级	23	V_{CC}	模块电源输入
17	RXD2	辅助串行口数据输入，可用于代码升级	24	GND	地

二、ATGM332D-5N性能指标

ATGM332D-5N具有出色的定位导航功能，支持BDS/GPS/GLONASS导航卫星系统的单系统定位，以及任意组合的多系统联合定位，并支持QZSS和SBAS。

（1）支持A-GNSS。

（2）冷启动捕获灵敏度：-148dBm。

（3）跟踪灵敏度：-162dBm。

（4）定位精度：2.5m（CEP50）。

（5）首次定位时间：32s。

（6）低功耗：连续运行小于25mA（@3.3V）。

（7）内置天线检测及天线短路保护功能。

注：以上性能指标适用于ATGM332D-5N-1X、ATGM332D-5N-3X、ATGM332D-5N-5X、ATGM332D-5N-7X 模块。

7.3.10 3.3V电源电路

本GPS定位器所选用的GPS模块和闪速存储器的供电电压的范围是2.7V ~ 3.6V，而AT89S51单片机的供电电压是5V，因此需要将5V电压转换成3.3V电压供给GPS模块。3.3V电源电路选用 XC6228D332VR-G，它是一款低压差线性稳压器（Low Dropout Regulator，LDO），输出电流可达300mA，最大输入电压为5.5V。其原理图如图7.27所示。

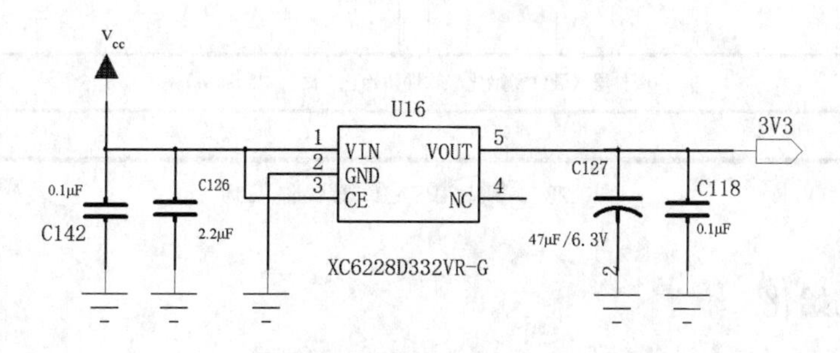

图7.27 GPS模块电源原理图

XC6228系列是一款高速LDO，它具有高精度、低噪声、高纹波抑制、低压差、低功耗等优点。该系列包含一个电压参考器、误差放大器、驱动晶体管、限流器及一个相位补偿电路。XC6228引脚说明如表7.15所示。

表7.15 XC6228引脚说明

引脚	符号	说明	引脚	符号	说明
1	VIN	电源输入	4	NC	空脚
2	GND	地	5	VOUT	输出
3	CE	ON/OFF控制	—	—	—

7.4 手持GPS定位器软件设计

手持GPS定位器软件是基于上述硬件进行设计的。通过软件来控制与使用主控芯片及外围器件，以使其发挥作用。本设计用于实现手持GPS定位器的基础功能，其主要包含地理位置、时间、日期等GPS相关的信息解析，Flash驱动，Flash读写接口，LCD显示器驱动等。

7.4.1 软件架构

手持GPS定位器软件主要包含单片机外围器件的驱动及接口、单片机内部资源初始化、应用程序等。应用程序通过调用外围器件接口、单片机内部资源接口实现定位、记录轨迹、显示经度及纬度等功能。手持GPS定位器软件架构如图7.28所示。下面依次介绍每个软件模块的功能及处理流程。

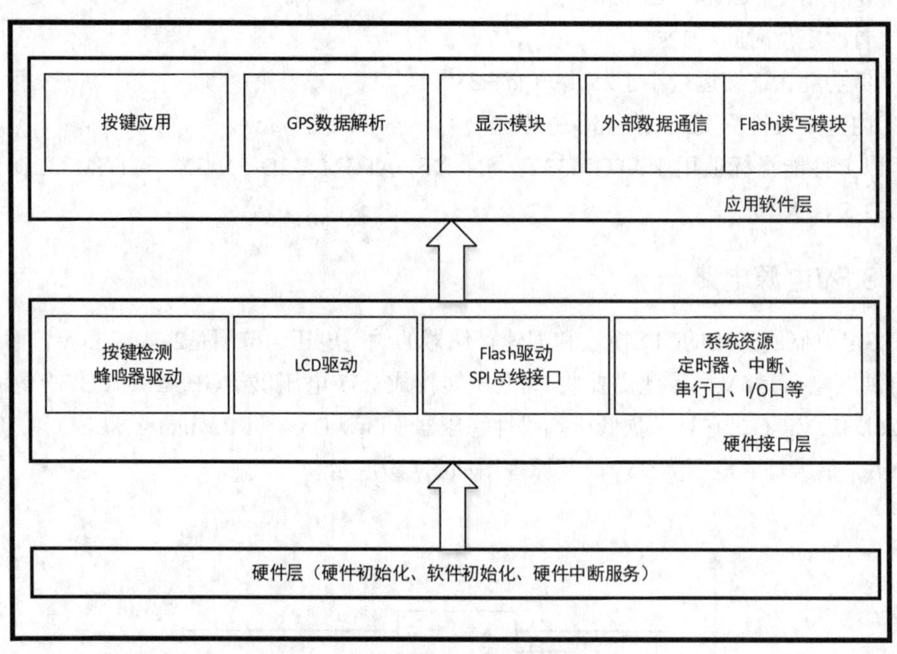

图7.28 手持GPS定位器软件架构

7.4.2 系统初始化

系统初始化程序包含I/O口配置、串行口初始化、定时器配置、外部中断配置、外设初始化、参数初始化等。其主要功能是给系统软件提供最佳的运行环境，以保证其能正确地运行。

一、串行口初始化

初始串行口使其工作在工作方式1，10位异步接收且波特率由定时器1控制；波特率设置为

9600（晶振频率为11.0592MHz）。其程序代码如下。

```
void SerialInit(void)
{
        PCON &= 0x7F;                //波特率不设为倍速
        SCON  = 0x50;                // 串行口工作方式1，8位数据，允许接收
        TMOD &= 0x0F;                //清除定时器1模式位
        TMOD |= 0x20;                //设定定时器1为8位自动重装方式
        TL1 = 0xFD;                  //设定定时初值
        TH1 = 0xFD;                  //设定定时器重装值
        ES = 1;                      //允许串行口中断
        ET1 = 0;                     //定时器1不使用中断
        TR1 = 1;                     //启动定时器1
        TI  = 1;                     //设置TI发送第1个字符
}
```

二、定时器0初始化

初始化定时器0使其工作在16位定时模式（工作方式1）；GATE 位为0，定时器/计数器的工作与引脚INT0、INT1无关；TH0和TL0的初值为分别为(65536-1000)/256、(65536-1000)%256；允许定时器0中断并启动定时器0。其程序代码如下。

```
void TimerInitialize (void)
{
        TMOD |= 0x01;//T0定时模式，工作方式1
        TH0 = (65536 - 1000)/256;
        TL0 = (65536 - 1000)%256;
        //配置中断开关
        ET0 = 1;
        TR0 = 1;
}
```

三、外部中断初始化

单片机不响应外部中断0，使用默认优先级、下降沿方式触发中断。其程序代码如下。

```
void ExInterruptInit(void)
{
        EX0 = 0;                     //不允许单片机响应外部中断0
        IT0 = 1;                     //使用下降沿方式触发中断
}
```

四、LCD显示器初始化函数

设定LCD显示器为8位数据、2行显示、7×5点阵、无光标、无闪烁、启用显示、清屏、自增模式，完成一个字符码传输后，游标右移，AC自动加1。其程序代码如下。

```
void LcdInit(void)
{
        LcdWriteCommand(0x38);          // 8位数据, 2行显示, 7×5点阵
        LcdWriteCommand(0x0c);          //无光标，无闪烁，启用显示
        LcdWriteCommand(0x01);          //清屏
        LcdWriteCommand(0x06);          //自增模式
}
```

7.4.3 硬件中断服务

硬件中断服务主要包含定时器0服务、外部中断0服务、串行口中断0服务。下面依次介绍。

一、定时器0服务函数

定时器0用于精确定时和按键检测等。其程序代码如下。

```
void Timer0InterruptSrv(void) interrupt 1 using 1
{
        static unsigned char _10milliTimer = 0;
        TH0 = (65536-1000)/256;                          //1ms初值
        TL0 = (65536-1000)%256;                          //1ms初值
        //10ms计时
        if(_10milliTimer++ >= 10)
        {
                _10milliTimer = 0;
                //菜单按键检测
                if(0 == MenuKey && 0 == gKey.MFlag)//菜单按键I/O口为低电平且按键处理标记为0
                {
                        TurnOnBeep();                    //声音提示按键按下
                        gKey.MenuTime++;                 //记录按键按下时间
                        if(gKey.MenuTime >= 200)
                                gKey.MenuTime = 200;
                }
                else
                {
                        TurnOffBeep();
                        if(gKey.MenuTime)
                                gKey.MFlag = 1;          //置标记为1表示有按键需要处理
                }
                ……//此处省略功能加和功能减按键代码，其形式与菜单键检测的一致
        }
}
```


二、外部中断0服务

外部中断0可检测到PC或外设是否有数据发给定位器。当检测到PC或外设有数据发送给单片机时，可将单片机串行口切换至PC或外设使用，这便实现了串行口复用的自动切换。读者可根据具体产品需要进行相关功能设计。其程序代码如下。

```
void ExInterruptSrv(void) interrupt 0 using 0
{
        //根据实际应用编写相应代码
}
```

三、串行口中断0服务

串行口中断主要用于接收GPS模块和PC机发送的数据，本程序只实现了GPS模块的接收，读者可根据实际需要补充接收PC机发送的数据。其程序代码如下。

```
void UartInterruptSrv(void) interrupt 4
{
        static u8 data gpsRcvDataStep = 0;         //用于记录GPS数据接收的步骤
        static u8 data gpsRcvDataIndex = 0;        //用于记录存储的GPS数据在Buff中的位置
        u8 data Temp = SBUF;
        if(RI)
        {
                RI = 0;                            //清除串行口接收中断申请标志
                switch (gpsRcvDataStep)
```

```
{
case GPS_RECEIVE_STEP0:                //GPS数据接收步骤0
if (Temp == '$') //是否收到包开始字节
{
        gpsRcvDataStep = GPS_RECEIVE_STEP1;
        gpsRcvDataIndex = 0;
}
  else
  {
        gpsRcvDataStep = GPS_RECEIVE_STEP0;
  }
        break;
case GPS_RECEIVE_STEP1:                //GPS数据接收步骤1
        if (Temp == 'G')
        {
                gpsRcvDataStep = GPS_RECEIVE_STEP2;
                gGpsDateBuf[gpsRcvDataIndex++] = Temp;
        }
        else
        {
                gpsRcvDataStep = GPS_RECEIVE_STEP0;
        }
        break;
case GPS_RECEIVE_STEP2:                //GPS数据接收步骤2
        if (Temp == 'P')
        {
                gpsRcvDataStep = GPS_RECEIVE_STEP3;
                gGpsDateBuf[gpsRcvDataIndex++] = Temp;
        }
        else
        {
                gpsRcvDataStep = GPS_RECEIVE_STEP0;
        }
        break;
case GPS_RECEIVE_STEP3:                //GPS数据接收步骤3
        if (Temp == 'R')
        {
                gpsRcvDataStep = GPS_RECEIVE_STEP4;
                gGpsDateBuf[gpsRcvDataIndex++] = Temp;
        }
        else
        {
                gpsRcvDataStep = GPS_RECEIVE_STEP0;
        }
        break;
case GPS_RECEIVE_STEP4:                //GPS数据接收步骤4
        gGpsDateBuf[gpsRcvDataIndex++] = Temp;
        if (gpsRcvDataIndex >= MAX_GPS_PACKET_LEN)
        {
                gpsRcvDataStep = GPS_RECEIVE_STEP0;
                gpsRcvDataIndex  = 0;
        }
```

```
                if (Temp == 0x0D) //0x0D = <CR>
                {
                    gpsRcvDataStep = GPS_RECEIVE_STEP5;
                }
                break;
            case GPS_RECEIVE_STEP5:                     //GPS数据接收步骤5
                if (Temp == 0x0A)
                {
                    gGpsData.bGpsPacketFlag = TRUE;  //标志该帧数据接收完成
                }
                gpsRcvDataStep = GPS_RECEIVE_STEP0;
                gpsRcvDataIndex = 0;
                break;
        }
    }
}
```

7.4.4 硬件接口

硬件接口主要包含串行口复用选择芯片驱动接口、串行口发送接口、LCD驱动及功能接口、SPI总线读取及写入接口。下面依次介绍。

一、串行口复用选择芯片驱动接口

调用UartSelectGps接口后，切换单片机的串行口与GPS模块通信；调用UartSelectCom接口后，将单片机的串行口切换至PC或其他外设。其程序代码如下。

```
#define UartSelectGps()        SIGNAL_CSA = 0;\
                               SIGNAL_CSB = 0

#define UartSelectCom()        SIGNAL_CSA = 1;\
                               SIGNAL_CSB = 0
```

二、串行口发送接口

通过串行口发送数据至GPS模块、外部设备或PC，其程序代码如下。

```
void SendDataToUart(uchar *pData, unsigned int Len)
{
    u16 Index = 0;
    if(0 == pData || Len == 0)
        return;
    //发送数据
    while(Index < Len)
    {
        SBUF = pData[Index++];
        while(!TI);
        TI = 0;
    }
}
```

三、LCD驱动接口

LCD驱动接口与第5章所讲述的接口代码不一样，主要原因是电路已经发生了改变，所以其驱动接口程序也要做相应修改。它包含忙检测、写命令、写数据接口。其程序代码如下。

```
//LCD忙检测接口
void LcdCheckBusy(void)
{
    uchar dt;
    do
    {
        dt = LCD_RC;
        DelayMs(1);
    } while(dt & 0x80);
}
// LCD写命令接口
void LcdWriteCommand(uchar com)
{
    LcdCheckBusy();
    LCD_WC = com;
    DelayMs(1);
}
// LCD写数据接口
void LcdWriteData(uchar Data)
{
    LcdCheckBusy();
    LCD_WD = Data;
    DelayMs(1);
}
```

四、LCD功能接口

LCD功能接口包含发送字符串至LCD、发送字符至LCD接口。其程序代码请参考第4章相关内容。

五、SPI总线读取接口

单片机模拟SPI总线读取总线数据，从总线读取1个字节的程序代码如下。

```
uchar SpiReadByte(void)
{
    uchar Index;
    uchar Temp = 0x00;
    SPI_SCK = 1;                    //将SPI_SCK置于已知的高电平状态
    for(Index = 0; Index < 8; Index++)
    {
        SPI_SCK = 1;                //拉高SPI_SCK
        SPI_SCK = 0;                //在SPI_SCK的下降沿输出数据
        Temp <<= 1;                 //将Temp中的各2进位向左移1位，最高位数据在前
        Temp |= (uchar)SPI_SO;      //将SPI_SO上的数据通过按位"或"后存入Temp
    }
    return (Temp);                  //返回读取的数据
}
```

六、SPI总线写入接口

单片机模拟SPI总线将数据写入总线，写入1个字节至SPI总线的程序代码如下。

```
void SpiWriteByte(uchar Data)
{
    uchar i;
    SPI_SCK=0;                      //将SPI_SCK清0
```

```
        for(i = 0; i < 8; i++)
        {
            SPI_SI = (Data&0x80);           //高位在前，低位在后
            SPI_SCK = 0;
            SPI_SCK = 1;                    //在SPI_SCK上升沿写入数据
            Data <<= 1;                     //2进位向左移1位，高位在前
        }
}
```

7.4.5 外部通信和系统调试接口

外部通信包含发送数据和接收数据，能使用接收接口来实现用外部设备或PC设置手持GPS定位器的参数、读取GPS轨迹信息等功能。接收接口的程序代码详见第4章相关内容。

发送字符串至外设，并定义系统调试接口。其程序代码如下。

```
#define DebugPrint      SendStringToUart                //定义系统调试接口
void SendStringToUart(unsigned char *String)
{
    if(NULL == String)
        return;
    SendDataToUart(String, MyStrlen(String));
}
//字符串长度计算接口
int MyStrlen(const char *str)
{
    int len;
    if (NULL == str)
        return 0;
    for(len=0; *str !='\0'; str++)
        len++;
    return len;
}
```

7.4.6 应用程序

应用程序包含按键任务、Flash相关操作、GPS数据解析等。

一、按键任务处理

读者可根据产品实际需求进行功能代码设计，按键的软件防抖动以及短按和长按功能的识别等代码可参考第4章相关内容。

二、Flash芯片状态复位等待

该接口可用于Flash芯片状态复位等待功能。其程序代码如下。

```
void FlashWaitForStatusBitSet(u8 statusBit, u32 timeOut)
{
    u8  uTemp = 0;
    u32 CurTime = 0;
    FlashCSLow();
    SpiWriteByte(FLASH_CMD_RDSR);
    do
    {
        uTemp = SpiReadByte();
```

```
            DelayMs(1);
        }while (((uTemp & statusBit) == SET) && timeOut--);    //Flash芯片状态复位等待
        FlashCSHigh();
}
```

三、Flash芯片写使能和写去使能

调用Flash芯片写使能接口后，单片机可对Flash写入数据；调用Flash芯片写去使能接口后，单片机对Flash写入数据将会失败。其程序代码如下。

```
//Flash写使能接口
void FlashWriteEnable(void)
{
        FlashCSLow();
        SpiWriteByte(FLASH_CMD_WREN);
        FlashCSHigh();
        Delay10Us();
        FlashWaitForStatusBitSet(BIT_WEL_STATUS_FLAG, 1000);
}
//Flash写去使能接口
void FlashWriteDisable(void)
{
        FlashCSLow();
        SpiWriteByte(FLASH_CMD_WRDI);
        FlashCSHigh();
        Delay10Us();
        FlashWaitForStatusBitSet(BIT_BUSY_WIP_STATUS_FLAG, 1000);
}
```

四、读取Flash芯片ID及唤醒Flash

读取接口用于读取Flash芯片ID，从而唤醒Flash接口，用于将Flash从深度省电模式唤醒至工作模式。其程序代码如下。

```
//读取Flash芯片ID
u32 FlashReadID(void)
{
        u32 Temp = 0;
        u32 i = 3;
        FlashCSLow();
        SpiWriteByte(FLASH_CMD_RDID);
        do
        {
                Temp <<= 8;
                Temp |= SpiReadByte();
        }while(--i);
        FlashCSHigh();
        return Temp;
}
//从深度省电模式中唤醒Flash
void FlashWakeUpStandard(void)
{
        FlashCSLow();
        SpiWriteByte(FLASH_CMD_RDP);
        FlashCSHigh();
```

```
        Delay10Us();
}
```

五、Flash写入接口

Flash写入接口包含页写入接口和多字节写入接口。其程序代码如下。

```
//Flash页写入接口
void FlashPageWriteStandard(u8* Buf, u32 Addr, u16 Len)
{
        FlashWaitForStatusBitSet(BIT_BUSY_WIP_STATUS_FLAG, 1000);
        FlashWriteEnable();
        FlashWaitForStatusBitSet(BIT_WEL_STATUS_FLAG, 1000);
        FlashCSLow();
        SpiWriteByte(FLASH_CMD_PP);
        SpiWriteByte((Addr & 0xFF0000) >> 16);
        SpiWriteByte((Addr & 0xFF00) >> 8);
        SpiWriteByte(Addr  & 0xFF);
        while (Len--)
        {
                SpiWriteByte(*Buf++);
        }
        FlashCSHigh();
        FlashWaitForStatusBitSet(BIT_BUSY_WIP_STATUS_FLAG, 1000);
        FlashWriteDisable();
        FlashWaitForStatusBitSet(BIT_BUSY_WIP_STATUS_FLAG, 1000);
        DelayMs(5);
}
//Flash多字节写入接口
void FlashWriteBytes(u32 Addr, u8 *pBuff, u32 Len)
{
        u16 restlen = Len;
        s32 ret = 0;
        u32 writeaddr = Addr;
        u16 pagelen;
        while(restlen)
        {
                pagelen = FLASH_WR_PAGE_MAX_LEN - writeaddr%FLASH_WR_PAGE_MAX_LEN;
                if(restlen > pagelen)
                {
                        FlashPageWriteStandard(pBuff, writeaddr, pagelen);
                        ret += pagelen;
                        //These pointers or variates are modifying for the next writing.
                        pBuff += pagelen;
                        restlen -= pagelen;
                        writeaddr += pagelen;
                }
                else
                {
                        FlashPageWriteStandard(pBuff, writeaddr, restlen);
                        ret += restlen;
                        restlen = 0;
                }
        }
```

```
        if(ret == Len)
        {
                //writing data success.
        }
        else
        {
                //writing data fialure.
        }
}
```

六、Flash扇区擦除接口

Flash扇区擦除接口用于将Flash的指定扇区擦除。其程序代码如下。

```
void FlashSectorErase(u32 SectorAddr)
{
        FlashWaitForStatusBitSet(BIT_BUSY_WIP_STATUS_FLAG, 1000);
        FlashWriteEnable();
        FlashCSLow();
        SpiWriteByte(FLASH_CMD_SE);
        SpiWriteByte((SectorAddr & 0xFF0000) >> 16);
        SpiWriteByte((SectorAddr & 0xFF00) >> 8);
        SpiWriteByte(SectorAddr & 0xFF);
        FlashCSHigh();
        FlashWaitForStatusBitSet(BIT_BUSY_WIP_STATUS_FLAG, 3000);
        Delay10Us();
}
```

七、Flash多字节读取接口

Flash多字节读取接口用于从Flash指定地址读取多个字节内容。其程序代码如下。

```
void FlashReadBytes(u8* Buf, u32 Addr, u16 Len)
{
        FlashCSLow();
        SpiWriteByte(FLASH_CMD_READ);
        SpiWriteByte((Addr & 0xFF0000) >> 16);
        SpiWriteByte((Addr& 0xFF00) >> 8);
        SpiWriteByte(Addr & 0xFF);
        while(Len)
        {
                *Buf = SpiReadByte();
                Buf++;
                Len--;
        }
        FlashCSHigh();
}
```

八、GPS数据解析

GPS数据解析包含数字转字符、字符转数字、字符串是否是数字、比较两个字符串是否相等、校验接收的GPS包是否完整、GPS数据解析等。其程序代码如下。

（1）数据结构变量及接收缓存（Buffer）定义。

```
GpsDataStruct  xdata gGpsData;                          //GPS数据结构变量定义
u8  xdata gGpsDateBuf[MAX_GPS_PACKET_LEN];              //GPS数据接收缓存定义
```

（2）数字转字符接口。

```
u8 ValueToChar(u8 value)
{
        if (value <= 9)
        {
                return '0' + value;
        }
        else
        {
                return 'A' + value - 10;
        }
}
```

（3）字符转数字接口。

```
u8 CharToValue(u8 ucChar)
{
        if ((ucChar >= 'a') && (ucChar <= 'z'))
        {
                return ucChar - 'a' + 10;
        }
        if (ucChar >= 'A')
        {
                return ucChar - 'A' + 10;
        }
        else
        {
                return ucChar - '0';
        }
}
```

（4）字符串是否是数字接口。

```
u8 StrIsNumber(u8 *pStr, u8 len)
{
        u8 i;
        i = 0;
        while (i != len)
        {
                if ((*(pStr + i) < '0') || (*(pStr + i) > '9'))
                {
                        return FALSE;
                }
                i++;
        }
        return TRUE;
}
```

（5）比较两个字符串是否相等接口。

```
u8 CompareStr(u8 *pStr1, u8 *pStr2, u8 Len)
{
        u8 i;
        i = 0;
        while (i < Len)
        {
                if (*(pStr1 + i) != *(pStr2 + i))
                {
```

```
                return FALSE;
            }
            i++;
        }
        return TRUE;
}
```

（6）校验接收的GPS包是否完整接口。

```
u8 CheckGpsPacket(u8 *pData)
{
        u8 ucCheckValue, i, ucHighChar, ucLowChar;
        //计算校验值
        ucCheckValue = 0;
        for (i = 0; *(pData + i) != '*'; i++)
        {
                ucCheckValue ^= *(pData + i);
                if (i > (MAX_GPS_PACKET_LEN - 5))
                {
                        return CHECK_FALSE;
                }
        }
        //比较校验值
        ucHighChar = ValueToChar((ucCheckValue & 0xF0) >> 4);
        ucLowChar  = ValueToChar(ucCheckValue & 0x0F);
        if ((ucHighChar == *(pData + i + 1))
                && (ucLowChar == *(pData + i + 2)))
        {
                return CHECK_SUCCESS;
        }
        else
        {
                return CHECK_FALSE;
        }
}
```

（7）GPS数据解析接口。

GPS数据解析接口从GPS接收Buffer中根据GPS数据规则解析出时间、纬度、经度、日期等信息，其流程图如图7.29所示。

GPS数据解析接口所解析的是GPS推荐定位信息GPRMC。GPRMC的数据格式如下。

```
$GPRMC,<1>,<2>,<3>,<4>,<5>,<6>,<7>,<8>,<9>,<10>,<11>,<12>*hh
<1> UTC时间，hhmmss.sss（时分秒.毫秒）格式。
<2> 定位状态，A为有效定位，V为无效定位。
<3> 纬度ddmm.mmmm（度分）格式（前面的0也将被传输）。
<4> 纬度半球N（北半球）或S（南半球）。
<5> 经度dddmm.mmmm（度分）格式（前面的0也将被传输）。
<6> 经度半球E（东半球)或W（西半球)。
<7> 地面速率（000.0 ~ 999.9节，前面的0也将被传输）。
<8> 地面航向（000.0 ~ 359.9°，以正北为参考基准，前面的0也将被传输）。
<9> UTC日期，ddmmyy（日月年）格式。
<10> 磁偏角（000.0 ~ 180.0°，前面的0也将被传输）。
<11> 磁偏角方向，E（东）或W（西）。
<12> 模式指示（仅NMEA0183 3.00版本输出，A为自主定位，D为差分，E为估算，N为数据无效）。
```

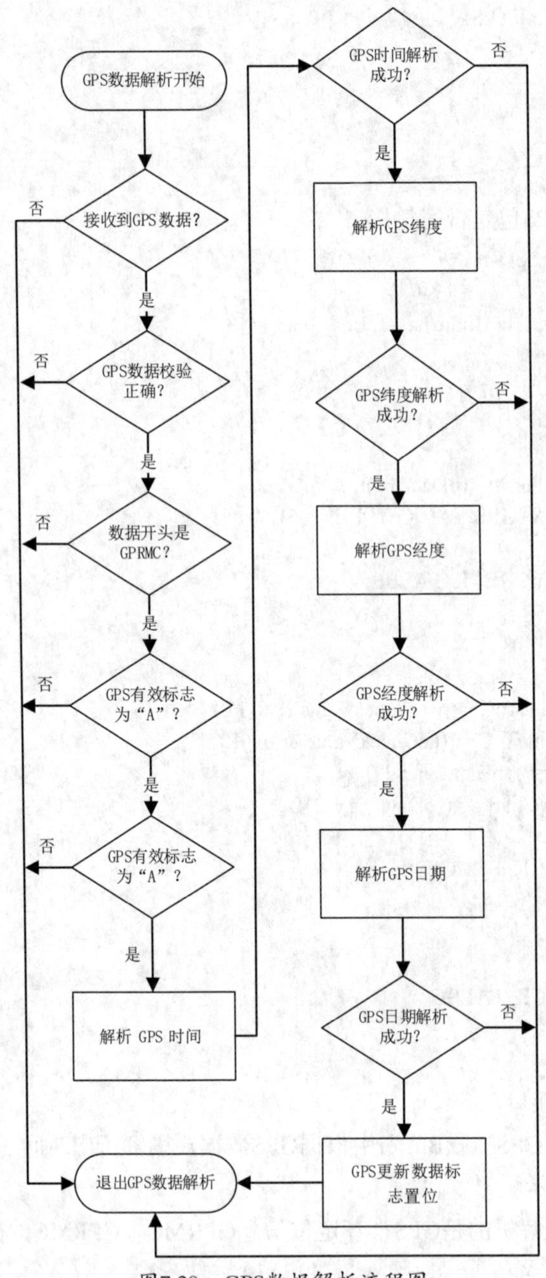

图7.29　GPS数据解析流程图

注：*后的hh为$到*所有字符的异或和。

GPS数据解析程序的代码如下。

```
#define FindNextComma(buf, pos) \
        while (buf[pos++] != ',')\
    {\
        if (pos > 250)\
        {\
            EnableGpsRcv();\
            return;\
        }\
```

```
    }
void GpsProc(void)
{
    unsigned long ulTmp;
    u8 i, ucPos, tmp;
    if (gGpsData.bGpsPacketFlag != TRUE)                          //判断是否收到数据包
    {
        return;
    }
    DisableGpsRcv();                                              //暂停GPS数据接收
    gGpsData.bGpsPacketFlag = FALSE;
    if (CheckGpsPacket(gGpsDateBuf) != CHECK_SUCCESS)             //校验数据包是否正确
    {
        EnableGpsRcv();
        return;
    }
    if (CompareStr(gGpsDateBuf, "GPRMC", 5) == TRUE)              //只需要对"GPRMC"包进行处理
    {
        ucPos = 13;
        FindNextComma(gGpsDateBuf, ucPos);
        if (gGpsDateBuf[ucPos] != 'A')
        {
            EnableGpsRcv();
            return;
        }
        //获取小时
        gGpsData.UtcTime[0] = gGpsDateBuf[6];
        gGpsData.UtcTime[1] = gGpsDateBuf[7];
        if (StrIsNumber(gGpsData.UtcTime, 2) == FALSE)
        {
            EnableGpsRcv();
            return;
        }
        //获取分钟
        gGpsData.UtcTime[2] = ':';
        gGpsData.UtcTime[3] = gGpsDateBuf[8];
        gGpsData.UtcTime[4] = gGpsDateBuf[9];
        if (StrIsNumber(gGpsData.UtcTime + 3, 2) == FALSE)
        {
            EnableGpsRcv();
            return;
        }
        //获取秒
        gGpsData.UtcTime[5] = ':';
        gGpsData.UtcTime[6] = gGpsDateBuf[10];
        gGpsData.UtcTime[7] = gGpsDateBuf[11];
        if (StrIsNumber(gGpsData.UtcTime + 6, 2) == FALSE)
        {
            EnableGpsRcv();
            return;
        }
```

```
ucPos = 12;
FindNextComma(gGpsDateBuf, ucPos);//查找时间后面的逗号
FindNextComma(gGpsDateBuf, ucPos);//查找'A'后面的逗号
//获取纬度
gGpsData.Latitude[0] = gGpsDateBuf[ucPos++];
gGpsData.Latitude[1] = gGpsDateBuf[ucPos++];
if (StrIsNumber(gGpsData.Latitude, 2) == FALSE)
{
        EnableGpsRcv();
        return;
}
gGpsData.Latitude[2] = '.';
ulTmp = CharToValue(gGpsDateBuf[ucPos++]);
ulTmp = ulTmp * 10 + CharToValue(gGpsDateBuf[ucPos++]);
ucPos++;//'.'
ulTmp = ulTmp * 10 + CharToValue(gGpsDateBuf[ucPos++]);
ulTmp = ulTmp * 10 + CharToValue(gGpsDateBuf[ucPos++]);
ulTmp = ulTmp * 10 + CharToValue(gGpsDateBuf[ucPos++]);
ulTmp = ulTmp * 10 + CharToValue(gGpsDateBuf[ucPos++]);
ulTmp = ulTmp * 5 / 3;
i = ulTmp / 100000;
gGpsData.Latitude[3] = ValueToChar(i);
i = ulTmp % 100000 / 10000;
gGpsData.Latitude[4] = ValueToChar(i);
i = ulTmp % 10000 / 1000;
gGpsData.Latitude[5] = ValueToChar(i);
i = ulTmp % 1000 / 100;
gGpsData.Latitude[6] = ValueToChar(i);
i = ulTmp % 100 / 10;
gGpsData.Latitude[7] = ValueToChar(i);
i = ulTmp % 10;
gGpsData.Latitude[8] = ValueToChar(i);
if (StrIsNumber(gGpsData.Latitude + 3, 6) == FALSE)
{
        EnableGpsRcv();
        return;
}
FindNextComma(gGpsDateBuf, ucPos);//查找纬度后面的逗号
//纬度指示符，指示北纬或南纬
gGpsData.LatIndicator = gGpsDateBuf[ucPos++];
ucPos++; //','
//获取经度
gGpsData.Longitude[0] = gGpsDateBuf[ucPos++];
gGpsData.Longitude[1] = gGpsDateBuf[ucPos++];
gGpsData.Longitude[2] = gGpsDateBuf[ucPos++];
if (StrIsNumber(gGpsData.Longitude, 3) == FALSE)
{
        EnableGpsRcv();
        return;
}
gGpsData.Longitude[3] = '.';
ulTmp = CharToValue(gGpsDateBuf[ucPos++]);
```

```
        ulTmp = ulTmp * 10 + CharToValue(gGpsDateBuf[ucPos++]);
        ucPos++;//'.'
        ulTmp = ulTmp * 10 + CharToValue(gGpsDateBuf[ucPos++]);
        ulTmp = ulTmp * 10 + CharToValue(gGpsDateBuf[ucPos++]);
        ulTmp = ulTmp * 10 + CharToValue(gGpsDateBuf[ucPos++]);
        ulTmp = ulTmp * 10 + CharToValue(gGpsDateBuf[ucPos++]);
        ulTmp = ulTmp * 5 / 3;
        i = ulTmp / 100000;
        gGpsData.Longitude[4] = ValueToChar(i);
        i = ulTmp % 100000 / 10000;
        gGpsData.Longitude[5] = ValueToChar(i);
        i = ulTmp % 10000 / 1000;
        gGpsData.Longitude[6] = ValueToChar(i);
        i = ulTmp % 1000 / 100;
        gGpsData.Longitude[7] = ValueToChar(i);
        i = ulTmp % 100 / 10;
        gGpsData.Longitude[8] = ValueToChar(i);
        i = ulTmp % 10;
        gGpsData.Longitude[9] = ValueToChar(i);
        if (StrIsNumber(gGpsData.Longitude + 4, 3) == FALSE)
        {
                EnableGpsRcv();
                return;
        }
        FindNextComma(gGpsDateBuf, ucPos);//查找经度后面的逗号
        //获取经度指示符
        gGpsData.LonIndicator = gGpsDateBuf[ucPos++];
        ucPos++;//','
        FindNextComma(gGpsDateBuf, ucPos);//查找速度后面的逗号
        ucPos ++; //','
        //跳过方向
        while (gGpsDateBuf[ucPos] != ',')
        {
                if (ucPos > 250)
                {
                        EnableGpsRcv();
                        return;
                }
                ucPos ++;
        }
        ucPos ++; //','
        //获取日期
        gGpsData.UtcDate[0] = gGpsDateBuf[ucPos++];
        gGpsData.UtcDate[1] = gGpsDateBuf[ucPos++];
        if (StrIsNumber(gGpsData.UtcDate, 2) == FALSE)
        {
                EnableGpsRcv();
                return;
        }
        gGpsData.UtcDate[2] = '/';
        gGpsData.UtcDate[3] = gGpsDateBuf[ucPos++];
        gGpsData.UtcDate[4] = gGpsDateBuf[ucPos++];
```

```
            if (StrIsNumber(gGpsData.UtcDate + 3, 2) == FALSE)
            {
                EnableGpsRcv();
                return;
            }
            gGpsData.UtcDate[5] = '/';
            gGpsData.UtcDate[6] = gGpsDateBuf[ucPos++];
            gGpsData.UtcDate[7] = gGpsDateBuf[ucPos++];
            if (StrIsNumber(gGpsData.UtcDate + 6, 2) == FALSE)
            {
                EnableGpsRcv();
                return;
            }
            gGpsData.bGpsNewDataFlag = GPS_NEW_DATA;
        }
        EnableGpsRcv();
}
```

九、GPS实时数据发送至LCD显示器显示

将GPS实时数据发送至LCD显示器显示。该接口实现了实时显示GPS时间、GPS日期、GPS经度、GPS纬度等。读者可根据实际需要并结合按键实现个性化的内容显示，其程序代码如下。

```
//将本次欲显示之外的Buffer设为空格
#define ClsRestLcdBuf(BufLen, UseLen)\
    {\
        u8 index;\
        for(index = 0; index < BufLen - UseLen; index++)\
        {\
            LcdBuf[UseLen + index] = ' ';\
        }\
    }
void SendGpsDataToLcd(GpsDataStruct Gps)
{
#define GPS_DATA_TO_LCE_FRAME0   0          //LCD显示第0帧
#define GPS_DATA_TO_LCE_ FRAME1  1          //LCD显示第1帧
#define LCD_BUF_LEN              17         //LCD显示Buffer长度
    char xdata LcdBuf[LCD_BUF_LEN] = {0};
    static u8 RefreshStep = GPS_DATA_TO_LCE_ FRAME 0;
    u8 index = 0;
    //判断GPS模块是否有更新数据，如有更新则将最新GPS数据刷新至LCD显示器
    if(Gps.bGpsNewDataFlag == GPS_NEW_DATA)
    {
        Gps.bGpsNewDataFlag = GPS_OLD_DATA;
        switch(RefreshStep)
        {
            case GPS_DATA_TO_LCE_ FRAME0: /*显示第一帧，GPS日期和GPS时间*/
                //第1行显示日期
            memcpy(LcdBuf, "Date ", 5);
            memcpy(&LcdBuf[5], Gps.UtcDate, 8);
            ClsRestLcdBuf(LCD_BUF_LEN, 13);
            LcdSendStr(0x80|0, LcdBuf);
                //第2行显示时间
            memcpy(LcdBuf, "Time ", 5);
```

```
            memcpy(&LcdBuf[5], Gps.UtcTime, 8);
            ClsRestLcdBuf(LCD_BUF_LEN, 13);
            LcdSendStr(0x80|0x40,LcdBuf);
            RefreshStep++;
            break;
        case GPS_DATA_TO_LCE_ FRAME1: //显示第1帧，GPS纬度和经度
                //第1行显示纬度
            memcpy(LcdBuf, &Gps.LatIndicator, 1);
            memcpy(&LcdBuf[1], ":", 1);
            memcpy(&LcdBuf[2], Gps.Latitude, 9);
            ClsRestLcdBuf(LCD_BUF_LEN, 11);
            LcdSendStr(0x80|0, LcdBuf);
                //第2行显示经度
            memcpy(LcdBuf, &Gps.LonIndicator, 1);
            memcpy(&LcdBuf[1], ":", 1);
            memcpy(&LcdBuf[2], Gps.Longitude, 10);
            ClsRestLcdBuf(LCD_BUF_LEN, 12);
            LcdSendStr(0x80|0x40,LcdBuf);
            RefreshStep = GPS_DATA_TO_LCE_ FRAME 0;
            break;
        }
    }
}
```

十、main函数

main函数是8051单片机的入口函数，程序从这里开始运行，main函数依次对各硬件进行初始化，读取Flash ID并测试Flash是否能正确使用。程序初始化完成后，依次执行按键任务、GPS数据解析任务、GPS数据刷新至LCD任务等，其程序代码如下。

```
void main(void)
{
    u8 xdata DebugBuf[16];
    u32 FlashID;
    u16 SectorIndex = 10;
    DisableSysAllIntrrupt();
    UartSelectCom();
    //串行口初始化
    SerialInit();
    TurnOffBeep();
    DebugPrint("\r\n");
    DebugPrint("Sys Start\r\n");
    //LCD初始化
    LcdInit();
    LcdSendStr(0x80|0x00,"Welcom to use");
    LcdSendStr(0x80|0x40,"GPS HAND SYSTEM");
    //定时器初始化
    TimerInitialize();
    EnSysAllIntrrupt();
    //Flash初始化
    FlashWakeUpStandard();
    FlashID = FlashReadID();
    sprintf(DebugBuf, "%x\r\n", FlashID);
    DebugPrint("FlashID:");
```

```
    DebugPrint(DebugBuf);
    //Flash写入测试
    FlashWriteBytes(FLASH_SECTOR_SIZE*SectorIndex, "FlashTest\r\n", 11);
    memset(DebugBuf, 0, 16);
    FlashReadBytes(DebugBuf, FLASH_SECTOR_SIZE*SectorIndex, 11);
    DebugBuf[11] = 0;
    DebugPrint(DebugBuf);
    //Uart切换为与GPS模块通信
    UartSelectGps();
    //任务循环执行
    while(1)
    {
        KeyProcess();
    GpsProc();
    SendGpsDataToLcd(gGpsData);
    }
}
```

7.4.7 相关数据结构定义

本小节主要讲解宏定义、硬件I/O口定义、Flash操作相关定义、GPS操作相关定义等，数据结构定义主要包含GPS数据结构定义、控制按键相关数据结构定义。下面依次介绍。

一、宏定义

宏定义主要包含数码管数据口、数码管控制口、74LS373控制、外部中断0控制、系统中断总开关、答题模块状态、蜂鸣器开关等宏定义。其程序代码如下。

```
#define FALSE                                  0
#define TRUE                                   1
//操作中断相关的定义
#define EnExintrrupt0()                        EX0 = 1
#define DisExintrrupt0()                       EX0 = 0
#define EnSysAllIntrrupt()                     EA = 1
#define DisableSysAllIntrrupt()                EA = 0
#define ReadSysAllInterrupt()                  EA
#define SetFlagToSysAllInterrupt(Flag)         EA = Flag
//蜂鸣器相关定义
#define TurnOnBeep()                           BeepPin = 1
#define TurnOffBeep()                          BeepPin = 0
```

二、硬件I/O口定义

硬件I/O口定义了主菜单、功能加、功能减、蜂鸣器、LCD等I/O口。其程序代码如下。

```
//按键及蜂鸣器定义
sbit MenuKey = P1^2;                           //定义按键MENU
sbit IncKey = P1^3;                            //定义按键INC
sbit DecKey = P1^4;                            //定义按键DEC
sbit BeepPin = P1^5;                           //定义蜂鸣器引脚
//LCD相关的I/O口
char xdata LCD_WC _at_ 0x0fff;                 //LCD写命令地址
char xdata LCD_WD _at_ 0x3fff;                 //LCD写数据地址
char xdata LCD_RC _at_ 0x5fff;                 //LCD读命令地址
//SPI总线及Flash CS脚定义
```

```
sbit  SPI_FLASH_CS = P3^4;                    //Flash的CS脚定义
sbit  SPI_SCK = P3^5;                         //SPI总线的时钟信号定义
sbit  SPI_SI  = P1^7;                         //SPI总线的从机数据输入定义
sbit  SPI_SO  = P1^6;                         //SPI总线的从机数据输出定义
//多路复用芯片控制脚定义
sbit  SIGNAL_CSA = P1^0;
sbit  SIGNAL_CSB = P1^1;
```

三、Flash操作相关定义

Flash操作相关定义主要包含其芯片的CS脚控制、Flash状态寄存器位定义、Flash命令定义。其程序代码如下。

```
#define FlashCSLow()                  SPI_FLASH_CS = 0      //芯片CS脚拉低宏定义
#define FlashCSHigh()                 SPI_FLASH_CS = 1      //芯片CS脚拉高宏定义
//Flash页大小和扇区大小定义
#define FLASH_WR_PAGE_MAX_LEN  256                          //Flash每页大小
#define FLASH_SECTOR_SIZE             0x1000                //Flash每扇区大小
//置位、复位枚举定义
typedef enum {RESET = 0, SET = !RESET} FlagStatus, ITStatus;
//状态寄存器相关的定义
#define BIT_BUSY_WIP_STATUS_FLAG  (1 << 0) /* Flash写，忙状态*/
#define BIT_BPL_RO_STATUS_FLAG    (1 << 7) /* 状态寄存器写保护*/
//ID 命令
#define FLASH_CMD_RDID                0x9F    //RDID（读芯片ID）
//寄存器命令
#define FLASH_CMD_WRSR                0x01    //WRSR（写状态寄存器）
#define FLASH_CMD_RDSR                0x05    //RDSR（读状态寄存器）
#define FLASH_CMD_WRSCUR              0x2F    //WRSCUR（写加密寄存器）
#define FLASH_CMD_RDSCUR              0x2B    //RDSCUR（读加密寄存器）
#define FLASH_CMD_RCR                 0x35    /*读配置寄存器命令*/
#define FLASH_CMD_EWRSR               0x50    /*允许写状态寄存器 */
//读命令
#define FLASH_CMD_READ                0x03    //读字节命令
//编程命令
#define FLASH_CMD_WREN                0x06    //WREN（写使能命令）
#define FLASH_CMD_WRDI                0x04    //WRDI（写禁止命令）
//擦除命令
#define FLASH_CMD_SE                  0x20    //SE（扇区擦除）
#define FLASH_CMD_BE_32KB             0x52    //BE（32KB 块擦除）
#define FLASH_CMD_BE                  0xD8    //BE（块擦除）
#define FLASH_CMD_CE                  0x60    //CE（芯片擦除） hex code: 60 or C7
//模式设置命令
#define FLASH_CMD_DP                  0xB9    //DP（深度掉电命令）
#define FLASH_CMD_RDP                 0xAB    //RDP（退出深度掉电命令）
```

四、GPS操作相关定义

Flash操作相关的定义主要包含其芯片的CS脚控制、Flash状态寄存器位定义、Flash命令定义。其程序代码如下。

```
#define CHECK_SUCCESS                 1       //GPS数据包校验成功
#define CHECK_FALSE                   0       //GPS数据包校验失败
#define GPS_NEW_DATA                  1       //GPS有新的数据标志
#define GPS_OLD_DATA                  0       //GPS无新的数据标志
```

```
#define GPS_RECEIVE_STEP0            0          //GPS接收数据步骤0
#define GPS_RECEIVE_STEP1            1          //GPS接收数据步骤1
#define GPS_RECEIVE_STEP2            2          //GPS接收数据步骤2
#define GPS_RECEIVE_STEP3            3          //GPS接收数据步骤3
#define GPS_RECEIVE_STEP4            4          //GPS接收数据步骤4
#define GPS_RECEIVE_STEP5            5          //GPS接收数据步骤5
#define MAX_GPS_PACKET_LEN           80         //GPS接收Buffer的大小
#define EnableGpsRcv()               (ES = 1)//允许GPS Buffer接收数据
#define DisableGpsRcv()              (ES = 0)//禁止GPS Buffer接收数据
```

五、GPS数据结构定义

GPS数据结构定义了GPS时间、日期、经度、纬度等变量。其程序代码如下。

```
typedef struct tagGPS_DataStruct
{
    u8 UtcTime[8];                  //参考"10:22:21"，最后定位时间
    u8 UtcDate[8];                  //参考"20/05/08"
    u8 LatIndicator;                //参考"N"，"S"
    u8 LonIndicator;                //参考"E"，"W"
    u8 Latitude[9];                 //参考"22.549601"
    u8 Longitude[10];               //参考"114.082001"
    u8 bGpsPacketFlag:1;            //收到正确GPS包标志
    u8 bGpsNewDataFlag:1;           //GPS有正确的数据更新标志
}GpsDataStruct;
```

六、控制按键相关数据结构定义

控制按键相关数据结构包用于记录3个按键按下时间的变量及3个按键是否需要处理的标记。其程序代码请参见第5章的相关内容。

7.5 小结

本章围绕手持GPS定位器的设计进行讲解，利用单片机、GPS模块，实现GPS信息解析与基本操作，以及用单片机扩展外部SRAM的方法。手持GPS定位器使用LCD作为显示设备，LCD可能显示更多、更复杂的信息。本章仅围绕GPS信息解析的核心问题进行了讲解和软件设计，读者可在此基础上根据实际需求利用或改进本章提供的各接口实现不同的功能的设计，如按键交互、功能设置、GPS信息存储、翻看，以及使用串行口与PC进行通信等功能的设计。

7.6 习题

（1）结合7.4.6小节的Flash读写应用接口，编程实现每间隔1s就存储1次GPS的经度、纬度、时间、日期等数据的功能。

（2）完成习题(1)后，编程实现通过PC发送“#Read#”字符串至单片机读取已经存储的GPS信息的功能。

（3）编程完善按键程序，实现按键切换显示经度、纬度为显示时间的功能。

（4）在7.4.6小节中GPS数据解析的基础上，编程完成GPS速度、GPS航向角的解析的功能。

（5）基于7.3.3小节电路编程实现GPS模块由未定位到定位时蜂鸣器发出1s的提示音，GPS模块由定位到未定位时发出2s的提示音的功能。

附录A　ASCII字符集

一、标准ASCII字符集

ASCII值	字符	ASCII值	字符	ASCII值	字符	ASCII值	字符
000	NULL	032	space	064	@	096	`
001	SOH	033	!	065	A	097	a
002	STX	034	"	066	B	098	b
003	ETX	035	#	067	C	099	c
004	EOT	036	$	068	D	100	d
005	ENQ	037	%	069	E	101	e
006	ACK	038	&	070	F	102	f
007	BEL	039	‘	071	G	103	g
008	BS	040	(	072	H	104	h
009	HT	041	)	073	I	105	i
010	LF	042	*	074	J	106	j
011	VT	043	+	075	K	107	k
012	FF	044	,	076	L	108	l
013	CR	045	-	077	M	109	m
014	SO	046	.	078	N	110	n
015	SI	047	/	079	O	111	o
016	DLE	048	0	080	P	112	p
017	DC1	049	1	081	Q	113	q
018	DC2	050	2	082	R	114	r
019	DC3	051	3	083	S	115	s
020	DC4	052	4	084	T	116	t
021	NAK	053	5	085	U	117	u
022	SYN	054	6	086	V	118	v
023	ETB	055	7	087	W	119	w
024	CAN	056	8	088	X	120	x
025	EM	057	9	089	Y	121	y
026	SUB	058	:	090	Z	122	z
027	ESC	059	;	091	[	123	{
028	FS	060	<	092	\	124	¦
029	GS	061	=	093	]	125	}
030	RS	062	>	094	^	126	~
031	US	063	?	095	_	127	del

二、扩充ASCII字符集

ASCII值	字符	ASCII值	字符	ASCII值	字符	ASCII值	字符
128	Ç	132	ä	136	ê	140	î
129	ü	133	à	137	ë	141	ì
130	é	134	å	138	è	142	Ä
131	â	135	ç	139	ï	143	Å

续表

ASCII值	字符	ASCII值	字符	ASCII值	字符	ASCII值	字符
144	É	172	¼	200	╚	228	Σ
145	æ	173	¡	201	╔	229	σ
146	Æ	174	«	202	╩	230	μ
147	ô	175	»	203	╦	231	τ
148	ö	176	░	204	╠	232	ϕ
149	ò	177	▒	205	═	233	θ
150	û	178	▓	206	╬	234	Ω
151	ù	179	│	207	╧	235	δ
152	ÿ	180	┤	208	╨	236	∞
153	Ö	181	╡	209	╤	237	∮
154	Ü	182	╢	210	╥	238	∈
155	¢	183	╖	211	╙	239	∩
156	£	184	╕	212	╘	240	≡
157	¥	185	╣	213	╒	241	±
158	Pt	186	║	214	╓	242	≥
159	ƒ	187	╗	215	╫	243	≤
160	á	188	╝	216	╪	244	⌠
161	í	189	╜	217	┘	245	⌡
162	ó	190	╛	218	┌	246	÷
163	ú	191	┐	219	█	247	≈
164	ñ	192	└	220	▄	248	°
165	Ñ	193	┴	221	▌	249	•
166	ª	194	┬	222	▐	250	·
167	º	195	├	223	▀	251	√
168	¿	196	─	224	α	252	^{n}
169	⌐	197	┼	225	β	253	^{2}
170	¬	198	╞	226	Γ	254	■
171	½	199	╟	227	π	255	blank

附录B　8051单片机指令表

十六进制代码	助记符	功能	对标志影响				字节数	周期数
			P	OV	AC	CY		
		算术运算指令						
28～2F	ADD　A，Rn	A←（A）+（Rn）	√	√	√	√	1	1
25	ADD　A，direct	A←（A）+（direct）	√	√	√	√	2	1
26，27	ADD　A，@Ri	A←（A）+（（Ri））	√	√	√	√	1	1
24	ADD　A，#data	A←（A）+data	√	√	√	√	2	1
38～3F	ADDC A，Rn	A←（A）+（Rn）+（Cy）	√	√	√	√	1	1
35	ADDC A，direct	A←（A）+（direct）+（Cy）	√	√	√	√	2	1
36，37	ADDC A，@Ri	A←（A）+（（Ri））-（CY）	√	√	√	√	1	1
34	ADDC A，#data	A←（A）+data+（CY）	√	√	√	√	2	1
98～9F	SUBB A，Rn	A←（A）-（Rn）-（CY）	√	√	√	√	1	1
95	SUBB A，direct	A←（A）-（direct）-（CY）	√	√	√	√	2	1
96，97	SUBB A，@Ri	A←（A）-（（Ri））-（CY）	√	√	√	√	1	1
94	SUBB A，#data	A←（A）-data-（CY）	√	√	√	√	2	1
4	INC　A	A←（A）+1	√	×	×	×	1	1
08～0F	INC　Rn	Rn←（Rn）+1	×	×	×	×	1	1
5	INC　direct	direct←（direct）+1	×	×	×	×	2	1
06，07	INC　@Ri	（Ri）←（（Ri））+1	×	×	×	×	1	1
A3	INC　DPTR	DPTR←（DPTR）+1	×	×	×	×	1	1
14	DEC　A	A←（A）-1	√	×	×	×	1	1
18～1F	DEC　Rn	Rn←（Rn）-1	×	×	×	×	1	1
15	DEC　direct	direct←（direct）-1	×	×	×	×	2	1
18，17	DEC　@Ri	（Ri）←（（Ri））-1	×	×	×	×	1	1
A4	MUL　AB	AB←（A）·（B）	√	√	×	√	1	4
84	DIV　AB	AB←（A）/（B）	√	√	×	√	1	4
D4	DA　A	对A进行十进制调整	√	√	√	√	1	1
		逻辑运算指令						
58～5F	ANL A，Rn	A←（A）∧（Rn）	√	×	×	×	1	1
55	ANL A，direct	A←（A）∧（direct）	√	×	×	×	2	1
56，57	ANL A，@Ri	A←（A）∧（（Ri））	√	×	×	×	1	1
54	ANL A，#data	A←（A）∧data	√	×	×	×	2	1
52	ANL direct，A	direct←（direct）∧（A）	×	×	×	×	2	1
53	ANL direct，#data	direct←（direct）∧data	×	×	×	×	3	2
48～4F	ORL A，Rn	A←（A）∨（Rn）	√	×	×	×	1	1
45	ORL A，direct	A←（A）∨（direct）	√	×	×	×	2	1
46，47	ORL A，@Ri	A←（A）∨（（Ri））	√	×	×	×	1	1
44	ORL A，#data	A←（A）∨data	√	×	×	×	2	1
42	ORL direct，A	direct←（direct）∨（A）	×	×	×	×	2	1
43	ORL direct，#data	direct←（direct）∨data	×	×	×	×	3	2

续表

十六进制代码	助记符	功能	对标志影响				字节数	周期数
			P	OV	AC	CY		
68～6F	XRL A，Rn	A←（A）⊕（Rn）	√	×	×	×	1	1
65	XRL A，direct	A←（A）⊕（direct）	√	×	×	×	2	1
66，67	XRL A，@Ri	A←（A）⊕（（Ri））	√	×	×	×	1	1
64	XRL A，#data	A←（A）⊕data	√	×	×	×	2	1
62	XRL direct，A	direct←（direct）⊕（A）	×	×	×	×	2	1
63	XRL direct，#data	direct←（direct）⊕data	×	×	×	×	3	2
E4	CLR A	A←0	√	×	×	×	1	1
F4	CPL A	A←（$\overline{A}$）	×	×	×	×	1	1
23	RL A	A循环左移一位	×	×	×	×	1	1
33	RLC A	A带进位循环左移一位	√	×	×	√	1	1
3	RR A	A循环右移一位	×	×	×	×	1	1
13	RRC A	A带进位循环右移一位	√	×	×	√	1	1
		数据传送指令						
E8～EF	MOV A，Rn	A←（Rn）	√	×	×	×	1	1
E5	MOV A，direct	A←（direct）	√	×	×	×	2	1
E6，E7	MOV A，@Ri	A←（（Ri））	√	×	×	×	1	1
74	MOV A，#data	A←data	√	×	×	×	2	1
F8～FF	MOV Rn，A	Rn←（A）	×	×	×	×	1	1
A8～AF	MOV Rn，direct	Rn←（direct）	×	×	×	×	2	2
78～7F	MOV Rn，#data	Rn←data	×	×	×	×	2	1
F5	MOV direct，A	direct←（A）	×	×	×	×	2	1
88～8F	MOV direct，Rn	direct←（Rn）	×	×	×	×	2	2
85	MOV direct1，direct2	direct1←（direct2）	×	×	×	×	3	2
86，87	MOV direct，@Ri	direct←（（Ri））	×	×	×	×	2	2
75	MOV direct，#data	direct←data	×	×	×	×	3	2
F6，F7	MOV @Ri，A	（Ri）←（A）	×	×	×	×	1	1
A6，A7	MOV @Ri，direct	（Ri）←（direct）	×	×	×	×	2	2
76，77	MOV @Ri，#data	（Ri）←data	×	×	×	×	2	1
90	MOV DPTR，#dada16	DPTR←data16	×	×	×	×	3	2
93	MOVC A，@A+DPTR	A←（（A）+（DPTR））	√	×	×	×	1	2
83	MOVC A，@A+PC	A←（（A）+（PC））	√	×	×	×	1	2
E2，E3	MOVX A，@Ri	A←（（Ri））	√	×	×	×	1	2
E0	MOVX A，@DPTR	A←（（DPTR））	√	×	×	×	1	2
F2，F3	MOVX @Ri，A	（Ri）←（A）	×	×	×	×	1	2
F0	MOVX @DPTR，A	（DPTR）←（A）	×	×	×	×	1	2
C0	PUSH direct	SP←（SP）+1，（SP）←（direct）	×	×	×	×	2	2
D0	POP direct	direct←（SP），SP←（SP）-1	×	×	×	×	2	2
C8～CF	XCH A，Rn	（A）↔（Rn）	√	×	×	×	1	1
C5	XCH A，direct	（A）↔（direct）	√	×	×	×	2	1
C6，C7	XCH A，@Ri	（A）↔（（Ri））	√	×	×	×	1	1
D6，D7	XCHD A，@Ri	（A）0-3↔（Ri）-3	√	×	×	×	1	1
C4	SWAP A	A半字节交换	×	×	×	×	1	1

续表

十六进制代码	助记符	功能	对标志影响				字节数	周期数
			P	OV	AC	CY		
		位操作指令						
C3	CLR C	CY←0	×	×	×	√	1	1
C2	CLR bit	bit←0	×	×	×		2	1
D3	SETB C	CY←1	×	×	×	√	1	1
D2	SETB bit	置位1	×	×	×		2	1
B3	CPL C	进位标记位取反	×	×	×	√	1	1
B2	CPL bit	位直接取反	×	×	×		2	1
82	ANL C，bit	CY←（CY）∧（bit）	×	×	×	√	2	2
B0	ANL C，/bit	CY←（CY）∧（bit）	×	×	×	√	2	2
72	ORL C，bit	CY←（CY）∨（bit）	×	×	×	√	2	2
A0	ORL C，/bit	CY←（CY）∨（bit）	×	×	×	√	2	2
A2	MOV C，bit	CY←（bit）	×	×	×	√	2	1
92	MOV bit，C	bit←（CY）	×	×	×	×	2	2

注：28～2F分别表示Rn为R0～R7时的机器码。如ADD A，R0，则机器码为28H。

附录C　Keil C51常用库函数原型

```
/*-----------------------------------------------------------------------
ABSACC.H
Direct access to 8051, extended 8051 and Philips 80C51MX memory areas.
Copyright (c) 1988-2001 Keil Elektronik GmbH and Keil Software, Inc.
All rights reserved.
-----------------------------------------------------------------------*/
#define CBYTE ((unsigned char volatile code  *) 0)
#define DBYTE ((unsigned char volatile data  *) 0)
#define PBYTE ((unsigned char volatile pdata *) 0)
#define XBYTE ((unsigned char volatile xdata *) 0)

#define CWORD ((unsigned int volatile code  *) 0)
#define DWORD ((unsigned int volatile data  *) 0)
#define PWORD ((unsigned int volatile pdata *) 0)
#define XWORD ((unsigned int volatile xdata *) 0)

#ifdef __CX51__
#define FVAR(object, addr)   (*((object volatile far *) (addr)))
#define FARRAY(object, base) ((object volatile far *) (base))
#else
#define FVAR(object, addr)    (*((object volatile far *) ((addr)+0x10000L)))
#define FCVAR(object, addr)   (*((object const far *) ((addr)+0x810000L)))
#define FARRAY(object, base)  ((object volatile far *) ((base)+0x10000L))
#define FCARRAY(object, base) ((object const far *) ((base)+0x810000L))
#endif
/*-----------------------------------------------------------------------
REG51.H
Header file for generic 80C51 and 80C31 microcontroller.
Copyright (c) 1988-2001 Keil Elektronik GmbH and Keil Software, Inc.
All rights reserved.
-----------------------------------------------------------------------*/
/*  BYTE Register  */
sfr P0   = 0x80;
sfr P1   = 0x90;
sfr P2   = 0xA0;
sfr P3   = 0xB0;
sfr PSW  = 0xD0;
sfr ACC  = 0xE0;
sfr B    = 0xF0;
sfr SP   = 0x81;
sfr DPL  = 0x82;
sfr DPH  = 0x83;
sfr PCON = 0x87;
sfr TCON = 0x88;
sfr TMOD = 0x89;
sfr TL0  = 0x8A;
sfr TL1  = 0x8B;
```

```
sfr TH0  = 0x8C;
sfr TH1  = 0x8D;
sfr IE   = 0xA8;
sfr IP   = 0xB8;
sfr SCON = 0x98;
sfr SBUF = 0x99;

/*  BIT Register  */
/*  PSW   */
sbit CY   = 0xD7;
sbit AC   = 0xD6;
sbit F0   = 0xD5;
sbit RS1  = 0xD4;
sbit RS0  = 0xD3;
sbit OV   = 0xD2;
sbit P    = 0xD0;

/*  TCON  */
sbit TF1  = 0x8F;
sbit TR1  = 0x8E;
sbit TF0  = 0x8D;
sbit TR0  = 0x8C;
sbit IE1  = 0x8B;
sbit IT1  = 0x8A;
sbit IE0  = 0x89;
sbit IT0  = 0x88;

/*  IE   */
sbit EA   = 0xAF;
sbit ES   = 0xAC;
sbit ET1  = 0xAB;
sbit EX1  = 0xAA;
sbit ET0  = 0xA9;
sbit EX0  = 0xA8;

/*  IP   */
sbit PS   = 0xBC;
sbit PT1  = 0xBB;
sbit PX1  = 0xBA;
sbit PT0  = 0xB9;
sbit PX0  = 0xB8;

/*  P3  */
sbit RD   = 0xB7;
sbit WR   = 0xB6;
sbit T1   = 0xB5;
sbit T0   = 0xB4;
sbit INT1 = 0xB3;
sbit INT0 = 0xB2;
sbit TXD  = 0xB1;
sbit RXD  = 0xB0;
```

```
/* SCON */
sbit SM0 = 0x9F;
sbit SM1 = 0x9E;
sbit SM2 = 0x9D;
sbit REN = 0x9C;
sbit TB8 = 0x9B;
sbit RB8 = 0x9A;
sbit TI  = 0x99;
sbit RI  = 0x98;

/*--------------------------------------------------------------------------
STDIO.H
Prototypes for standard I/O functions.
Copyright (c) 1988-2001 Keil Elektronik GmbH and Keil Software, Inc.
All rights reserved.
--------------------------------------------------------------------------*/
#ifndef EOF
 #define EOF -1
#endif

#ifndef NULL
 #define NULL ((void *) 0)
#endif

#ifndef _SIZE_T
 #define _SIZE_T
 typedef unsigned int size_t;
#endif

#pragma SAVE
#pragma REGPARMS
extern char _getkey (void);
extern char getchar (void);
extern char ungetchar (char);
extern char putchar (char);
extern int printf   (const char *, ...);
extern int sprintf  (char *, const char *, ...);
extern int vprintf  (const char *, char *);
extern int vsprintf (char *, const char *, char *);
extern char *gets (char *, int n);
extern int scanf (const char *, ...);
extern int sscanf (char *, const char *, ...);
extern int puts (const char *);
#pragma RESTORE
```